科技史新视角研究丛书

中国科学院自然科学史研究所　主编

爱因斯坦与理论物理学的兴起和发展

朱慧涓　黄尚永　郭元林　方在庆　编著

山东科学技术出版社
·济南·

图书在版编目（CIP）数据

爱因斯坦与理论物理学的兴起和发展 / 朱慧涓等编著 . -- 济南：山东科学技术出版社，2024.4
（科技史新视角研究丛书）
ISBN 978-7-5723-1832-0

Ⅰ . ①爱…　Ⅱ . ①朱…　Ⅲ . ①理论物理学　Ⅳ . ① O41

中国国家版本馆 CIP 数据核字（2024）第 021772 号

爱因斯坦与理论物理学的兴起和发展

AIYINSITAN YU LILUN WULIXUE DE XINGQI HE FAZHAN

责任编辑：段　琰
装帧设计：孙小杰

主管单位：山东出版传媒股份有限公司
出 版 者：山东科学技术出版社
地址：济南市市中区舜耕路 517 号
邮编：250003　电话：（0531）82098088
网址：www.lkj.com.cn
电子邮件：sdkj@sdcbcm.com
发 行 者：山东科学技术出版社
地址：济南市市中区舜耕路 517 号
邮编：250003　电话：（0531）82098067
印 刷 者：山东新华印务有限公司
地址：济南市高新区世纪大道 2366 号
邮编：250104　电话：（0531）82091306

规格：16 开（170 mm × 240 mm）
印张：16.5　**字数：**233 千
版次：2024 年 4 月第 1 版　**印次：**2024 年 4 月第 1 次印刷
定价：78.00 元

总序

中国古代的科学技术是推动中华文明发展的重要力量，是中华文脉绵延不绝的源泉。其向外传播及与周边国家地区、域外文明的接触、交流和融合，为世界科学技术的发展做出了非常重要的贡献。古人在农、医、天、算以及生物、地理等领域，取得了许多重大科学发现；在技术和工程上，也完成了无数令人惊叹的发明创造，留下了浩如烟海的典籍和数不胜数的文物等珍贵历史文化遗产。

“五四”运动前后，我国的科技史学科开始兴起，朱文鑫、竺可桢、李俨、钱宝琮、叶企孙、钱临照、张子高、袁翰青、侯仁之、刘仙洲、梁思成、陈桢等在相关学科发展史的研究方面做出了奠基性的工作。从20世纪50年代起，中国逐步建立科技史学科专门研究和教学机构。中国科技史研究者们从业余到专业、从少数人到数百人、从分散研究到有组织建制化活动、从个别学科到整个科学技术各领域，筚路蓝缕，渐次发展，全方位地担负起中国科学技术史研究的责任。

1957年，中国自然科学史研究室（1975年扩建为中国科学院自然科学史研究所，简称“科学史所”）成立，标志着中国科学技术史学科建制化的开端。此后六十多年，科学史所以任务带学科，组织同行力量，有计划地整理中国自然科学和技术遗产，注重中国古代科技史研究，编撰出版多卷本大型丛书《中国科学技术史》（简称《大书》，26卷，1998—2011年相继出版）、《中国传统工艺全集》（20卷20册，2004—2016年第一、二辑相继出版）和《中国古代工程技术史大系》（2006年开始相继刊印，已出版12卷）等著作。其中，《大书》凝聚了国内百余位作者数十年研究心血，代表着中国古代科技史研究的最高水平。

1978年起，科学史所将研究方向从中国古代科技史扩展至近现代科技史和世界科技史。四十多年来，汇聚同行之力，编撰出版《20世纪科学技术简史》（1985年第一版，1999年修订版）、《中国近现代科学技术史》（1997年）、《中国近现代科学技术史研究丛书》（35种47册，2004—2009年相继出版）和《科技革命与国家现代化研究丛书》（7卷本，2017—2020年出版）等著作，填补了近现代科技史和世界科技史研究一些领域的空白，引领了学科发展的方向。

“十二五”期间，科学史所部署“科技知识的创造与传播研究”一期项目，与同行一道着眼于学科创新，选择不同时期的学科史个案，考察分析跨地区与跨文化的知识传播途径、模式与机制，研究科学概念与理论的创造、技术发明与创新的产生、思维方式与知识的表达、知识的传播与重塑等问题，积累了大量新的资料和其他形式的资源，拓展了研究路径，开拓了国际合作交流的渠道。现已出版的多卷本《科技知识的创造与传播研究丛书》（2018年开始刊印，已出版12卷），涉及农学知识的起源与传播、医学知识的形成与传播、数学知识的引入与传播和技术知识的起源与传播，以及明清之际西方自然哲学知识在中国的传播等方面的主题。丛书纵向贯穿史前时期、殷商、宋代、明清和民国等不同时段，在空间维度上横跨中国历史上的疆域和沟通东西方的丝绸之路，于中国古代科技的史实考证、工艺复原与学科门类史、近现代科学技术由西方向中国传播及其对中国传统知识和社会文化的冲击等方面获得了更多新认知。

科学史所在“十三五”期间布局“科技知识的创造与传播研究”二期

项目，秉承一期项目的研究宗旨和实践理念，继续以国际比较研究的视野，组织跨学科、跨所的科研攻关队伍，探索古代与近现代科学技术创造和传播的史实及机制。项目产出的成果获得国家出版基金资助，将冠以《科技史新视角研究丛书》书名出版。这套丛书的内容包括物理、天文、航海、植物学、农学、医药、矿冶等主题，着力探讨相关学科领域科技知识的内涵、在世界不同国家地区的发展演变与交互影响，并揭示科技知识与人类社会的相互关系，不仅重视中国经验、中国智慧，也关注国外案例和交流研究。

两期项目的研究成果，从更宽视野、更多视角、更深层次揭示了科技知识创造的方式和动力机制及科技知识创造与传播的主体、发挥的作用和关键影响因素，深化了对中国传统科技体系内涵与演变及中外科技交流的多维度认识。

一百多年来，国内外学者前赴后继，在中国古代科学技术史、近现代科学技术史的发掘、整理和研究上已收获累累硕果，形成了探究中国古代和近现代科技史的宏观叙事架构，回答了古代科技的结构与体系特征、思想方法、发展道路、价值作用与影响等一系列问题，开创了近现代科技史研究的新局面。我国学者也迈出了从中国视角研究世界科技史的坚实步伐。

当下我国迈上了全面建设社会主义现代化强国、实现第二个百年奋斗目标、以中国式现代化全面推进中华民族伟大复兴的新征程。这种新形势，一方面需要我国科技群体不停向前沿探索、加快前进的脚步，另一方面也亟需科技史研究机构和学者因应时势进一步深入检视科技史，从中总结经验得失，以支撑现实决策，服务未来发展。在中国历史及世界文明发展的大视野中，进一步总结阐述中国科技发展的体系、思想、成就和特点，澄清关于中国古代科学技术似是而非的认识或争议，充分发掘传统科技宝库以为今用，将有助于讲好中国科技发展的故事，回答国家和社会公众的高度关切之间，推动中华优秀传统文化的创造性转化和创新性发展，提振民族文化自信和创新自信。

《科技史新视角研究丛书》结合微观实证和宏观综合研究，在这承前启后的科技史研究序列中，薪火相传，继往开来。它以新视角带来新认知，在中国古代与近现代科技史实、中外科技交流的研究中，必将更好地发挥以史为鉴的作用。

关晓武

2022 年 1 月

前言

德国的理论物理学，尤其是20世纪初以相对论与量子力学为代表的一系列物理理论，是现代物理学极其重要的组成部分，对物理学的发展起到了巨大的奠基和推动作用。中国物理学界也非常关心理论物理学的发展[①]，从20世纪90年代开始，国家就设立理论物理学专款，以促进中国理论物理学研究的发展，培养优秀人才，做出国际先进水平的研究成果，发挥理论物理学在国民经济建设和科学技术战略决策上应有的指导和咨询作用。物理学界之所以看重理论物理学，因为它研究的是物质的基本结构和基本运动规律。它在实验和观测的基础上，不断揭示支配自然现象的基本物理规律，并反过来进一步促进实验和观测的发展。理论物理学在20世纪的历史发展进程中扮演了极为重要的角色，大到原子弹、氢弹，小到广泛运用在汽车上的GPS导航，离开了理论物理学，一切都将无从谈起。

人们很难想象，在19世纪下半叶，理论物理学还远不像现在这样深入人心。它能成为一个独立的学科，可以说是一系列因素综合作用的结果。回顾历史，我们存在疑问，是什么契机使得第一个理论物理学的教席出现在德国？当时德国的物理学界是如何看待理论物理学的？德国的理论物理学家们又是如何逐渐发挥自身的影响，使其成为一门不可或缺的学科的？研究这些问题，有助于我们了解在理论物理学诞生的早期，人们思维方式的变化。当

① 周光召．在世界物理年纪念大会上的致辞[J]. 物理，2005,（06）: 389.

时已经有人开始希望借助新的途径获取关于自然界的知识，这种新的途径与始于17世纪新实验运动的那种注重从实验中总结物理规律的培根科学不同，亦有别于19世纪初发端于法国的、由培根科学的数学化所带来的数学物理学。它随后的发展又导引了相对论与量子力学的出现。理论物理学的兴起及发展的这段历史，将起到历史学一贯具备的启迪作用，是中国现代理论物理学界了解这门学科的一个新窗口、一种新角度。这对中国的理论物理学界乃至整个科学界都有着十分重要的意义。

关于理论物理学在德国的兴起，还没有形成规模可观的研究成果，相关文献屈指可数。根据我们目前了解到的情况，国内学者并无相关的专门研究，只在一些概述性的物理学史著作中简略地谈及这方面的历史。国外学者发表了一些相关的专著和论文，但总体来说比较零散，许多问题没有得到令人满意的回答。

在专著方面，克里斯塔·容尼克（Christa Jungnickel，1935—1990）和丈夫罗素·麦科马赫（Russell McCormmach，1933— ）[①]的两卷本专著《从智力上掌握自然：从欧姆到爱因斯坦的理论物理学》（*Intellectual Mastery of Nature: Theoretical Physics from Ohm to Einstein*）是一本非常难得的理论物理学入门读物。克里斯塔·容尼克出生在德国法兰克福，她的父亲于“二战”期间在俄国前线失踪，1951年她与家人移民到美国旧金山，为了支撑家庭，曾在美国工作15年。几经周折，她直到1978年才获得博士学位，学位论文是关于萨克森皇家科学院（Königliche Akademie der Wissenschaften zu Sachsen）的。罗素·麦科马赫师从著名科学史学家马丁·克莱因（Martin J. Klein，1924—2009），1967年获博士学位。克里斯塔·容尼克是麦科马赫的博士生，后来嫁给了这位导师。

① 1969年，麦科马赫创办了《物理科学的历史研究》（*Historical Studies in the Physical Sciences*）杂志，现更名为《自然科学的历史研究》（*Historical Studies in the Natural Sciences*），并担任该杂志头十年的总编辑。1987年，他获得美国科学史学会颁发的辉瑞奖（Pfizer Award）、美国哲学学会颁发的约翰·弗雷德里克·刘易斯奖（John Frederick Lewis Award），2010年获得美国物理学会颁发的亚伯拉罕·派斯物理学史奖（Abraham Pais Prize）。

《从智力上掌握自然：从欧姆到爱因斯坦的理论物理学》分主题进行论述，从建制、学科以及个体层面，对德国19世纪初以来到爱因斯坦为止的物理学做了一次详细的梳理，提供了有关德国物理学的许多详细档案资料，涉及了那段时期几乎每一所重要的德语大学。人们可以从中找到诸如德国理论物理学最早的教席于1872年出现在斯特拉斯堡大学，由埃米尔·瓦尔堡（Emil Warburg，1846—1931）担任等学科建制化方面的资料，也可以从中了解物理学某个单独的分支在德国的发展状况。书中对于一些物理学家生平和学术生涯的描述让此书显得生动活泼。尽管作者雄心勃勃，但并没有回答一些最基本也是最重要的问题，比如，为什么理论物理学是在德国，而不是欧洲的任何其他国家孕育并发育成熟且开花结果？

按照这本书的说法，在1871年德国统一之前，德国的物理学家们多半是实验物理学家，他们对自然哲学敬而远之，因为他们觉得自然哲学的推测缺乏必要的经验支持。亥姆霍兹是最关注认识论问题的研究人员，他把理论物理学（数学物理学）看成经验学科，也必须得到经验的支持，就像实验物理学一样。应该把理论建立在最简单的原理之上，从理论中推导出来的定律，应该像在实验物理中一样，受到经验的指导。理论物理学不是数学，尽管他们的工作涉及数学。随着时间的推移，数学物理学扮演着越来越重要的角色，但无论是实验研究人员，还是理论研究人员，都通力合作，以追求共同的经验为目标。

在大学里，学生不仅要学习已有的知识，还要与教授一起创造知识。也就是说，不只是教与学，还要有研究。而作为研究最基本的组成部分，学生必须有实验室的经验。尽管这是物理学教授们发自内心的奋斗结果，但同时也带来了一个问题：教授的负担太重了，因为他也需要时间进行自己的研究。这就为每所大学物理学专业同时配备两位教授创造了条件。通常第二位物理学教授的主要研究领域是在不断扩展的数学物理学，它被认为是物理学不可或缺的一部分。这样一来，第一位物理学教授主管实验和研究，第二位物理学教授主管数学物理学。当然，这种分工的划分也只是相对的。相当长的一段时间内，两者井水不犯河水，相安无事，但也并非没有冲突。这里面涉及到对实验设备的使用等潜在的利益冲突。如果一所大学里经费有限，只能聘请一位物理学教授时，学校当局往往要求受聘者既能胜任实验工作，同时又具有理论和数学能力，最好的物理学家是同时从事理论和实验物理学研究的人。

这种理想化的设想很快在现实中破灭了。物理学各部分的分离发展，已经很难让一个人同时进行理论和实验研究。而物理学分支的不断扩张更使得个人难以掌握整个实验和理论领域。有些物理学家从来没有动手做过实验，或者实验动手能力极差，但却是非常好的理论家，比如海森伯和泡利。海森伯因为在博士答辩过程中，实验分数太低，才勉强以及格的成绩获得博士学位，而泡利似乎有一种到哪儿都会导致实验失败的“泡利效应”。

于是，理论物理学逐渐从实验物理学中分离出来，成为一门独立的学科，物理学正式地分为实验物理和理论物理两大部分。

2017 年，在克里斯塔·容尼克去世 27 年后，罗素·麦科马赫出版了此书的一个简化修订本：《第二位物理学家：理论物理学在德国的历史》（*The Second Physicist: On the History of Theoretical Physics in Germany*），除了更新部分资料，压缩篇幅外，与两卷本的原著并没有实质上的不同。除了这本书外，两人还合著过一本关于英国物理学家亨利·卡文迪许（Henry Cavendish，1731—1810）的传记。

论文方面，意大利帕维亚大学的科学史家法比奥·贝维拉夸（Fabio Bevilacqua）的文章《19 世纪下半叶理论物理学的出现》（*The Emergence of Theoretical Physics in the Second Half of the Nineteenth Century*），是一篇不错的论文。他借鉴了库恩《物理科学发展中数学传统和实验传统的对立》（*Mathematical vs. Experimental Traditions in the Development of Physical Science*，Kuhn 1976）一文中的古典科学（classical sciences）及培根科学（baconian sciences）的概念，分析 18 世纪和 19 世纪物理学的转变。作者此举意在探索实验物理学、数学物理学与理论物理学的源头，从而为区分这三者打下基础。这样做最终也是为了阐述一个重要的基本问题，即什么是理论物理学？一些关于理论物理学历史的研究，例如上面提到的两卷本专著，都未事先说明“理论物理学”这个概念，然而，这个概念是所有这方面讨论的基础。对于理论物理学为什么产生于德国，作者仅用了少量篇幅对此做了一些回应，提出了两个可能的影响因素。之后便着墨于对原理与模型的关系的探讨。

美国乔治敦大学的科学史家凯瑟琳·玛丽·奥莱斯科（Kathryn Mary Olesko，1951— ）的博士论文《德国理论物理学的出现：弗朗兹·诺伊曼和柯尼斯堡物理学派，1830—1890》（*The Emergence of Theoretical Physics in Germany: Franz Neumann & the Konigsberg School of Physics, 1830—1890*），以诺伊曼为首的柯尼斯堡物理学派为线索展开德国理论物理学的历史。后来，她对博士论文进行了扩充，最后以《作为职业的物理学：柯尼斯堡物理学研讨班中的学科与实践》（*Physics as a calling: Discipline and practice in the Königsberg seminar for physics*）为题出版。她把弗朗兹·恩斯特·诺伊曼（Franz Ernst Neumann，1798—1895）看成是为德意志民族在理论物理学方面开创先河的人物。在科学研究上，诺伊曼在 19 世纪 30 年代就已经开始着重发展物理现象的数学理论，并且在比热、光的波动理论以及后来在电动力学方面都作出了不少贡献。在教学和人才培养方面，1833 年，他与同事、数学家卡尔·古斯塔夫·雅可布·雅可比（Carl Gustav Jacob Jacobi，1804—1851）合作设立了数学物理学研讨班，向学生介绍物理学的研究方法。古斯塔夫·基尔霍夫（Gustav Kirchhoff，1824—1887）就是受益于此研讨班的学生之一。诺伊曼不仅用实际行动为理论物理学的研究奠定了基础，还将他的研究方法以研讨班的形式传授给了学生，造就了柯尼斯堡物理学一时的繁荣。诺伊曼在德国理论物理学最初的发展过程中功不可没。

奥莱斯科的研究让人们的视野从普鲁士文化中心的威廉柏林大学（现在洪堡大学的前身）转移到了智力非常活跃的边陲小镇柯尼斯堡。在她看来，新的研究性大学并非完全是从柏林大学开始的。德国的一些地方性大学，除了上面提到的柯尼斯堡大学外，哥廷根大学、慕尼黑大学、莱比锡大学、海德堡大学、弗莱堡大学以及蒂宾根大学等也作出了贡献。

但是，关于究竟谁应该被视为德国理论物理学研究第一人的问题，目前

还没有定论。前面提到的诺伊曼仅是其中一种选项，也有人认为是基尔霍夫，甚至普朗克。从时间上来看，格奥尔格·欧姆（Georg Ohm，1787—1854）早在1826年就提出了电动力学发展早期的重要定理，有学者也将此归为理论物理学的研究。

19世纪上半叶，德国的主要物理学家有卡尔·弗里德里希·高斯（Carl Friedrich Gauss，1777—1855）、格奥尔格·欧姆、威廉·爱德华·韦伯（Wilhelm Eduard Weber，1804—1891）、约瑟夫·冯·夫琅和费（Joseph von Fraunhoff，1787—1826）、弗朗兹·诺伊曼和古斯塔夫·基尔霍夫等。他们之所以研究物理，有的是因为受到身边亲人、师长或朋友的引导，比如欧姆和韦伯。有的是受到当时物理学成就的鼓舞，通过自学法国物理学家的著作获得物理知识和研究技能。因为当时物理学研究在德国的实际困难，这一时期的德国物理学家主要研究的还是寻找电、磁、热领域重大发现背后尚未解决的问题，绝大多数研究工作都是在证实、推广国外所做的实验。

实际上，正如前面所说的，要真正回答谁应该被视为德国理论物理学研究第一人的问题，需要先对理论物理学这一概念做出清晰的界定。

同样值得重视的，是前面提到的库恩的那篇著名的论文："19世纪下半叶理论物理学的出现"。这篇论文的研究重点不在于理论物理学，而是探讨物理学发展过程中的数学传统及实验传统出现的根源。但是，它提出了一些研究思路和值得关注的问题。库恩认为，自然科学的历史中曾经先后出现了两类模式：古典科学与培根科学。他试图从这两种模式的发展去讨论现代物理学的诞生，以及物理学形成的数学传统与实验传统，但他并未得到确切的结论。库恩指出，19世纪物理学的重要变化就是一些原来隶属于数学研究的问题开始脱离数学领域而进入物理学领域，以及随之近四分之一世纪内培根科学的数学化。库恩留下了许多有待解决的问题。让他颇为失望的是，他在科学史方面的学术贡献没有得到学界应有的评价[①]。

① 关于这方面的研究，可以参考 Martin Klein, Abner Shimony, and Trevor Pinch, "Paradigm Lost?" *Isis* 70（1979）：429-440。

库恩曾经的学生，保罗·福曼（Paul Forman，1937— ）在其引起争议的论文《魏玛文化、因果性与量子理论：德国物理学家和数学家对一个敌对环境的适应》（*Weimar culture, causality, and quantum theory: adaptation by German physicists and mathematicians to a hostile environment*）中试图探讨社会文化心态对科学家所持理论的选择的影响，但争议不断。

如何将德国的社会文化环境，以及物理学家的心态历程与理论物理学在德国的兴起与发展，以及一段时间内的衰退，联系起来，还需要从历史、建制及学科层面等多方面进行深入细致的研究。它至少需要回答下面几个问题。

1. 何为理论物理学

首先，站在历史的角度，我们需要了解在19世纪培根科学数学化催生现代科学，尤其是现代物理学之际，人们对于理论物理学存在什么样的看法，以及从何时开始，人们有意识地区分实验物理学、数学物理学以及理论物理学。对于这两个问题的考察将避免人们以现代的标准去看待早期的理论物理学，从而忽略了历史发展过程中的一些独特因素。其次，我们应该考察当时理论物理学的建制过程，即理论物理学作为一个专门学科是何时出现的？这里的判断标准，一方面将参照理论物理学教席在德国的出现时间和发展态势，而另一方面，还需要从整体入手，了解人们认识到建立理论物理学这个专门学科的必要性的过程。理论物理学作为一个专门学科的建立，不仅需要有成熟的外部环境孕育，还需要有充足的时间让人们去感知并认识到其重要性，它绝非一朝一夕就能完成的。再次，若以学科内容来看，我们还要去考察物理学的哪一分支或哪几个分支的发展令理论物理学的出现成为可能。关于物理学的哪些理论在19世纪得到迅速发展这个问题的讨论并不在少数，但却很少与理论物理学的发展关联起来。这个问题有助于把我们引导至物理学内部去看待理论物理学发展的问题，所以，它的意义十分重大。

2. 理论物理学的研究是何时出现于德国的

虽然理论物理学研究的出现在时间上有早晚，但不排除是各自独立发展出来的一种思潮。而且，还有一个不能忽略的问题，即有些物理学家不一定提出了“理论物理学”这样明确的说法，但他们的研究方法与之类似，例如，我们不能判断“物理学中的数学理论”这样的概念在当时的一些人看来究竟与“理论物理学”有何区别。所以对于这样的研究，我们需要进行甄别。

3. 何种契机使得第一个理论物理学教席出现在德国

2013 年，英国科学史学会新任主席张夏硕（Hasok Chang，1967—　）在就职演讲中也就科学史越来越面向外史而缺乏内史的现状，阐述了“让科学史回归科学”的观点[①]。本研究希望在这方面做出一点尝试，即结合科学内史与外史的研究来思考问题。

理论物理学教席的出现，其原因不仅可能是物理学家基于科学思想发展的需要做出的应对，还有可能是物理学家基于自身利益的需要，例如为了获得一个大学的教席（众所周知，在当时的德国，大学的教席数量十分稀少，往往只有等待前辈离任才能空出一个名额，而应征者众多），也有可能是校方的行政机构出于多方面的考虑。我们要考察这些可能性是否成立，需要从众多的资料去找到相关的线索。一是了解校方在设立教席时所做出的考虑；二是了解获得这个席位的物理学家本身的科学思想以及在理论物理学方面做出的相关贡献；三是尽量通过一些私人的往来信件，去了解物理学家在提出这样的要求时背后的原因。

4. 理论物理学这门新生的学科在德国物理学界最初引起了何种反应

学界内部对于新生的学科一般会存在支持、反对、不关心这几种态度。在涉及到这种以不同态度划分的群体时，科学史家往往会用一种类似于政治派别的方式来讨论。就此问题而言，支持派类似于革新派，其成员包括理论物理学家本身以及对理论物理学有好感的物理学家；反对派类似于保守派，其成员包括一些强调一切从实验出发而讨厌妄谈理论的实验物理学家；不关心的这群人类似于中立派，这群人也许本身对于实验或理论何者优先并无特别要求。本研究希望通过这些相关讨论来了解理论物理学在当时物理学家的心中处于何种地位，是十分重要，还是一点也不重要。

① 张夏硕 . 让科学史回归科学 [J]. 科学文化评论 2013，10（5）：5–20。

这个问题至少需要考察理论物理学科在德国大学的分布情况、理论物理学专业的学生数量，以及理论物理学方面的相关出版物。

5. 德国的理论物理学家是如何逐渐发挥自身的影响，使其成为物理学的一门不可或缺的学科的

本书选取几位重要的理论物理学家，如普朗克、索末菲、爱因斯坦和海森伯进行个案研究，以此来看待这些物理学家是如何看待自己的研究，以及如何通过自己的研究成果，有意识地扩大理论物理学在物理学中的影响，从而确立理论物理学在整个物理学领域的不可缺少的地位的。

6. 从理论物理学诞生到相对论和量子力学的建立，理论物理学在德国的发展经历了哪些阶段

相对论和量子力学影响了整个 20 世纪乃至未来的物理学的发展。它们是如何一步一步发展起来的？我们要研究物理学的传统，同时也关注偶然因素（例如科学家的个人兴趣，宗教信仰等因素）的影响等。

7. 理论物理学在德国的兴衰过程给我们的启示

从历史上看，德国是一个从后进走向先进的国家，理论物理学在德国的兴起和发展过程，无疑会对所有希望从后进变先进的国家产生影响。对于努力通过科学技术的发展来提升综合国力的我国来说，更是如此。总结其中的经验和教训，可以让我们少走弯路。

到目前为止，尚没有一本专著回答上述问题，但有大量的英文和德文的研究成果或专著，涉及到其中的一个或几个问题。这些年来，我们的研究重点集中在爱因斯坦、索末菲和海森伯等科学家身上。从承担课题至今，已出版四本译著：①《阿诺尔德·索末菲传——原子物理学家和文化信使》，[德]米歇尔·埃克特著，湖南科学技术出版社，2018 年 7 月，53 万字。②《维尔纳·海森伯传——超越不确定性》，[美]大卫·卡西迪著，湖南科学技术出版社，2018 年 7 月，58.3 万字。③《我的世界观》，[美]阿尔伯特·爱因斯坦著，中信出版社，2018 年 11 月，38.7 万字。④《爱因斯坦全集》第 13 卷，湖南科学技术出版社，2020 年 11 月，120 万字。此外，《爱因斯坦论政

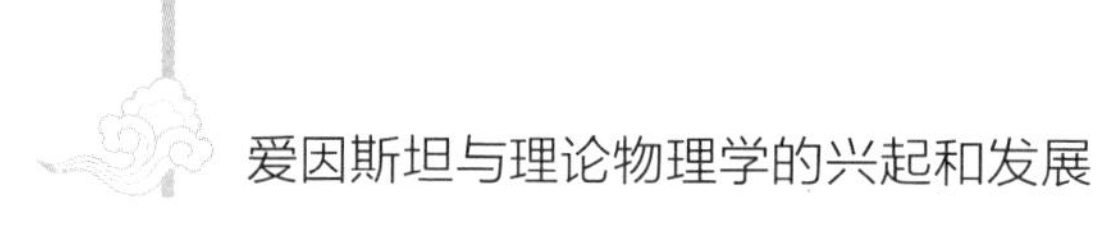

治》（34 万字）、《爱因斯坦旅行日记》（25 万字）和《爱因斯坦百科》（30 万字）已完成初译，近期可望由商务印书馆和湖南科学技术出版社出版。

在此期间，我们共发表了十多篇与研究主题相关的文章和译文。作为成果汇编，本书选取了其中的七篇论文。另外，本书也收录了德国学者埃克特、比尔克和丹麦学者克劳所写的三篇文章，它们对于普朗克、索末菲和爱因斯坦的思想发展提出了自己的见解。为了全书的统一，对论文做了必要的增删。

文中提到的普朗克、海森伯、索末菲，都对理论物理学有专门论述。比如普朗克 1909 年美国哥伦比亚大学发表过专门演讲《理论物理学八讲》（*Eight Lectures on theoretical physics*，1909），海森伯有专著《物理学与哲学》（*Physik und Philosophie*），但爱因斯坦作为德国理论物理学家最杰出的代表，他对理论物理学的原理、基础、方法有专门的论述，影响甚广。为此，本书将爱因斯坦论述理论物理学的五篇文章，按发表时间的顺序，单独列出来。细心的读者就会发现爱因斯坦的观点前后也有变化。

本书是中国科学院自然科学史研究所重要课题“科技知识的创造与传播研究（2011—2020 年）”之子课题“理论物理学在德国的兴起与发展”的汇报成果。

相对于专著，本书称为论文集可能更为恰当，其中多有不成熟之处，还望诸君谅解。

编　者

目录

第一章

阁楼上的研究所[①]

威廉皇帝物理研究所（Kaiser Wilhelm Institut für Physik）正式成立于1917年10月，爱因斯坦是首任所长。研究所并没有一栋宏伟宽敞的建筑，其办公地点就设在这位著名所长的私人住房里。正如柏林的马普科学史研究所所长雷恩（Jürgen Renn，1956—　）等人的研究[②]所表明的那样，爱因斯坦就是在这一简陋的环境中带领这个不寻常的研究所度过了5年。马普科学史研究所的卡斯坦尼蒂（Giuseppe Castagnetti）和哥廷根大学的戈纳尔（Hubert Goenner）也在他们合写的文章中描述了爱因斯坦作为一个“科学管理者”所度过的艰难岁月。

1914年4月1日，爱因斯坦就任柏林的普鲁士科学院院士。现在他不必再教书了，他长久以来想全心全意做研究的梦想终于实现。他在给朋友兼同事劳伯（Jakob Laub，1884—1962）的信中说：“复活节时我将赴柏林，担任

① 原载《马普研究》（*Max Plank Research*），2005年第1期，40-47页。作者简介：托马斯·比尔克（Thomas Bührke），德国科普作家，自由撰稿人，著有《爱因斯坦》《$E = mc^2$》等多种高级科普读物，并常在科学期刊上发表物理学和天文学方面的高级科普文章。《科学文化评论》，2006年第3卷第1期，22-31页。承蒙马普学会同意翻译刊载，孙承晟、方在庆译。这次重印得到作者托马斯·比尔克博士的同意。

② Castagnetti G, Goenner H, Renn J, et al. Foundation in Disarray: Essays on Einstein's Science ad Politics in the Berlin Years (Preprint 63) [C]. Berlin: Max Planck Institute for the History of Science, 1997. 这是一个由三篇论文组成的抽印本。Giuseppe Castagnetti 和 Hubert Goenner 的文章题为《主导威廉皇帝的一个研究所：爱因斯坦，科学组织者？》（*Directing a Kaiser Wilhelm Institute: Einstein, Organizer of Science?*），是抽印本中的第三篇论文。

科学院院士，而不用承担任何教学义务，就像一个活着的木乃伊一样。我期待着这一困难的职位。”3年半后，他成为威廉皇帝物理研究所的首任所长，在此之前，他走过了一段坎坷的道路。

爱因斯坦在瑞士的阿劳（Aarau）州立中学毕业，1900年获得了苏黎世联邦理工学校（Eidgenössische Polytechnische Schule）的数学教育学位，他最初想找一份全职的工作，但毫无结果。或许是担心论文被拒绝，他主动撤销了一篇已经上交给苏黎世大学的博士论文，这使他失去了进入学术界的机会。之后为了谋生，他不得不成为一个私人教师。因此，当1902年得到伯尔尼专利局三级技术职员的职位时，他简直欣喜若狂，因为他生平第一次有了稳定的收入和一个正常的工作。

第一节　基础奠定

业余时间，爱因斯坦还是专注于研究各种各样的物理问题。他最关心的是牛顿理论和麦克斯韦理论之间的矛盾，后者正是当时流行的力学和电动力学的基础。在牛顿看来，相互做匀速运动的参照系中，所有物理过程的运行规律都是相同的，而麦克斯韦发现这一规律似乎不适用于光。爱因斯坦以其狭义相对论解决了这一矛盾。在狭义相对论中，他假定光速是恒定不变的，不管人们相对于它的速度有多快。根据这个激进的主张便得出那个著名而奇怪的结论：一个人运动得越快，他的时间则过得越慢；越是快速运动的物体，它呈现的时间越短。描述质能关系的著名公式 $E=mc^2$，也是从狭义相对论中推导出来的。

除了狭义相对论的论文外，爱因斯坦在1905年这个属于他的奇迹年——2005年全世界都在庆祝其100周年——还发表了一篇关于光电效应的革命性论文。在论文中，他声称光并不是当时普遍认为的那样是波，而是能量子束。他以此对1900年普朗克所提出的能量子概念作出了解释，并揭示了波粒二象性。这一观念在20世纪20年代的量子理论中才获得解释。在第三篇论文中，他对布朗运动——即悬浮在气体或液体中微粒的不规则振动——提出了第一个完整的解释。这篇论文为原子和分子研究提供了奠基性的发现。与此论文紧密相关，爱因斯坦写了一篇关于分子大小测定的博士论文，并最终从苏黎世大学获得了博士学位。

仅仅在三个月当中，爱因斯坦即在《物理学纪事》（*Annalen der Physik*）——一本德国期刊上发表了 3 篇革命性的论文。普朗克是最早承认这个不为人知的专利审查员的“哥白尼行为”的，他还把这些论文传给他的同事看。新的物理学就这样逐渐建立起来了，同时也为爱因斯坦长期梦想的学术生涯铺平了道路：伯尔尼大学的私俸讲师（1908 年），苏黎世大学理论物理学副教授（1909 年），布拉格大学正教授（1911 年）以及苏黎世联邦理工学院（ETH）理论物理学正教授（1912 年）。

第二节　科学家变得时髦

差不多就在爱因斯坦事业开始起步的同时，柏林的科学界发生了一种变化，最终导致了威廉皇帝科学促进学会（KWG，简称威廉皇帝学会）的成立。19 世纪下半叶，技术得到了长足的进步，自然科学也日益成为生产过程中不可缺少的环节。公司对自然科学家、工程师和技术员的需求不断增长，教育政策需要对这些变化作出响应。大学的规模得到扩展，尤其是其中的物理学研究机构。然而，由于大学的主要任务在于教书育人，因而政策对于自然科学研究的促进还远远不够。

正是基于这一原因，实验物理学家、诺贝尔奖获得者勒纳德（Philip Lenard）在 1906 年就向普鲁士文化部提出了成立一个物理研究所的建议，他的建议没有得到采纳。两年后，能斯特（Walther Nernst）又提出了成立一个放射学和电子学研究所的请求，同样没有成功。在 1911 年 6 月威廉皇帝学会成立之前，这些请求都看不到任何成功的前景。威廉皇帝学会成立后，它的各个研究所均把研究作为唯一的目标，并接受慷慨的资金支持，捐赠者——如企业家和银行家——承担相应的份额。

在威廉皇帝学会成立后不久，就开始设立第一批研究所。譬如，物理化学与电化学研究所，以及化学研究所，它们均建于柏林的达勒姆（Berlin-Dahlem）。这样一来，建立一个物理研究所的前景也开始看好。哈伯（Fritz Haber）、能斯特、普朗克、鲁本斯（Heinrich Rubens）和瓦尔堡（Emil Warburg）再次提议成立这样一个研究所。最终，威廉皇帝学会理事会在 1914 年 3 月 21 日作出决定，建立物理研究所。一个关键性的因素是有财力的实业家、银行家科佩尔（Leopold Koppel）允诺的一笔捐款，将为研究所提供办公楼，同时提供运行经费的三分之一，其余的费用需由普鲁士政府自行解决。

第三节　“我对研究所的事一无所知”

威廉皇帝学会立即与建筑师杜伊斯堡（Carl Duisberg）接洽，让他在威廉皇帝化学研究所的院内督建一个新的物理研究所。但之后不久，这个计划就泡汤了，原因在于普鲁士财政部拒绝提供任何资金支持。一天之后“一战”就爆发了，这样威廉皇帝学会建立物理研究所的计划又一次遭到失败。但爱因斯坦还是来到了柏林，一开始只是作为普鲁士科学院的院士。

物理研究所的倡议者们何时与爱因斯坦接洽以及把他当作首任所长的候选者，目前并不清楚。可以肯定的是，1913 年 10 月以前他就一定得知了，因为他在那时给他表姐艾尔莎（Elsa Löwenthal，后来成为他的第二任妻子）的信中说：“我对研究所的事一无所知，也不会再去考虑这件事。这事肯定会黄，命该如此。”但这并没有影响他从苏黎世迁到柏林。早在 1913 年 7 月，普朗克和能斯特就小心地探问爱因斯坦的口风，是否对到普鲁士科学院就职感兴趣。爱因斯坦接受了邀请。一方面，一个没有任务教学义务的纯研究岗位着实有诱惑力；另一方面，这也意味着他与艾尔莎将更加密切。他是上一次到柏林时与她坠入爱河的。

在普朗克和他的同事们向普鲁士科学院提交的建议增选爱因斯坦为院士的提议中，特别强调了爱因斯坦的“很快就能弄清新出现的观点和论断的本质”的能力。正如卡斯坦尼蒂和戈纳尔在他们的研究中所表明的那样，当时人们普遍认为爱因斯坦肯定会促进物理学尤其是量子物理学的理论和实验方面的进展。量子物理学在这个初始阶段还只是一些捉摸不定的假设和一些零星的物理发现，它们与很少被人理解的普朗克的能量子相联系。在爱因斯坦的固体量子理论对低温下的比热实验提供了可能的解释之后，能斯特完全相信爱因斯坦能做到这一点。在这个“应用的量子理论”领域，当时的物理学家看到了科学上和经济上的巨大机遇。

然而，爱因斯坦的想法却完全不同。在普朗克和他的同事们向普鲁士科学院提交的提议中，他们已经提到爱因斯坦正在集中精力研究一种新的引力理论（“究竟有多成功，只有以后才知道”）。此处表达出来的怀疑态度尚属节制。早在 1912 年秋，慕尼黑的物理学家索末菲（Arnold Sommerfeld）便已领略到了爱因斯坦的那种永不妥协的创造激情。当索末菲邀请爱因斯坦对量子理论中的问题作一个系列演讲时，爱因斯坦拒绝了，他说他对“量子的东西没什么新的可讲……眼下我只专注于引力问题……与此问题相比，原来的相对论只是个儿戏。”索末菲失望地将此事告诉了他在哥廷根的同事希尔伯特（David Hilbert）：“爱因斯坦似乎陷入引力问题太深了，以至于对其他任何事情都充耳不闻。”普朗克曾警告过爱因斯坦：“作为一个老朋友，我必须给您泼点冷水，一方面，您对此不一定能成功；另一方面，即使您成功了，也没人相信您。”但这也并未使爱因斯坦有任何改变。

然而，爱因斯坦成功了。1915 年 11 月 25 日，经过多年的努力，他终于能在科学院的大礼堂就“引力场方程”发表演讲。他的结论是：“这样把广义相对论当成一种逻辑构造就完成了。”他在之后的一段日子里抑制不住内心的喜悦。他热情洋溢地向朋友们宣称这一理论有着“无与伦比的美”，他最大的梦想已经实现。他告诉索末菲“这是我一生中最有价值的发现”。

之后的几年，爱因斯坦取得了更丰硕的成果，比如他提出了一个新的宇宙学。他还发表了一些关于辐射量子理论的具有开创性的论文，其中一篇则预见了激光的原理。然而，爱因斯坦的私人生活在战争时期发生了变故。就在他抵达柏林后不久，他便与第一任妻子米列娃（Mileva）离了婚，与之相

连的与两个儿子的分离深深地伤害了他。德国人，尤其是住在帝国首都的人们，越来越受到战争的折磨，几乎不可能保持德国与同盟国之间的国际科学交流活动。爱因斯坦也是在这个时期开始公开参与和平主义活动的。他在 1914 年末就签署了《告欧洲人书》，一份表达知识分子反对战争的宣言。之后不久，他加入了“新祖国联盟”，该组织支持迅速缔结和平。

1917 年 1 月，柏林的实业家施托克（Franz Stock）与威廉皇帝学会接洽，提供 540 000 德国马克的捐款。威廉皇帝学会抓住机会，6 月 26 日做出决定，威廉皇帝物理研究所于 10 月 1 日成立。研究所的年度预算定为 75 000 马克，这比其他自然科学研究所的财政预算要少，但却比柏林大学的三个物理研究所的总和还要多。

爱因斯坦被任命为研究所的所长，年薪 5 000 马克。一开始还计划在柏林的达勒姆为研究所建造一栋小型的办公楼。但是，这个计划很快即被放弃，研究所改设在柏林－舍讷贝格（Berlin–Schöneberg）的哈伯兰大街 5 号。爱因斯坦刚搬到那儿不久，与艾尔莎比邻而居。20 年代早期，人们把他的阁楼加了一层，在上面建成一间小房，让他潜心在此工作。“一面墙上全是书，”女管家后来回忆道，“一个角落的地板稍微高一些。那就是教授经常坐的地方，他的桌子就摆在那儿。”墙上挂有牛顿、麦克斯韦、法拉第和叔本华的画像。爱因斯坦曾在牛顿画像旁拍过一张照片，这明显是事先策划的，这从他整洁的服装中可看出来。通常，当他个人独处时，他的穿着极为随便，甚至达到邋遢的地步。哈伯兰大街上的房子，当然也包括威廉皇帝物理研究所，在“二战”的一次炸弹袭击中被毁，只留下了地基。

第四节　量子物理学的“思想库”

物理研究所的组织与威廉皇帝学会的其他机构有很大的不同，它受两个委员会的领导：一个由 6 人组成的董事会（3 位来自威廉皇帝学会，两位来自科佩尔基金会，另一位来自文化部）和一个理事会。理事会由所长爱因斯坦和建立物理所的 5 位发起者：哈伯、能斯特、普朗克、鲁本斯和瓦尔堡组成。但是随着时间推移，董事会和理事会的成员时有变化。理事会的成员可能从未在爱因斯坦的家里聚集过，通常是在开完科学院的会后在院部的办公室碰头。爱因斯坦把会议的次数降到尽可能最少。在他担任所长的 1917 年至 1922 年，总共只召开过 11 次理事会议。

有关物理研究所的成立，爱因斯坦、普朗克和哈纳克（Adolf von Harnack）曾共同起草过一个文件，并以一种广告的形式被刊登在几家德国报纸上。其中这样写道："研究问题、方法以及办公地点的选择由理事会负责。然而，理事会也应考虑其他物理学家所提出来的建议，并积极支持那些获得批准的计划。"这一做法在当时的威廉皇帝学会是非同寻常的。

1929 年 12 月 11 日爱因斯坦在哈纳克宫的一次演讲上

第五节　他痛恨官僚作风

威廉皇帝物理研究所不进行任何实验研究，而是更倾向于进行一项旨在解决量子物理学问题的研究计划。换言之，其目标乃是争取成为一个"思想库"。理事会的成员负责提出研究计划。人们期望爱因斯坦能提供思想原料，

起到学术上的带头作用。物理研究所提出的研究创意和计划要在别的研究所里完成。与威廉皇帝学会的其他研究所不同，物理研究所的年度预算是用来为在其他研究所里进行的研究计划提供财力支持的。之所以要采取这一不同寻常的组织形式，在卡斯坦尼蒂和戈纳尔看来，是基于如下信念：在理论物理学、实验物理学和物理化学领域里工作的最优秀的人员之间进行思想交流和合作，是提出并继续进行一种研究计划的最适合的方式，这种研究计划关注当时物理学和物理化学中的前沿问题。

当时的期望很高。然而，爱因斯坦不久便意识到他在研究所里什么事也做不了。例如，为了雇一个半职的、月薪 50 马克的秘书（他将这一职位给了他的继女伊尔莎），就不得不征得董事会的同意。甚至为了买一台打字机，他也必须获得董事会的批准。基于对官僚作风无比的痛恨，爱因斯坦给董事会的成员西门子（Wilhelm von Siemens）写信说："或许最好的办法，是在我家里放一个研究所的钱盒，里面有几百马克，我再定期向你们提供账单。"在其他一些信件中他也表达了这种不满。1918 年，他向他的朋友贝索（Michele Besso）抱怨道："威廉皇帝研究所需要处理相当多的公文往来。"在给玻恩（Max Born）的信中，他也说研究所"运转太难"。

威廉皇帝物理研究所支持的第一个研究项目，无疑是得到了爱因斯坦批准的。1918 年 2 月，天文学家弗洛因德里希（Erwin Freundlich）得到资助，对广义相对论的预测进行检验。爱因斯坦在几年前就与弗洛因德里希有过接触。他想说服弗洛因德里希，在某次日全食期间测定太阳附近星体的确切位置。他预言，由于光线在太阳引力场中的弯曲，这些星体将会轻微地偏离它们通常所处的位置。

作为威廉皇帝物理研究所的一名雇员，弗洛因德里希获得了一个三年期的职位，在波茨坦天文物理观测台工作。他在那里学会了天体摄影术，并试图证实爱因斯坦引力理论的另一个效应：太阳光谱中的谱线移动。然而，这一计划比他想象的要困难得多。为使观测进一步开展，在弗洛因德里希的指导下，爱因斯坦塔（Einstein Tower）最终得以建成。

卡斯坦尼蒂和戈纳尔的一个令人惊讶的发现是，除了支持弗洛因德里希外，爱因斯坦只在另外两种情形下，用研究所的基金支持过自己感兴趣的研究目标。即使在这种情形下，他也只用了很少量的钱。1919 年和 1921 年，数学家格罗梅（Jakob Grommer）从研究所获得了总额为 3 200 马克的资助——跟研究所 75 000 马克的年度预算比起来，这是很少的。在这段时间，格罗梅的工作是在广义相对论的框架内为能量守恒定律提供数学证明。

爱因斯坦甚至不得不筹集额外的私人基金以支持他感兴趣的计划。1919 年春，他与波恩大学的两位私俸讲师格雷贝（Leonhard Grebe）和巴赫姆（Albert Bachem）讨论，再次测定广义相对论所预测的太阳光谱中的谱线移动的可能性。为了做到这一点，他们需要一台专门的光谱分析仪。一开始，他们从威廉皇帝物理研究所获得了 2 000 马克。但这只是杯水车薪。当研究所不同意提供进一步资助时，爱因斯坦转而求助于出版商弗莱舍尔（Richard Fleischer），后者又捐了 2 000 马克。但这些加起来也不够买光谱分析仪。最后，格雷贝和巴赫姆只得与波茨坦天文物理观测台的弗洛因德里希合作。然而，他们的观测结果不太准确，很难确定无疑地证实太阳谱线的移动。

1928 年精英们（从左至右能斯特、爱因斯坦、普朗克、密立根和冯·劳厄）的圆桌会谈

理事会显然不准备资助证实爱因斯坦相对论的进一步研究。另一方面，爱因斯坦自己并不喜欢大规模的物理学研究。卡斯坦尼蒂和戈纳尔在他们的研究中确认："爱因斯坦不认为，为了证实他的广义相对论，有必要购买昂贵的仪器设备或组建一个全新的研究小组。"推动开展与量子物理学相关的实验和研究计划，是研究所发起者最初的设想，但从来没有实现过。

第六节　爱因斯坦把自己看作一个"独行者"

1919 年 3 月，当由战争导致的冷清刚一结束，研究所的理事会便向所有德国大学的物理研究所发了一封信，请他们提交研究计划，并承诺不管是什么课题，威廉皇帝物理研究所都将支持。正如卡斯坦尼蒂和戈纳尔的研究所证明的，从那时起，威廉皇帝物理研究所将把自己限定在对那些被提议的研究课题的经费分配上。在计划评估过程中，爱因斯坦通常避免发表评论。

其中的大部分计划涉及光谱学和辐射现象，这是普朗克定律起重要作用的领域。其他的计划则关注物质的属性和分子物理学。总而言之，1918 年至 1922 年期间，由威廉皇帝物理研究所资助的四分之三的计划都或多或少以不同的方式与改进量子理论有关，这其中也包括由斯特恩（Otto Stern）和格拉赫（Walther Gerlach）所做的实验工作。斯特恩后来还由此获得诺贝尔奖。1921 年，他们发现在一个磁场中，原子的磁矩只能取特定的值，换言之，它被量子化了。卡斯坦尼蒂和戈纳尔的结论是："很显然，威廉皇帝物理研究所为物理学的进展作出了实质性的贡献。"

然而，最终看来，爱因斯坦并不适合领导这样一个研究所。他对发起一个新的研究计划并召集科学家一起来攻克难题并不感兴趣，他也不认为给他人指出研究视角是他的份内之事。他从未有过自己的博士生或助手，也从未建立自己的"学派"。看来他常称自己为"独行者"是不无道理的。综合上述原因，再加上他对行政负担的厌倦，导致他放弃了研究所的领导职务。1922 年 7 月，由于他想不定期地出行一段时间，他请劳厄（Max von Laue）

作为代理所长。当1923年3月返回柏林时，他正式将所有的权力移交给了劳厄。尽管不再行使职责，他的所长名分却一直保持到了1932年，其间一直由劳厄代理所务。

当爱因斯坦在1921年、1922年间在财政上有较多外源时，其收入肯定超过了他在普鲁士科学院的薪水。1919年，英国天文学家成功观测到日全食中太阳引力场中光线的弯曲现象，这正是广义相对论所预言的。一夜之间，爱因斯坦举世闻名，家喻户晓。他一次演讲便可获得2 000马克。同时，他还同基尔的商人安许茨–肯普费（Hermann Anschütz–Kaempfe）合作，开发了一种旋转罗盘，销售得很好。安许茨–肯普费一高兴就给了爱因斯坦20 000马克的报酬。爱因斯坦没有向税务部门申报，把这笔钱直接转给了他在瑞士的孩子。附加的收入源源不断，每卖出一个罗盘，他便能获得百分之一的回报。

此外，爱因斯坦还通过他的著作得到了可观的稿费和版税等。1917年至1922年间，他的《狭义和广义相对论浅说》[*Über die spezielle und allgemeine Relativitätstheorie*（*Gemeinverständlich*）] 至少印刷过14次，销售65 000册之多，他因此每年得到的版税超过25 000马克。更值得一提的是，他于1922年获得了1921年度的诺贝尔物理学奖，奖金转给了他在瑞士的前妻米列娃。1922年爱因斯坦通过这些活动所获得的收入超过了他在科学院和威廉皇帝研究所薪水的总和。

第七节　再也不回德国

1933年初，爱因斯坦同他的第二任妻子艾尔莎已经生活在美国。1月30日，希特勒被任命为德意志帝国总理，不到一个月便发生了国会大厦纵火案。之后纳粹开始迫害政治家、知识分子以及犹太人，此时爱因斯坦便决意再也不回德国了。3月28日，就在希特勒以授权法扩展自己权力后不久，爱因斯坦便放弃他在普鲁士科学院的职位，并向德国大使馆交出了他的德国护照。同时，他请求劳厄代他与所有德国机构（包括威廉皇帝学会）脱离关系。

战后，德国的研究机构不得不进行改造和重组。这也包括1948年2月26日作为威廉皇帝学会的继承者的马普学会的成立。几乎所有以前的威廉皇帝研究所都被转入马普学会，只有柏林的一些研究所迟至1953年7月才转入。

然而，爱因斯坦再也不想与德国的研究机构有任何瓜葛了。正如他强烈地献身于拯救世界困境一样，他对德国的态度也是不可动摇的。当哈恩（Otto Hahn）请求他成为马普学会的一名外籍会员时，他拒绝了，尽管感到很痛苦："在那罪恶的年代里，您是少数几位依然保持正直，并尽了自己能及之力的人，而我不得不拒绝您，这使我很痛苦。但我别无选择……作为一个阶层，德国知识分子的行为与一群暴徒的所作所为并无二致。甚至到现在，还看不出有任何悔恨的迹象，也看不出有真正想弥补大屠杀后果的丝毫愿望。在这种情况下，仅仅出于纯洁性的需要，对于参加任何代表（德国）公共生活的无论哪一种活动，我都感到无可抑制的厌恶。"

当然，爱因斯坦还是能在"大屠杀的国度"与那些保持了正直的个人——如普朗克、劳厄、哈恩和索末菲——之间作出区分。他也很快恢复了与他们之间的通信，但他却再也没有踏上过德国的土地。

第二章

普朗克与德国科学的命运

普朗克是20世纪最伟大的物理学家之一。1900年，他为了克服经典物理学对黑体辐射现象解释的困境，首次提出了“量子”概念。尽管这是普朗克的万般无奈之举，但由于这一概念的创立，普朗克实际上成了现代物理学发展的精神之父。普朗克长期服务于德国科学机构，当德国科学处于鼎盛之时，他为之助益；当德国科学衰败之时，他则奋力挽救所能挽救的一切。正是因为他处心积虑为德国科学保存了实力，使得德国科学在经受纳粹的蹂躏之后，能得到迅速恢复。由于他的正直、他的成就和他所处时代的政治不确定性，让他成为一种德国现象。他是继戈特弗里德·威廉·莱布尼兹（Gottfried Wilhelm Leibniz，1646—1716）、赫尔曼·冯·亥姆霍兹（Hermann von Helmholtz，1821—1894）之后，德国科学的象征。他是一个爱国者，同时又承认国际合作的绝对必要性。他的身上体现了时代所赋予的复杂性。近年来有不少关于普朗克的研究心得问世。尤其是关于他在纳粹时期的表现，学界争论比较多。笔者希望通过重新评价普朗克在纳粹时期的表现和客观分析普朗克在“量子”概念发展过程中所起的作用，驳斥一些似是而非的观点，借此说明普朗克的科学成就，普朗克作为科学组织者、作为人所产生的影响，从而体现他与德国科学命运之间的关系。

第一节　普朗克的一生

普朗克 1858 年出生于德国北方城市基尔[①]的一个神学家和法学家辈出的家庭。父亲约翰·尤利乌斯·威廉·普朗克（Johann Julius Wilhelm Planck，1817—1900）是基尔大学和慕尼黑大学的法学教授。曾祖父和祖父都是哥廷根大学的神学教授。他是父亲和第二任妻子埃玛·帕齐希（Emma Patzig，1821—1914）五个孩子中的第三个[②]。

9 岁时，普朗克全家迁到慕尼黑，后来就读于著名的马克西米利安文理中学（Maximilian-Koloe-Gymnasium）。普朗克 16 岁就中学毕业了，他的中学同学中有后来的德意志博物馆（Deutsches Museum）的奠基者奥斯卡·冯·米勒（Oskar von Miller，1855—1934）。中学老师赫尔曼·缪勒（Hermann Müller）激发了他的科学热情。在讲到能量守恒定律时，缪勒生动地说："一个建筑工匠花了很大的力气把砖搬到屋顶上，工匠做的功并没有消失，而是变成能量贮存下来了；一旦砖块因为风化松动掉下来，砸在别人头上或者东西上面，能量又会被释放出来。"[③]这个故事给普朗克留下了终生难忘的印象，不但使他的爱好转向自然科学，而且成为他以后研究工作的基础之一。中学时代的普朗克对数学和音乐很有天赋，希望能追寻世界中的和谐与秩序。这为他日后选择理论物理学作为奋斗目标打下了基础。普朗克的性格腼腆中透露出坚强，对于新奇事物，在理解之前不盲目追随，审慎地考虑前进的每一步。一旦相信自己能对这一步承担责任的时候，就不受任何东西的阻挡[④]。

---

① 从 1773 年至 1864 年，基尔名义上属于丹麦，但由于丹麦国王只是通过个人联姻，将基尔所属的荷尔斯坦作为神圣罗马帝国的采邑，并没有纳入丹麦本土，因此基尔实际上属于德国，名义上由丹麦国王统治。

② Hoffmann D, *MAX PLANCK, Die Entstehung der modernen Physik*. C. H. BECK, 2008: 2.

③ Planck M, Scientific Autobiography, and Other Papers[M]. London: Williams & Norgate Ltd., 1950:14.

④ 海耳布朗 . 正直者的困境：作为德国科学发言人的马克斯·普朗克 [M]. 上海：东方出版社，2000：5.

1874年，16岁的普朗克进入慕尼黑大学，选择了物理学和数学而非他所挚爱的音乐或古典语言学作为专业。他的四位老师分别是菲利普·冯·约利（Philipp von Jolly，1809—1884）、威廉·贝茨（Wilhelm Beetz，1822—1886）、古斯塔夫·鲍尔（Gustav Conrad Bauer，1820—1906）和路德维希·塞德尔（Ludwig Seidel，1821—1896）。作为老师，他们知道如何激发学生对学科的热情和热爱，教给他们进行研究的基本方法，但是这些教师并不是科学界的顶尖人物。当普朗克想从事物理学研究时，正是约利告诉他，物理学的大厦已经完成，只剩下几个微不足道的小缝需要填补[①]。

1877年，按照德国大学的传统，普朗克转入柏林大学，他发现以前的四位老师只是在慕尼黑有名。普朗克在柏林的物理学老师是古斯塔夫·基尔霍夫（Gustav Kirchhoff，1824—1887）和赫尔曼·冯·亥姆霍兹，数学老师是卡尔·魏尔施特拉斯（Karl Weierstrass，1815—1897），他们都是一流的物理学家和数学家，其中基尔霍夫是德国第一位理论物理学教授。柏林极大地扩展了年轻普朗克的科学视野，他的课堂笔记非常认真，课后还会进行细致的修改。但是，这两位物理学家的讲课不能令人满意。亥姆霍兹讲课时不做准备，不知所云（这不妨碍普朗克与他因为对音乐的共同爱好而私交甚好）；基尔霍夫照本宣科，枯燥无味（尽管如此，这一点也不影响普朗克对他的科学工作的钦佩）。

在这种情况下，普朗克只能依靠自学来提高。学习笔记显示出他是通过直接学习物理学文献来了解学科现状的[②]。有一个人特别引起了普朗克的注意，那就是鲁道夫·克劳修斯（Rudolph Clausius，1822—1888）。克劳修斯关于热力学两个定律的论文脉络清晰，推理令人信服，严谨而系统，这深深地吸引了普朗克，使他选择热力学作为自己的研究领域。1879年，年仅21岁的普朗克在慕尼黑大学获得博士学位。他的博士论文《论热力学第二定律》（*Über den zweiten Hauptsatz der mechanischen Wärmetheorie*）探讨了古典热力

① Herneck F, Bahnbrecher des Atomzeitalters, Große Naturforscher von Maxwell bis Heisenberg [M]. Berlin: Buchverlag Der Morgen. 1970: 130.

② 爱因斯坦在大学期间也主要是依靠自学来了解当时物理学的进展的。

学的两个定律，贯穿了他对熵增加原理的深刻与独到的理解。1880 年，普朗克获得大学任教资格，题为《各向同性物体在各种温度下的平衡状态》（*Über Gleichgewichtszustände isotroper Körper in verschiedenen Temperaturen*）的大学任教资格论文也是在讨论热力学。普朗克一生取得的最大的科学成就是量子假说，他也因此获得 1918 年度诺贝尔物理学奖，而量子假说的产生与他对热力学中的一个重要问题——热辐射问题的讨论有关。

1880年至1885年，普朗克在慕尼黑大学做了五年私俸教师（*Privatdozent*）。尽管普朗克的家庭属于中上阶层，但由于私俸讲师的薪水主要是靠学生的听课费来维持，普朗克还得伸手向父母要钱。作为一个成年人，他对此有很强的负罪感，觉得自己是父母的累赘。1885 年，他接受基尔大学的任命，成为基尔大学数学物理学副教授。基尔大学开出的年薪是 2 000 马克，对于一个 27 岁的年轻人来说，这就可以成家了。1887 年 3 月 31 日，他迎娶了少年时期的女友，慕尼黑一位银行家的女儿，同时也是他中学同学的妹妹玛丽·默克（Marie Merck，1861—1909）。这次婚姻给他带来四个子女：长子卡尔（Karl，1888—1916）、双胞胎女儿艾玛（Emma Planck，1889—1919）和格雷特（Grete Planck，1889—1917），以及次子埃尔温（Erwin Planck，1893—1945）。稳定和谐的家庭生活，使他在此后的 4 年里做出了很多工作，这是他学术活动的一个重要时期。他出版了《能量守恒原理》（*Das Prinzip der Erhaltung der Energie*，1887）。此外，他还写了一些科学论文，将这些论文编集在一起，取名为《论熵增加原理》（*Über das Prinzip der Vermehrung der Entropie*）。之后几年，他在基尔工作的基础上出版了《热力学讲义》（*Vorlesungen über Thermodynamik*，1897）。这本书在出版后的 30 多年里被公认为是一本特别清楚、特别系统、特别精辟的热力学著作。这些专著和论文集体现了普朗克的物理学思想：以热力学为主线，将能量和熵的本质问题作为研究的中心课题。正是这些成果使得普朗克在学界声名鹊起。

普朗克一家（摄于 1900 年）

1889 年，柏林大学的物理学教授基尔霍夫去世。普朗克在得到老师亥姆霍兹的高度评价和推荐，以及普鲁士文化部教育司司长的阿尔特霍夫[①]的充分肯定后，应邀来到柏林大学，接替基尔霍夫，成为德国历史上第二位理论物理学教授。他在柏林大学一直工作到 1926 年退休，其间还在 1913 年至 1914 年担任柏林大学校长。普朗克的学术活动与柏林大学紧密相连长达半个世纪。他积极参与科学活动，支持年轻而有才华的学者。特别值得一提的是，

① 弗里德里希·阿尔特霍夫（Friedrich Althoff，1839—1908），德国教育家。他从未当过文化部部长，但对德国的教育政策起了决定性的作用，因此被称为“德国大学事务方面的俾斯麦”。有些大学，如布雷斯劳大学、明斯特大学，就是在他手下才得以建立或扩建的，一些后来作出重要贡献的科学家也是在得到他的提拔后才得以发挥作用的。正是由于他的不懈努力，偏僻的哥廷根小城才得以成为数学、物理学的研究重镇。但对于他的性格，人们却有不同的看法。一方面，他幽默大方、精力充沛、尊重对手；另一方面，又严重不守时。许多科学家在受到他的召唤后，常常要在他的办公室外的又小又冷的会客室等候数小时，甚至一天之久，这让受邀请的学者常有受辱的感觉。关于他以及以他命名的“阿尔特霍夫体系”的批评，可参见马克斯·韦伯（Max Weber，1864—1920）1911 年 10 月 12 日在德累斯顿召开的全德第四次高校教师大会上的发言，以及罗素·麦克马赫（Russell McCormack）的虚构小说《一个经典物理学家的梦魇》（*Night Thoughts of a Classical Physicist*）。德国大学能在 19 世纪末至“一战”前崛起和繁荣，与阿尔特霍夫的关系极大。这已超出本文的内容，有必要专文探讨。

正是因为他的慧眼相识，爱因斯坦来到了柏林。通过他的努力，柏林成为世界物理学的中心。20 世纪 20 年代，他出版了五卷本的《理论物理学导论》（*Einführung in die theoretische Physik*，1916—1930）讲义，成为世界范围内标准的物理学读物。

普朗克 1894 年[①]当上正教授后，他的年薪约为 6 200 马克，另外还有 1 000 马克的讲课费。这使得他有能力住在柏林近郊格鲁讷瓦尔德（Grunewald）的高档社区，与众多的柏林大学教授为邻。普朗克在南方的慕尼黑度过少年时代，他深受巴伐利亚传统的熏陶，热爱生活、注重家庭。他在格鲁讷瓦尔德的家是亲人、同事和朋友相聚玩乐的场所。在普朗克家中，同事和朋友经常组织音乐会，普朗克弹钢琴，专业小提琴家约瑟夫·约阿希姆（Joseph Joachim，1837—1907）和同事爱因斯坦拉小提琴。合唱晚会也特别受欢迎，普朗克担任合唱指挥，朋友、同事和有才华的学生被分成不同的声部。

除了音乐以外，远足和爬山也是普朗克最主要的休闲方式。他从中得到极大的放松，也因此减轻了繁重的学术工作和管理工作所带来的压力。在 80 岁的时候，他还能爬上海拔 3 000 米的高山。周末的时候，他常去勃兰登堡的乡下游玩。在假期的时候，他则去阿尔卑斯山远足。一直到老年，普朗克都保持着敏锐的智力、良好的身体，这不仅得益于经常锻炼，还与良好的生活习惯有关。每天他都遵照严格的作息安排，8 点整吃早餐，之后集中精力工作或处理公务到中午。从任何意义上讲，他都不是苦行僧。偶尔喝杯红酒，抽根雪茄，或者玩塔罗纸牌游戏，但是做任何事情都有节制，决不过度。他也只是在自己家里或很亲密的同事和朋友之间才这样。如果在陌生人或层次不同的人群中，他则无法放松。这一点与爱因斯坦完全不同。

在度过了许多年的幸福生活后，不幸接踵而来。1909 年，妻子玛丽·默克病逝，很可能是因为肺结核导致的，这使得注重家庭生活的他万分悲痛，

① 同一年他还被选为普鲁士科学院（Königlich-Preußische Akademie der Wissenschaften）院士，但不领薪水。

他将注意力转移到工作之中。两年后的1911年3月，53岁的他迎娶了第二任妻子——前妻的侄女、29岁的玛格莉特（玛珈）·冯·赫斯林［Margarethe（Marga）von Hößlin, 1882—1948］，同年12月，两人的儿子赫尔曼（Hermann）出生。1914年，次子埃尔温成为法国人的俘虏。1916年，长子卡尔死于凡尔登战役。1917年，女儿格雷特死于难产，两年后，艾玛也死于同一原因。幸好两个外孙女都活了下来，名字仍然叫格雷特和艾玛。最大的不幸还在后面，1944年，他最亲近、最信任的次子埃尔温因为被误认为参与了刺杀希特勒的“720”政变，而被纳粹投入监狱，普朗克动用了一切力量，也没有将他营救出来，1945年1月23日埃尔温被处以绞刑。这时，普朗克第一次婚姻所带来的4个孩子全部去世，已是87岁高龄的普朗克，当时的心情可想而知。

普朗克的双胞胎女儿

普朗克和外孙女

1944年2月，他在柏林格鲁讷瓦尔德的家在一次空袭造成的大火中化为灰烬。他所有的个人财产丧失殆尽，包括他不可替代的科学笔记和日记。他失去了亲人和家园，从此流离失所。1945年5月的某一天，一些美国同事把他送到哥廷根，住在一位亲戚家里，在简陋的条件下度过了生命的最后两年。那时，他身体虚弱，经常生病，但他也准备在德国科学重建的过程中做一个贤明的长老。1946年7月，他拖着病躯，长途跋涉，以88岁的高龄赴英国伦

敦参加由于战争而推迟了四年才举行的牛顿诞生300周年纪念会，他是唯一被邀请的德国人。他用生命的最后一点力量来推销一个已经加以改进的德国，并且在困难的转型期临危受命，再次担任威廉皇帝学会的会长。

普朗克在自己的书房

1947年10月4日，普朗克在哥廷根死于中风。从他的《宗教与自然科学》(*Religion und Naturwissenschaft*)一书中我们可以看到，普朗克长期以来有很深的宗教倾向，但他不相信一个人格化的上帝，不相信任何特定的宗教形式，但却具有一种在斯宾诺莎和歌德意义上的宗教信仰，这在他生命的悲剧章节中具有强烈的支撑作用。

第二节　动荡不安的时代

普朗克来到柏林后不久，德意志帝国宰相兼普鲁士王国首相奥托·冯·俾斯麦（Otto von Bismarck，1815—1898）便下台了。稳健平衡的俾斯麦体系为威廉二世及一班佞臣的极具扩张性的“世界政策”（*Weltpolitik*）所取代。威廉二世想改变俾斯麦时代由宰相主管国内外事务的做法，做一个独裁君主。他梦想重新瓜分世界，但更多地停留在夸夸其谈上。尽管由于第一次世界大战，人们对威廉二世的评价普遍很低，但不可否认的是，正是在威廉时代，德国的科学和技术开始突飞猛进。那时，柏林是世界科学和技术的中心，科学技术推动着工业的飞速发展。钢铁、电气、通讯、化学等工业兴起，通信技术发展迅速，规模宏大的工厂诞生了。以巴斯夫（BSF）为首的化学工业在国际间极具竞争优势。

科学家们并不满足于理论成就，还热衷于实际应用。化学家弗里茨·哈伯（Fritz Haber，1868—1934）就是一个很好的例子，他的身上贯穿了从理论到运用再直接到生产的全过程。由于威廉二世的批准，原先处于较低地位的技术高校（Technische Hochschule，简称 TH，又称高等工学院）开始升格，成为与综合大学（Universität，简称 UNI）平起平坐的工业大学（Technische Universität，简称 TU），拥有授予博士学位的权利。与此同时，科学家和技术专家们纷纷贡献自己的力量，通过科学普及，让新发现和新技术更加容易被大众理解。普朗克就是一个典型，他在后半生积极参与科学普及活动，给日报和通俗科学杂志写文章，接受采访，在电台发表广播演讲。大众的科学热情被极大地调动起来。1880 年公共图书馆开始出现，1903 年，德意志博物馆（Deutsches Museum）在慕尼黑建成。

整个德国社会处于一种亢奋状态。通过科学和技术的进步（尤其是技术的进步）带动经济繁荣，从总体上提升德国的地位，几乎成为一种共识。但从总体上讲，德国工业界直接从最新的科学研究成果中受惠的不多，更多地是来自技术本身的进步，也许化工业是个例外。像机械制造等传统领域，更多的进步是来自严格的手工业传统的延续。

在威廉二世这位爱慕虚荣、炫耀权力和武力的皇帝身上，体现了这个国家的诸多矛盾：一方面确信君权神授，另一方面又受到现代技术的诱惑。威廉二世对基础的科学研究兴趣不大，只对技术进步感兴趣，他喜欢亲自操弄一些小器械，乘坐当时最时髦的汽车。在他的几个枢密顾问，主要是弗里德里希·施密特－奥特（Friedrich Schmidt-Ott，1860—1956）和阿道夫·冯·哈纳克（Adolf von Harnack，1851—1930）的劝说下，他愿意出面支持纯基础研究。马普学会的前身，威廉皇帝科学和研究促进学会（Kaiser-Wilhelm-Gesellschaft zur Förderung von Wissenschaft und Forschung，简称威廉皇帝学会）就是得到他首肯后以他的名字命名的①。尽管皇帝本人并没有在经费上给予特别的支持，但通过他的号召，许多实业家加入到资助的行列，如钢铁巨人古斯塔夫·克虏伯（Gustav Krupp von Bohlen und Halbach，1870—1950），以及资助建立威廉皇帝物理化学和电化学研究所、建立威廉皇帝物理研究所的犹太血统的银行家利奥波德·科佩尔（Leopold Koppel，1854—1933）。克虏伯通过与皇室联姻，迎娶威廉二世的孙女，加入普鲁士上议院，获取了更大的政治资本，他是威廉皇帝学会的理事，也是赞助者。

到 19 世纪末，德国已成为一个由独裁者支持和维持的学术与工业相结合，后来又包括军事在内的联合体。一方面，他们深信科学技术的进步为维护其统治所带来的好处；另一方面，由于阶级局限，他们在政治上极为短视。军国主义的思想弥漫于整个社会，并得以成功灌输，德皇本人和官员在官方场合都穿制服。学校里实行军事化管理，即使从事民间体面的职业，如贸易商或大学教师，也只有在军队服过役的人，才能得到真正的社会认可。由于德国在科学和技术上所取得的成就过于耀眼，人们忽视或根本没有注意到这种咄咄逼人的军国主义所带来的潜在威胁。

① König, W., Wilhelm II. und die Moderne: Der Kaiser und die technisch-industrielle Welt [M]. Paderborn: Ferdinand Schöningh Verlag, 2007: 113-116.

与此同时，犹太人的解放运动在德国蓬勃开展。“再也找不到另一个国家，它对待犹太人既友好，又充满敌意，两种感情奇妙地混合在一起，而犹太人却被这样一个在各个方面将他们视为二等公民的国家所吸引”[①]。希特勒上台前，犹太人以各种方式在德国生活中异彩纷呈，直到德国精英们在抵制希特勒夺权方面“集体失语”为止。

普朗克本人出身于神学和法学家庭，他对进步和秩序的执着，对国家的不容置疑的忠诚，使得他很难看清德国的“创造性”背后所潜在的“毁灭性”。政治上的短视为他后来在纳粹时期的妥协与消极应对埋下了伏笔。他是一个保守的爱国主义者，对政治怀有天真的理解。像大多数德国人一样，普朗克对 1914 年夏天发生的第一次世界大战大唱赞歌，把德国军国主义看作对德国文化的保护，认为战争会在几个月之内结束，战争是必要的恶。他没有深思熟虑，就在臭名昭著的《致文明世界的宣言》（*An die Kulturwelt! Ein Aufruf*）[②]上签了名，甚至长子卡尔在凡尔登战役中死去，他也认为是为国捐躯、死得其所。德国在“一战”中的惨败，使他在一定程度上改变了自己的观点，认为战争和政治上的不宽容对于科学家之间的国际合作会造成不可挽回的影响。他通过邀请荷兰物理学家亨德里克·洛伦兹（Hendrik A. Lorentz，1853—1928）访问柏林等事件，尽最大可能修复与其他国家科学家之间的关系，减少国际科学界孤立德国科学所造成的不利影响。通过他和爱因斯坦等人的努力，德国科学家很快又被纳入国际科学大家庭中。

像他的大部分怀念德意志帝国时代的同事一样，作为一个教授，普朗克与魏玛共和国的关系是矛盾的。魏玛共和国是在德国战败后建立的，它的基础十分脆弱。战争结束了，但不理智的《凡尔赛条约》让德国割地赔款，使德国丧失了 14% 的领土、10% 的人口、75% 的铁矿、50% 的煤矿、绝大多数的火车头和机动车辆，一半以上的奶牛、四分之一的药品和化工制品、90% 的战舰，以及据计算要到 1999 年才能还清的巨额赔款。法国等战胜国要将德

① 施特恩．爱因斯坦恩怨史 [M]. 方在庆，文亚等译．上海：上海科技教育出版社．2005.

② 由于有 93 个德国最著名的科学家、艺术家和作家签名，也称《93 人宣言》。

国变成一个再也没有战争能力的农业国，这为后来纳粹上台埋下了伏笔。

第三节　保守而理性的科学家

普朗克在科学上取得的成就很多，但彪炳青史的贡献是“作用量子”（Wirkungsquantum）概念的提出。在科学史上，很少有像普朗克的发现这样的成就产生了如此深远的影响。

普朗克的科学研究始于热力学。他的博士论文和教授资格论文都在探讨热力学第二定律的推导及熵这一概念对物理学的意义。普朗克在 19 世纪 90 年代对辐射均衡产生了兴趣。那时，物理学家对于物体发热、发光的辐射机理了解甚少。热辐射的特性可以通过理想模型（黑体）来进行描述。辐射从黑体中发出，但不依赖于物体本身的质料，而是遵从温度与频率的函数。构造一个这样的黑体本身就是一个挑战。

由维尔纳·冯·西门子（Ernst Werner von Siemens，1816—1892）出资建立，由亥姆霍兹领导的帝国物理技术研究所［Physikalisch-Technische Reichsanstalt（PTR），相当于现在的国家标准局］，除了致力于为工业制定标准外，还进行基础性的科学研究。那时，它要为刚刚起步的灯具工业制定标准，因而成为辐射研究的中心。威廉·维恩（Wilhelm Wien，1864—1928）是该所的研究人员之一。1896 年，他提出了一个似乎得到经验支持的维恩定律，用一个温度的函数来描述能量的光谱分布。三年后，普朗克从理论上推导了这个半经验的辐射公式。但是很快，精确的测量就表明，维恩辐射公式只适用于高频短波段，在低频长波段就失效了。在低频长波段的测量结果与瑞利男爵（John William Strutt，3rd Baron Rayleigh，1842—1919）刚刚发表的辐射公式相符。这种测量间的相互矛盾促使普朗克重新思考这个问题。

1900 年 10 月，他提出了一个合乎经验资料的新公式，但是这种他后来自称为是“幸运的猜测”（glückliches Erraten）仍然缺乏理论上的解释。通过几周紧张的工作，12 月 14 日他在德国物理学会上提交了一个报告。为了得到他的辐射定律的理论推导，他不得不假定能量 E 是一个与频率成正比的不连续量，导入了一个自然常数 h 作为作用量子。这是一个相当大胆的假定，因为它违背了经典物理学的基本假定：自然界不做任何跳跃。这一天被马克斯·冯·劳厄（Max von Laue，1879—1960）称为量子的诞生日，量子元年的起点。

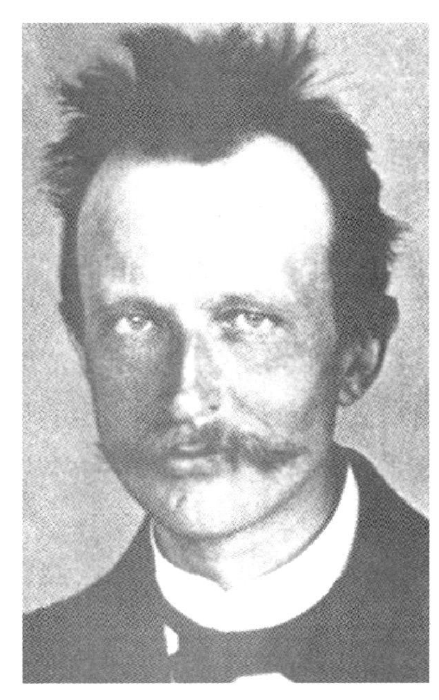

普朗克（摄于 1901 年）

普朗克本人及同时代的其他人并没有马上认识到能量是量子化的这个假定的真正意义。有些物理学家甚至想把作用量子当作一个数学虚构去除掉。五年之后，26 岁的爱因斯坦将量子假说发展为光量子假说，解释了光电效应。十年之后，在第一届索尔维会议上，量子假说才得到多数物理学家的承认。逐渐地，物理学家们认识到了 h 值的意义远远超出了辐射问题之外，它为理解原子过程提供了一把钥匙。尤其是通过玻尔的原子理论，h 值成为现代物理学的必要组成部分。20 世纪 20 年代中期，量子力学最终对 h 值和普朗克关系式提供了解释。

普朗克的量子假说，颠覆了传统的热辐射中能量连续分布的观点，动摇了经典物理学的大厦，为微观世界的研究打开了一扇新的窗口。但普朗克并不想成为一个革命者，按照马克斯·玻恩（Max Born，1882—1970）的说法，普朗克“从天性和家庭传统上来说是保守的，讨厌革命性的创新，对于思辨的东西也表示怀疑。但是他对基于事实之上的逻辑思考的强大力量深信不疑，以至于他可以毫不犹豫地接受一个与所有传统相矛盾的命题，因为他确信，除此之外，不存在任何其他的办法”①。尽管如此，他对于一个违背自己

① Born M. Max Karl Emst Ludwig Planck, 1858—1947 [J]. Obituary Notices of Fellows of the Royal Society, 1948, 6 (17): 168.

固有信仰的概念，总是心有不甘，认为自己提出的能量子概念在理论上应该是“有懈可击”的。为了维护经典理论，他在一个相当长的时间内试图在纯粹经典物理学的基础上解释黑体辐射，以调和他的量子假说与经典理论的矛盾。一开始，他虽然在多方面探索能量子的重要意义，但总是限制它的应用范围。1911 年，在洛伦兹的攻击下，他修正了自己的假说，提出振子吸收辐射是连续的，只有发射时才是量子化的。1914 年，他甚至连量子式的发射也放弃了，提出 h 值的影响仅限于振子和自由质点之间相互作用，而辐射的吸收和发射仍然服从经典定律。为此，他耗费了十多年的时间。

第四节　卓越的科学组织者

作为一个科学家，普朗克异常高产，但他从来没有忘记自己的责任，他总是心甘情愿地从事科学管理工作。这不仅与他的职业能力和责任感相一致，也是出于他的如下信念，即只有当现代科学的研究者们自身不畏惧这些责任的时候，现代科学才能最理想地运转。作为一个倡导国际合作的科学组织者，普朗克为德国科学赢得了很高的国际声誉。从他所服务的机构之多、时间之长，就可以看到他的管理工作有多繁重。他曾在普鲁士科学院、威廉皇帝学会、德国物理学会、柏林大学以及德国科学紧急委员会任职，这还不包括他担任《物理学纪事》（*Annalen der Physik*）的编辑等职。

一、任普鲁士科学院的常任秘书达 26 年之久

亥姆霍兹去世后，普朗克成为柏林最著名的物理学家。从 1912 到 1938 年，普朗克一直作为普鲁士科学院数学物理学部的秘书，与其他学部的三位秘书一起执掌普鲁士科学院。对于一个学者来说，能成为普鲁士科学院院士是对自己成就的肯定。与中国的情形不同，普鲁士科学院院士基本上是一个荣誉头衔，没有任何实际性的福利补贴，院士们大多是德高望重的老年科学家。1913 年，普朗克和劳厄专门南下苏黎世，劝说青年爱因斯坦到柏林，提

出的一个条件就是让年仅 34 岁的爱因斯坦成为普鲁士科学院院士。后来，在普朗克、瓦尔特·能斯特（Walter Nernst，1864—1941）等人提议下，爱因斯坦毫无悬念地（22∶1）当选。普朗克执掌科学院期间，网罗了许多像爱因斯坦这样的英才。只有宽大的胸襟才能让这一目标得以实现，患得患失的叶公好龙式的领导者是不可能做到的。

作为普鲁士科学院秘书的普朗克

二、两次连任威廉皇帝学会会长

威廉皇帝学会成立于 1911 年 1 月 11 日。它的目标是作为普鲁士科学院的补充，增强大学以外的研究力量，让一些科学家能专心致力于研究，而不受教学的影响。学会的第一任会长是神学家哈纳克，副会长是钢铁巨人克虏伯和银行家路德维希·德尔布吕克（Ludwig Delbrück，1860—1913）。威廉皇帝学会一开始就从实业家、银行家和土地所有者那里募得了近千万马克的捐款。学会以研究为导向，由杰出科学家领头组建相应研究所的做法，现在被称为"哈纳克原则"（Das Harnack-Prinzip）。当哈纳克于 1930 年去世后，72 岁的普朗克接任威廉皇帝学会会长。在其任期（1930—1937）内，他尽力阻止纳粹参与学会事务，使研究机构尽可能不受政治和政权的干扰，保持相对的学术自主性。但在政治现实面前，普朗克过于天真地相信纳粹政权，他的“外圆内方”政策注定要失败。“二战”结束后，德国被英、法、美、苏四国占领。1946年，在困难的转型时期，他临危受命，再次担任英占区威廉皇帝学会的会长，参与拯救德国科学的活动[①]。

三、长期耕耘德国物理学会

1889年，普朗克一到柏林，就参加了柏林物理学会。柏林物理学会历史悠久，但影响力仅限于柏林及周边地区。在普朗克的努力下，将这个地方性的学会改组，变成了全德性质的德国物理学会。普朗克亲自起草了学会的新章程。在长达30年的时间里，他先后担任学会评议会成员、司库，并在1905年至1908年和1915年至1916年两次任学会主席。在学会的邀请下，他成为学会刊物《物理学纪事》的编辑之一。1905年，爱因斯坦就是在这个刊物上发表了彻底改变人们关于时间、空间、运动和物质观念的多篇论文的。可以肯定地说，普朗克是爱因斯坦的发现者和支持者，可以称之为爱因斯坦在科学上的“伯乐”，尽管他对爱因斯坦基于“能量子”概念上建立的“光量子”概念存有疑虑，但这丝毫不影响他将爱因斯坦看成是科学史上的“哥白尼式的人物”。1929年，在普朗克获得博士学位50周年之际，德国物理学会决定设立“普朗克奖章”，他自己是第一个获得者，爱因斯坦紧接其后，两人同时授奖。此后普朗克奖章每年颁发一次，成为德国物理学会授予的最高荣誉。这个奖章只考虑物理学家们所作的贡献，而不考虑种族、国籍和政治态度。1937年，普朗克顶住纳粹的压力，将奖章授予了身为“雅利安人”，但对纳粹意识形态极为反感，主动离开德国的奥地利物理学家埃尔温·薛定谔（Erwin Schrödinger，1887—1961）。1938年，这一奖章还颁发给德国的敌对国——法国的物理学家路易·德布罗意（Louis de Broglie，1892—1987）。

① 有关普朗克在第三帝国时期的表现，参见海尔布伦．重评纳粹时期的普朗克[J]．科学文化评论，2008，5（6）：31-47．

四、将柏林大学变成科学天才的理想聚所

1889 年，普朗克接受了柏林大学的理论物理学教席，从 1889 年到 1926 年在柏林大学工作。那时，理论物理学还处于实验物理学的阴影之下。许多物理学家认为这个领域完全是多余的。半个世纪后，这种状况彻底改变了。理论物理学成为主要的研究学科，而实验物理学家则抱怨自己缺乏科学上的承认，没有社会声望。普朗克本人见证了理论物理学从一个不被关注的学科到一个“世纪学科”的转变。虽然有的学生抱怨他清晰却不生动的讲课方式，但这不影响他对理论物理学的贡献，以及他在让理论物理学得到普遍承认的过程中所起的重要作用。与那个时代主要的理论物理学家相反，他没有领导一个学派，在他名下获得博士学位的人数有限。但数量少并不表示质量不高，他的学生中有两个诺贝尔奖获得者：冯・劳厄和瓦尔特・博特（Walter Bothe，1891—1957），也有著名哲学家、维也纳学派的创始人莫里茨・石里克（Moritz Schlick，1882—1936）。在柏林大学期间，他曾先后担任理论物理学研究所的所长（1889）、物理学院院长（1903—1904）、柏林大学校长（1913—1914）等职。在他任职期间，柏林大学聚集了世界上最优秀的科学家，成为科学家们最想任职的地方。值得一提的是，他当时吸引爱因斯坦到柏林来的另一个相当诱人的条件就是：担任柏林大学教授，有上课的权利，但没有上课的义务。这对于不喜欢上课的爱因斯坦来说是有相当诱惑力的。1919 年，他想方设法将劳厄调到柏林大学。作为普朗克的学生，劳厄先于老师获得诺贝尔奖。1926 年退休后，普朗克又将著名的物理学家薛定谔选为接班人。

五、组建德国科学紧急委员会

“一战”结束后，德国的科学机构经费都十分短缺。作为德国科学界最有权威的人，普朗克向同事发出了“保存实力，继续工作”的号召。1920 年，普朗克、哈伯、施密特－奥特和能斯特等人发起成立了“德国科学紧急委员会”（*Notgemeinschaft der Deutschen Wissenschaft*），负责筹集科学研究所需要的经费。在普朗克等人的积极运筹下，政府的捐助力度开始大幅上

升。更重要的是，他们从德国工业界、美国和日本等国的基金会赢得了大量资助，使德国科学活动的物质条件得到根本性的改善，保证了20世纪20～30年代德国科学的继续发展。普朗克亲自参与德国科学紧急委员会下设的日本委员会的事务，确保从事量子理论研究的科学家能从中受益。事实上，几乎所有为创立量子力学作出贡献的科学家们，如玻恩、维尔纳·海森伯（Werner Heisenberg，1901—1976）和薛定谔等人都得到过资助。德国科学紧急委员会对于量子理论的发展功不可没[①]。

正是普朗克孜孜不倦的工作，使他赢得了科学家们的普遍尊敬，他作为一个正直者的形象得以树立。劳厄为了能留在普朗克身边工作，自愿放弃其他大学提供的正教授职位，甘做柏林大学的副教授。爱因斯坦在20世纪20年代受到反犹主义的攻击，且有生命危险的情况下，并没有离开德国，主要也是考虑到在柏林有一大批像普朗克这样献身学术的朋友，尽管当时他得到国外许多研究机构的邀请。如果不是看在普朗克的面子上，在爱因斯坦解聘后，所有的大数学家和大物理学家都会离开科学院。

第五节　爱因斯坦事件与埃尔温之死

普朗克首先是一个正直的人，其次是一位科学家，再次才是一个科学政策的决定者。他的活动主要围绕着科学展开，但由于他在科学中的领导地位，经常性的在公众面前曝光，使得他成为政治领域的公众人物。他保守的政治观和自我形象植根于德意志帝国时代。1933年纳粹上台时，普朗克已经74岁。对于在普鲁士传统下成长起来的他来说，对国家的无条件忠诚是理所应当的。纳粹上台之初，普朗克还心存幻想，认为新政权或许会给德国的科学

① 德国科学紧急委员会后来变成了“德意志研究协会”（Deutsche Forschungsgemeinschaft）。德意志研究协会的历史比较复杂，尤其是它在纳粹时期的表现。可参见吕迪格·冯·布鲁赫（Bruch R V. Die Berliner Universität in der NS-Zeit, Vol.2. Fachbereiche und Fakultäten [M]. Stuttgart: Franz Steiner Verlag, 2005.）和乌利希·赫伯特（Herbert U. Nationalsozialistische Vernichtungspolitik 1939—1945: Neue Forschungen und Kontroversen [M]. Frankfurt: Fischer, 1998.）的相关研究。

带来希望。他尽量不让威廉皇帝学会受纳粹思想的侵占，各个研究所保持相对自主，不受政治和政权的干预。为了实现这一目标，他接受了一些后果严重的政治妥协。在他任期内，就算没有完全阻止，也拖延了纳粹政权将威廉皇帝学会同国家社会主义捆绑在一起的计划。在普朗克 1937 年被劝辞去会长一职后，威廉皇帝学会就与新政权更为完整地结合在一起了，开始进行军事研究，成为战争共犯，甚至进行人体实验和准备种族灭绝计划。

纳粹上台时，爱因斯坦正在美国做巡回演讲，他公开谴责纳粹的倒行逆施及反犹主义的暴行。这样一来，在纳粹德国，爱因斯坦就成为一个不受欢迎的人。就算是相对远离政治的普鲁士科学院，也认为他是一个危险分子。他们想将他开除，但是爱因斯坦先递交了辞职书。在这种情况下，普朗克没有和他那些在科学方面受人尊敬的同事站在同一条战线上。他本来可以终止自己在外地的休假回到柏林的，但他没有这样做，而且任凭科学院的一个亲纳粹的秘书发表了一篇“义正辞严”谴责爱因斯坦的公开信。普朗克甚至觉得爱因斯坦的政治行为使他在科学院的地位受到影响。在一封给爱因斯坦的信中，他告诉爱因斯坦，“您在公共场所的露面给我们这些维护您的人带来了很大的不幸”。他认为爱因斯坦“放弃普鲁士公民身份并且离开科学院……将是您确保您同科学院的关系体面结束和使您的朋友从不可想象的痛苦与悲伤中解脱出来的唯一办法”[①]。对于普朗克的这一举动，他最亲密的同事和学生劳厄一辈子也不能原谅。在劳厄的坚持下，科学院后来补做了一个声明，声称爱因斯坦是像哥白尼和牛顿那样影响了人类思想进程的科学家，但这已于事无补。

遥想当年，普朗克虽谈不上是力排众议，但也是在并非完全没有反对意见的情况下，将爱因斯坦吸引到柏林的。普朗克年长爱因斯坦 21 岁，尽管在性格上可能是两种完全不同的类型，但一点也不影响他们之间相互欣赏。当时普朗克希望爱因斯坦到柏林后，能与他一起解决物理学的基本问题，尤其是物理学与化学之间的整合问题，以期能得到一个全新的物质理论。这些希

① 参阅爱因斯坦 . 我的世界观 [M]. 方在庆，编译 . 北京：中信出版社，2018 : 293

望自然都落空了。爱因斯坦的兴趣已转到广义相对论，并且在 1915 年底就得到了重要结果。普朗克对爱因斯坦从事广义相对论研究虽然没有公开反对，但话语中持有一定的保留，“现在他将精力集中于新的引力理论，能否成功，未来才会知道”。1915 年，在回应爱因斯坦就职一周年的演讲时，普朗克甚至看到了某种危险，“他偶尔会在黑暗的领域迷失自己。”普朗克所指的，是爱因斯坦将相对性原理扩展到任一加速系统，而不是继续用经典物理学最喜欢用的惯性系统[①]。

在第一次世界大战结束后，普朗克“家破人亡”。爱因斯坦对于普朗克长子卡尔的去世给他带来的痛苦表示了深深的同情。20 世纪 20 年代德国出现了具有反犹性质、专门针对爱因斯坦的“反相对论公司”时，普朗克挺身而出，保护爱因斯坦。爱因斯坦听从普朗克的劝告，尽量减少外出活动。在纳粹上台前，爱因斯坦是普朗克家的常客，在家庭音乐会上两人常常合作。普朗克弹钢琴，他的次子埃尔温拉大提琴，爱因斯坦拉他钟爱的小提琴。普朗克偶尔也到爱因斯坦在柏林城的住处和在卡普特（Caputh）的夏季小屋回访。两家人其乐融融[②]。

但现在，爱因斯坦辞职后，普朗克不但没有挽留，还任凭事件发展。这恐怕是两位大师在此之前没有料到的局面。普朗克试图缓和他和爱因斯坦之间的关系，写信给爱因斯坦加以解释：“无论我们的政治观点有多么不同，我们的友谊将永远不会改变。”但他们之间的关系还是改变了。爱因斯坦是这样评价劳厄和普朗克的，“劳厄是 100% 的高贵，而普朗克只有 60%”[③]。

---

① Kirsten C, Körber H. Physiker über Physiker, Vol.1. Wahlvorschläge zur Aufnahme von Physikern in die Berliner Akademie 1870 bis 1929 von Hermann v. Helmholtz bis Erwin Schrödinger[M]. Berlin: Akademie-Verlag, 1975: 248.

② 希特勒上台后，普朗克屈从压力将犹太人和非雅利安人从他们的职位和成员资格上除名。在公开场合，普朗克也避免提到爱因斯坦的名字。有段时间普朗克的处境也不好，他被怀疑有 1/16 的犹太血统。他和海森伯等人被侮蔑成“白色犹太人”。但是总体来说，他在官方眼中还是一个有用的人。在他 80 岁生日那天，希特勒还给他发了祝福信。

③ Hoffmann D. Max Planck: Die Entstehung der modernen Physik [M]. Munich: C. H. Beck, 2008.

对爱因斯坦来说，科学院部分同事执拗的因循守旧是他一生中最痛苦的体验之一。对于普朗克来说，爱因斯坦这个他亲自招募来的新时代的哥白尼离开德国，内心深处痛苦不堪，可又无能为力。

普朗克与次子埃尔温在登山途中

在第三帝国时期，普朗克从儿子埃尔温那里得到很多的建议和鼓励，并影响着他的行动。埃尔温实际上是他“最好和最亲爱的朋友”和“最亲密的知己”。20 世纪 20 年代，埃尔温在进入政界之前，有一段军旅生涯。在作为魏玛共和国的最后一任总理库尔特·冯·施莱谢尔（Kurt von Schleicher，1882—1934）的亲密同事和保护对象期间，他有很好的口碑，最后他成为施莱谢尔宰相的国务秘书。1933 年他选择退隐进入商界。在这期间，他曾到过中国，见过许多文化名人，比如罗忠恕（1903—1985）先生。20 世纪 40 年代早期，他开始同卡尔·格德勒（Carl Friedrich

Goerdeler，1884—1945）领导的保守抵抗组织接触。1944 年 7 月 20 日政变的组织者将他的名字列入潜在的内阁成员名单中，这使他被捕，并在 1944 年 10 月被由纳粹党棍罗兰德·弗莱斯勒（Roland Freisler，1893—1945）操纵的“人民法庭”判处死刑。

普朗克的次子在“人民法庭”受审（1944 年）

普朗克在得知这个消息后，心急如焚。他通过各种渠道进行疏通，但都没有任何效果。他以为，他同纳粹党卫队全国领袖（Reichsführer）海因利希·希姆勒（Heinrich Himmler，1900—1945）之间的各种间接关系可能使埃尔温由死刑转为有期徒刑，而且大家都以这种希望鼓励他。于是他给希姆勒写了封信：

亲爱的党卫队全国领袖：

我儿媳告诉我，我儿子埃尔温 7 月 23 日已被捕，处境十分危险。由于我和儿子的亲密关系，我确信他一定与 720 政变没有任何关系。

我现在已 87 岁了，任何事情都依赖儿子。我继续科学实践就是为了完成我接受我的光荣职责时的承诺，服务祖国直至生命结束。我之所以能够做到这一点，多亏了我儿子的帮助。在我生命的最后，埃尔温是我第一次婚姻留下的孩子中唯一还活着的一个，长子和两个女儿都去世了。我第二次婚姻中出生的儿子心理上不够坚强，无法承继我的家族传统，而埃尔温在性格和能力上可以承继。

我请求您设身处地地为我想想，考虑到我在国内外的影响，如果我的儿子接受了严厉惩罚，我失去儿子的话，后果会如何。

……[①]

这封信如石沉大海一般。在实在想不出任何别的办法后，普朗克将希特勒视为最后一根救命稻草。他直接给希特勒写信。

我的元首：

听到我儿子被“人民法庭”宣判死刑的消息，我深感震惊。

我再次请求您，我的元首，由于我在为祖国服务的成就所得到的承认，我确信，您能聆听我这个 87 岁老人的请求。

作为德国人民对我毕生工作——它已成为德国永恒的精神财产——的感谢，我恳求您放我儿子一命。

普朗克[②]

显然也是徒劳。1945 年 1 月 23 日，埃尔温被处以绞刑。普朗克在给阿诺尔德·索末菲（Arnold Sommerfeld，1868—1951）的信中写道：“我最亲密的、最亲爱的朋友被夺走了，我的痛苦无法用语言表达。”[③] 他永远也无法从这种损失中恢复过来。

---

① Pufendorf A V. Die Planks[M]. Berlin: Ullstein Taschenbuchverlag, 2007: 448-450.

② Pufendorf A V. Die Planks[M]. Berlin: Ullstein Taschenbuchverlag, 2007: 59.

③ 斯特恩 . 爱因斯坦恩怨史 [M]. 方在庆，文亚，等译 . 上海：上海科技教育出版社，2005 : 51.

第六节　普朗克的遗产

普朗克的悲剧是时代的悲剧，也是德国科学的悲剧。当一个社会的精英阶层面对极权政府的暴行，为了各自的小利益而“集体失语”时，悲剧就不可避免地发生了。当大量的优秀科学家被迫离开德国时，德国科学最为辉煌的时代就已经结束了。德国科学的命运是如此紧密地与德国科学家自身的行为联系在一起，这是普朗克、海森伯，甚至是从未向纳粹妥协过的劳厄也没有想到的。多年后，劳厄写信给莉泽·迈特纳（Lise Meitner，1878—1968）：“我们知道不公平在四处蔓延，可是我们不想看到它，我们欺骗了自己，当我们为此付出代价的时候不应该感到惊讶。”[①]

我们不怀疑普朗克身上具有一切所谓的“普鲁士优点”：真诚、正直、勤勉、保守、爱国等，但从他身上我们看到，人类的尊严、对真理的忠诚，在威权统治下会遭到何等的威胁和破坏。

普朗克九泉之下应该感到欣慰的是，直到今天，以他的名字命名的“马普学会”总是能吸引一个时代里最优秀的人才。马普学会的研究所给来自世界各地的科学家提供最适宜的条件，以期他们能在知识最前沿有新发现。活动的领域包括自然科学、人文科学和社会科学的基础研究，涉及医药、物质研究、天文学、艺术、历史、法律等各个方面。马普学会是全世界最有声望的研究机构之一。从 1948 年起，不少于 18 个马普学会的研究员被授予诺贝尔奖。全球 108 个国家有 5 140 名马普学会的研究伙伴。这是对普朗克的最好的纪念。诚如普朗克的学生劳厄所说的，只要物理学还存在着，普朗克就永远与它联系在一起。

作为一个人，普朗克有太多的方面值得我们纪念。别的不说，以他的名字命名的“普朗克原理”就让我们对他产生敬佩：

① 斯特恩．爱因斯坦恩怨史 [M]. 方在庆，文亚，等译．上海：上海科技教育出版社，2005：50.

一个重要的科学发现很少能通过说服它的反对者并使其理解而逐渐获胜，它能获胜主要由于其反对者终于死了，而从一开始就熟悉它的新一代人成长起来了[①]。

我们看到，在一个非常谦逊的外表后面，是一颗充满激情，同时又十分理性的心灵。

洪堡大学普朗克的塑像

① Planck, M. Scientific Autobiography, and Other Papers [M]. Santa Barbara: Greenwood Publishing Group, 1968: 15.

第三章

不情愿的革命者[①]

一百多年前[②]，马克斯·普朗克发表了一篇论文，宣告了量子力学的诞生——故事大概就是这样的。但是，历史表明，普朗克并没有立刻认识到他工作带来的结果，而是变成了一个违背自己意愿的革命者。

根据现在不幸仍在许多物理教科书上可以找到的标准故事：当人们认识到，经典物理学预测的黑体辐射能量分布同实验结果严重不符时，量子理论就冒出来了。故事接着还说，在19世纪90年代末，德国物理学家威廉·维恩（Wilhelm Wien）提出了一个同实验相当符合，但没有理论基础的表达式。当瑞利爵士（Lord Rayleigh）和詹姆斯·金斯（James Jeans）从经典物理学角度分析黑体辐射时，得到的光谱既与实验结果严重不符，也和维恩定律大为不同。对于这一严重的反常，普朗克寻求某种解决办法，在这一过程中，他

① 原作者黑尔格·克劳（Helge Kragh），丹麦奥尔胡斯大学（University of Aarhus）科学史系教授。著有《宇宙概念》（*Conceptions of Cosmos: From Myths to the Accelerating Universe: A History of Cosmology*）、《量子世代：20世纪物理学史》（*Quantum Generations: A History of Physics in the Twentieth Century*）、《宇宙学与争论》（*Cosmology and Controversy*）、《科学史学导论》（*An Introduction to the Historiography of Science*，有中译本，任定成译，北京大学出版社）、《狄拉克科学传记》（*Dirac: A Scientific Biography*）以及《熵的世界》（*Entropic Creation-Science, Technology and Culture, 1700—1945*）等十余种著作及120多篇论文。本文发表于2000年12月的《物理世界》（*Physics World*），是为纪念“量子”概念100周年而作，文章发表后在学界引起很大反响。在普朗克诞辰150周年纪念时，《科学文化评论》出了一期专刊，作者允许我们将此文译成中文发表。原载《科学文化评论》第5卷第6期（2008）：23-30页。此次转录得到作者的特别允许。陈珂珂、方在庆译。

② 此文发表于2000年。

不得不引入“能量量子”（energy quanta）的概念。利用量子假说，理论和实验之间一个完美的相符就获得了。瞧！量子理论就这样诞生了。

这是一个虚构的故事，跟历史真相相比，它更像一个童话。量子理论的来源并不是得益于经典物理学的失败，相反，是来自于普朗克对热力学的深刻洞察。

第一节　难以理解的熵

在19世纪的最后几年，许多物理学家发现他们对到那时为止一直被认为是理所当然的机械世界观的有效性产生了分歧。争论的核心在于，长期以来倍受推崇的牛顿力学是否仍被认为是对全部自然的有效描述。

在这些探究物理学基础本身的讨论中，电动力学和热力学占据了中央舞台。对电动力学家而言，他们所关心的基本问题是力学和电动力学之间的关系，或者说是物质与作为假说的以太之间的关系。力学的规律能被归化为电动力学吗？

与此同时，从事热力学研究的人，将注意力集中于力学定律与两条热学基本定律——能量守恒原理和热力学第二定律之间的关系。这些讨论着眼于统计分子物理学的状态，因此考察了是否所有的物质都由原子构成的基本问题。尽管这两个讨论有很多共同之处，但主要是从后者中量子理论得以突显出来。

普朗克对热力学第二定律有很大的兴趣，甚至可以说沉缅于其中。根据这一定律（众多表述中的一种）：不可能把热量从低温物体传到高温物体而不引起其他变化。通过1865年鲁道夫·克劳修斯引入的熵的概念的帮助，这一定律可以重新表述为：孤立系统的熵总是增加或者保持不变。

普朗克出生于1858年，父亲是法学教授。1889年，普朗克被任命为柏林大学物理学教授。他在慕尼黑大学的博士论文讨论的就是热力学第二定律，直到1905年，这仍然是他大部分工作的主题。普朗克的思想集中于熵的概念

和如何理解建立在熵增定律（根据熵的概念来阐述的热力学第二定律）绝对有效性基础之上的“不可逆性”。

19世纪90年代，关于热力学第二定律的争论集中于路德维希·玻耳兹曼（Ludwig Boltzmann，1844—1906）在1872年首次提出，1877年又进一步发展了的统计（或概率）解释。根据玻耳兹曼的分子—力学解释，一个系统的熵是所有分子运动的集体结果。第二定律只在统计意义上才有效。预示了原子和分子存在的玻耳兹曼理论，受到威廉·奥斯特瓦尔德（Wilhelm Ostwald，1853—1932）和其他“唯能派学者”（energeticists）的挑战，后者想将物理学从原子的概念中解放出来，将其建立在能量和相关量的基础之上。

在这场论战中，普朗克的立场何在？人们可能期望他和胜利方或者即将胜利的一方，即和玻耳兹曼以及原子论者站在一起。但事实上并非如此。普朗克对热力学第二定律的绝对有效性深信不疑，这使得他不仅反对玻耳兹曼的热力学统计观点，而且使他怀疑这一观点的基础——原子假说。早在1882年，普朗克就断定，物质的原子概念同熵增定律相矛盾，不能协调。他预言说：“两个假说之间将有一场斗争，只有一个能存活下来。”至于斗争的结果，他写道：“尽管原子理论在过去取得了巨大的成功，但最终我们不得不放弃它，转而决定赞同连续物质的假定。”

但是，在19世纪90年代，当普朗克认识到原子假说的力量和它所带来的大量物理和化学现象的统一时，他对原子论的反对态度就不那么强烈了。他对原子论的态度仍然是模棱两可，并且继续将优先权让给肉眼可以观测的电动力学，而忽略玻耳兹曼的统计理论。事实上，到1895年，他已准备好着手一个主要的研究计划，根据一些没有明确涉及到原子假说的微观力学或者微观电动力学模型，来确定热力学的不可逆性。这一计划不仅表明普朗克对熵概念的深深迷恋，也显示了他对物理学的“贵族式的”态度：他关注根本性的方面，忽视平凡的应用型的想法。他迷恋于熵，但在物理学家中却知音寥寥。大部分物理学家都认为这种迷恋不是至关重要的，不会带来有意义的结果。但事实上却带来了。

第二节　黑体辐射

从普朗克和他同时代人的观点来看，从麦克斯韦电动力学中为熵定律寻找解释是自然而然的事情。毕竟，麦克斯韦理论是根本性的，并且人们认为产生热辐射的微观振子的运动行为是遵从麦克斯韦理论的。起先，普朗克认为，由于在麦克斯韦方程中时间不对称——也就是说，电动力学定律在过去和现在、向前的时间和向后的时间之间做出了区分，他就已经证明了辐射过程的不可逆性。但在 1897 年，玻耳兹曼推翻了这一论证。玻耳兹曼表明，跟机械力学一样，电动力学也没有提供“时间之矢”。普朗克不得不寻找其他方法来证明不可逆性。

黑体辐射的研究始于 1859 年。那时，普朗克的前任，柏林大学物理学教授古斯塔夫·罗伯特·基尔霍夫认为这种辐射是一种基本属性。到 19 世纪 90 年代，几位物理学家——有实验物理学家，也有理论物理学家——对这种辐射的光谱分布进行了研究。1896 年，当维恩发现的辐射定律与位于柏林的帝国物理技术研究所（Physikalisch-Technische Reichsanstalt）精确测量所得的结果令人信服地一致时，重要的进展就出现了。

根据维恩的观点，光谱密度 u——每单元频率的辐射能量密度——由频率 f 和温度 T 决定，服从公式 $u(f, T)=af^3\exp(bf/T)^{-1}$，其中 a 和 b 是根据经验确定的常数。但是，维恩定律缺乏令人满意的理论基础，正是因为这一原因，普朗克不能接受它。非常值得注意的是，普朗克的不满意不是源于维恩公式——对此，他是完全接受的——而是维恩对这个公式的推导。普朗克对得出一个经验上正确的公式没有兴趣，他的兴趣在于建立对这一定律的严格推导。通过这种途径，他认为他能证明熵定律。

受玻耳兹曼的气体分子运动论的指引，普朗克阐述了他的既不依赖于机械力学也不依赖于电动力学的“简单无序原理”（principle of elementary disorder）。他用它来定义一个理想振子（双极子）的熵，但小心翼翼地不将

这些振子与特定的原子或分子等同起来。1899 年，普朗克得到了能导出维恩定律的振子熵的表达式。这一定律（有时也被称为维恩 – 普朗克定律）也就获得了基本地位。普朗克很满意，毕竟这条定律与测量结果完美契合，至少当时是这样的。

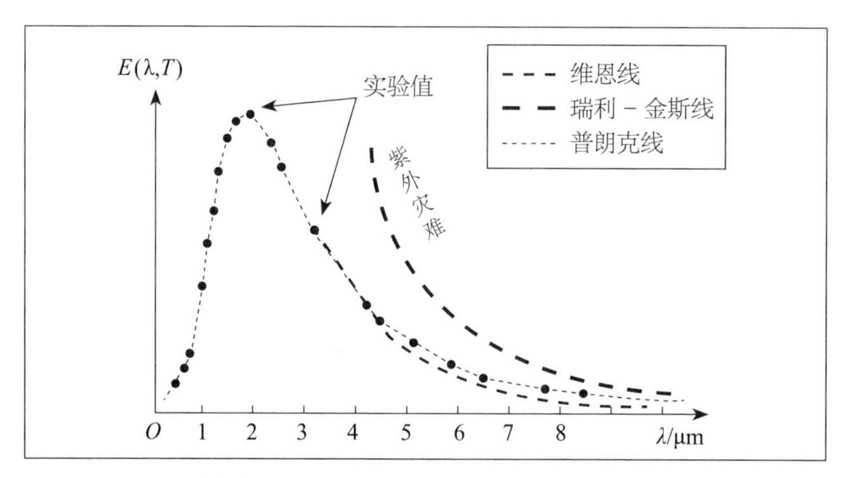

普朗克、维恩和瑞利 – 金斯辐射定律曲线图

第三节　同理论不一致

理论和实验间的和谐没有持续太久。令普朗克惊愕的是，柏林进行的实验显示出维恩—普朗克定律不能正确地描述低频光谱，显然某些环节出了问题。普朗克不得不回到案前，重新考虑为什么显然是基本性的推导却产生了不正确的结果。似乎对他来说，问题出在振子熵（oscillator's entropy）的定义上。

在 1900 年 10 月 19 日德国物理学会举行的一次会议上，普朗克发表了他在对一个单振子熵的表达式做了修改后所获得的一个新的分布定律。光谱分布的表达式现在为 $u(f,T)=af^3[\exp(bf/T)-1]^{-1}$，在相对高频部分，它接近维恩定律。更有趣的是，著名的普朗克辐射定律第一版本与低频红外线区域的实验光谱完美契合，尽管这一公式中包含一个普朗克认为是基本的常数 b，随后将 b 变成了 h，但并不仅仅只是换了个符号这么简单的事。普朗克的推导没有利用能量量子化，也没有依靠玻耳兹曼对熵的概率解释。

正如后来普朗克回忆的那样，两个月后的进展成为“绝望的行动”。在进入这个绝望的行动前，我们需要考虑瑞利 – 金斯定律（Rayleigh–Jeans law）和所谓的“紫外灾难”，要是能将它作为与历史无关的事情丢掉就好了。1900 年 6 月，瑞利指出，当经典力学应用于黑体的振子时，导致与频率平方成比例增长的能量分布，这与实验数据完全不符。他将其推理建立在所谓的均分定理之上，并由之得出组成黑体振子的平均能量由 kT 决定，其中 k 是玻耳兹曼常数。

五年后，瑞利和金斯提出了现在仍为此称的瑞利 – 金斯公式，通常写作 $u(f, T) = (8\pi f^2/c^3)kT$，其中 c 是光速。其结果就是，随着频率增高而增加的能量密度在紫外区域变成了灾难。不管这个公式在教科书中具有多重要的作用，在量子理论的最初阶段，它根本没有起任何作用。普朗克没有把均分定理当成基本法则，因此忽略了它。顺便说一句，瑞利和金斯也不认为这一法则是普遍有效的。“紫外灾难”——这是保耳·埃伦费斯特（Paul Ehrenfest，1880—1933）在 1911 年自创的一个名词——只是在量子理论后来阶段才变成一个讨论的问题。

1900 年 11 月，普朗克认识到他的新的熵表达式不过是一个巧妙的猜测。为了获得一个更基本的推导，现在他转向他忽略很久的玻耳兹曼的熵的概率观点。尽管普朗克接受了玻耳兹曼的观点，但他并没有完全皈依这位奥地利物理学家的想法。他仍然确信熵增定律是绝对的——从本质上不是概率的——因此，他用他自己的非概率方法重新诠释了玻耳兹曼理论。正是在这一时期，他首次陈述了自此以后为人所知的“玻耳兹曼方程” $S = k\log W$，将熵 S 同分子无序 W 联系起来。

为了找出 W，普朗克不得不计算在一组振子中，一个给定的能量分布方法的数目。正是为了找出这一计数过程，受玻耳兹曼的启发，普朗克引入了“能量元”（energy elements）的概念，即假定黑体振子总的能量为 E，通过一种被称作“量子化”的过程，被分成了有限的能量组份。在他出版于 1900 年末并在 12 月 14 日提交给德国物理学会的那篇具有重大影响的论文中，普朗克认为，“能量是由完全确定数目的有限相等部分构成的，并且因为这个原因，我使用了自然常数 $h = 6.55\times10^{-27}$ 尔格·秒”，他还说：“这个常数，一旦乘以共鸣器的一般频率，就以尔格为单位发出能量元，并且通过对 E 的划分，我们得到将分布在 N 个共鸣器上的能量元的数值 P。”

量子理论诞生了。真的是这样吗？的确，普朗克常数出现了，与我们今天所用的符号相同，数值也大概相等。但是，量子理论的本质是能量的量子化，这显然与普朗克头脑中所想的事情完全不同。正如他在 1931 年写的一封信中所解释的那样，1900 年能量量子的引入“纯粹是一个形式的假定，事实上，我除了无论花费多大的代价必须得到一个肯定的结果之外，并没有对它考虑太多”。普朗克没有强调能量过程的不连续性质，并且不关注抽象振子的运动细节。比起量子不连续性（不管意思是什么），更为有趣的是新的辐射定律令人印象深刻的精确性以及其中出现的自然常数。

第四节　一个保守的革命者

如果说在 1900 年发生了一场革命，似乎没有人注意到它。普朗克也不例外，人们赋予他的工作的重要性很大程度上是一个历史的重构。尽管普朗克的辐射定律很快得到了承认，我们今天所认为的其概念上的创新性——它在能量量子化方面的基础——当时几乎没被人注意到。很少有物理学家有任何兴趣来对普朗克公式进行辩护，在 20 世纪的最初几年里，没人认为他的结果与经典物理学基础相冲突。至于普朗克本人，他花大气力使他的理论立于他如此钟爱的经典物理学的坚固基础之上。像哥白尼一样，普朗克成了一个违背自己意愿的革命者。

普朗克是古典精神的最完美的榜样，是他的时代与文化的一个高贵结晶。在他作为物理学家和作为科学政治家的整个生涯中，他一直主张科学的终极目标是在绝对的和普遍的科学规律基础上构建一个统一的世界图景。他坚信这样的规律是存在的，它们反映自然的内在机制，这是一个人类思想和情感不起任何作用的客观实在。热力学始终是他钟爱的一个例子，用来说明一个物理规律如何能够从人神同形论的联想中摆脱出来，变成一个纯粹客观和普遍的规律。1900 年后，他越来越承认，玻耳兹曼熵的概率定律是重要的基本定律，但他却拒不接受熵的概率定律的主要思想，即存在有限（哪怕非常小）的可能性，一个孤立系统的熵随着时间而减小。只是到了 1912 年左右，他才放弃其最后的保留，接受第二定律真实的统计性质。

至于量子不连续性——能量不是连续变化的，而是以“跳跃的”形式变化这一重要特征——很长一段时间他认为是一种数学假设，是一种并不反映物质与能量之间真实的能量交换的人为的东西。按照他的观点，没有任何理由怀疑经典力学和电动力学不起作用了。普朗克并没有把他的理论看成是对经典物理学的严重偏离，这也可以用他的一段前所未有的沉默来说明。1901 年到 1906 年，他没有发表任何有关黑体辐射或量子理论的文章。只是到了 1908 年，很大程度上受到荷兰物理学亨德里克·洛伦兹（Hendrik Lorentz，1853—1928）的敏锐分析的影响，普朗克才转变观念，接受作用量子代表了经典物理学无法理解的一种不可简化的现象。

在接下来的三年时间里，普朗克变得确信：量子理论标志着物理学史的一个新篇章，因而在这种意义上具有革命性质。“量子假说将永不会从世上消失，”他在 1911 年的一次演讲中自豪地宣称，“如果我这样来表达我的观点，我并不认为我说得有多离谱。我想说的是，用这种假说，人们就以一种新的观点为构建一个新的理论奠定了基础，将来某一天它注定用来说明分子世界里迅速和精细的事件。”

第五节 爱因斯坦：量子理论的真正奠基人？

这样一来，2000 年 12 月是庆祝量子理论诞生一百周年的正确时间吗？换句话说，普朗克真的在一个世纪前提出了量子假说吗？科学史家、科学哲学家托马斯·库恩（Thomas Kuhn，1922—1996）仔细分析了普朗克对黑体辐射定律的研究进程和结果，确信普朗克不配获得这一荣誉。

但是，对库恩这一有争议性的解释，既有支持也有反对的证据，物理学史家们为此进行了热烈讨论。一方面，需要一个很有说服力的事件理由充足地让我们应该等上几年再庆祝量子的百年诞辰。另一方面，这个事件也是有争议的，并且选择 2000 年为百年纪念，选择普朗克为“量子理论之父”也不是明显地不合道理。此外，赋予普朗克“量子理论之父”的称号也有一个很长的传统，毕竟，他是因为“发现了能量子”而获得 1918 年诺贝尔物理学奖的。50 年庆以及相似的庆典加强了这一传统，人们对这些做法没有表示异议。

正如库恩所指出的，普朗克在他 1900 年和 1901 年的论文中都没有清晰写出“单个振子的能量只能根据 $E=n\varepsilon=nhf$ 获得不连续的能量，这里 n 是一个整数”。如果这是他想的，为什么他没有说出来？并且如果他认识到他引入了能量量子化——一种奇怪的非经典的概念——为什么他保持沉默 4 年多？此外，在其 1906 年关于热辐射理论的演讲中，普朗克赞成一个不涉及到不连续振子能量的连续系统理论。如果他“早在 1900 年就看到了曙光”——正如他后来声称的那样——又是什么使得他在 6 年之后改变了想法？我们能不能回答说他没有改变想法是因为他没有看到曙光？

这些只是库恩和支持他的物理学史家们提出的一些论据。就像一般的历史学方面的争论一样，有关量子不连续性的争论建立在一系列的证据和反证据之上，只能从质上作为一个整体来评价，而不能像我们从物理学（更确切地说是物理教科书）中所知道的那样以轮廓鲜明的方式来决定。

如果普朗克在 1900 年没有提出量子假说，那么是谁提出了？有人说是洛伦兹，甚至有人说是玻耳兹曼，还有一种更有说服力的说法，说是爱因斯坦第一个认识到了量子理论的本质。爱因斯坦对量子理论早期阶段的卓越贡献广为人知，并且毫无争议。最为著名的是他 1905 年的光量子（或光子）理论，此外他在 1907 年论固体比热的量子理论和 1909 年论能量涨落的文章里，都对量子理论也作出了重要贡献。

毫无疑问，年轻的爱因斯坦比普朗克看得更深刻，并且只有爱因斯坦一人认识到量子不连续性是普朗克黑体辐射理论的本质部分。是否如法国物理史学家奥利维耶·达里戈尔（Olivier Darrigol，1955—　）所声称的那样，这使得爱因斯坦成为“量子不连续性的真正发现者”，则是另外一回事。重要的是，普朗克在量子理论发现中的作用是复杂的，并且有些模糊。像一些物理教科书中所做的那样将发现者的荣誉归为他一个人，则太过简单。其他的物理学家，尤其是爱因斯坦，在量子理论的创造中起了至关重要的作用。“发现”应该被看成是一个延伸的过程，而不是与 1900 年末特别的一天相联系的，某一灵光突现的时刻。

爱因斯坦在 1907 年提出的比热理论在将量子理论建立为物理学的一个主要领域的过程中扮演着重要作用。量子理论的地位在 1911 年主题为“辐射理论和量子”的第一届索尔维会议上得到公认，这是一个宣布量子理论处于起飞阶段的事件。布鲁塞尔的与会者们认识到，有了量子理论，物理学的进程将发生改变。至于事情将向何处发展，则没有人能说清楚。例如，那时没有人认为量子理论会与原子结构有任何关系。两年后，随着尼耳斯·玻尔（Niels Bohr）原子理论的降临，量子理论到了一个新的转折点，最终导致量子力学的诞生和物理学家的新世界图景的建立。

历史的进程真的是不可预测的。

第四章

索末菲：无冕之王

索末菲是德国现代理论物理学的创始人和最伟大的理论物理学家之一。他创立了著名的“慕尼黑学派”，培养了如海森伯、泡利、德拜和贝特等众多诺贝尔奖得主和知名学者，是真正的“大师之师”，一生更是创纪录地获得过81次诺贝尔奖提名，但遗憾的是最终未能获奖。索末菲承前启后，亲历了理论物理学在德国的兴起过程，也目睹了极权统治对科学的伤害。他虽然也曾一定程度上受到盲目的爱国主义迷惑，但终其一生，历经众多动荡岁月，仍保持了一位正直学者应有的风骨。

第一节　文化背景

德国自1871年统一后，在随后的三四十年间，从一个落后的农业国，一跃而成为欧洲最发达的工业大国。科学和技术在德国的崛起过程中扮演了十分重要的角色。在19世纪、20世纪之交，绝大部分德国人认为20世纪会是德国人的世纪。除了大西洋另一边的美国外，德国在科学、技术、经济、军事和文化等方面，都领先于世界水平。1933年希特勒上台后，科学界的大批精英离开德国，德国从此沦为一个二流国家。两次世界大战让德国引领世界的梦想彻底破灭。德国经历了一场又一场过山车式的变化，迅速崛起，又迅速衰落。“二战”结束后，美国取代德国，成为真正的“世界科学中心”。

在这长达70年的激动人心却又动荡不安的岁月里，作为群体的德国物理学家们的表现可圈可点。作为“清流”，他们被称为德国的“士大夫”（Mandarin），属于新兴的“有文化的或受过教育的中产阶级”（Bildungsbürgertum）。这个阶层其实也不是同质的，但却以“不问政治”为共同特征。所谓“不问政治”，其实不过是一种过于天真的想法，并不是完全与政治无关，而是不直接参与政治活动。在和平时期，这一阶层为德国的迅速崛起作出了不可磨灭的贡献；而在集权时代，他们却无意间成了当权者的棋子，用来为暴政背书，被动地助长了统治者的暴行。他们的命运与德国的兴起和衰落息息相关。

与普朗克、爱因斯坦和玻尔一道，索末菲是现代理论物理学的创始人，是最伟大的德国理论物理学家之一。他创立了著名的“慕尼黑学派”（也称“索末菲学派”），培养了如海森伯（Werner Heisenberg，1901—1976）、泡利（Wolfgang Pauli，1900—1958）、德拜（Peter Debye，1884—1966）和贝特（Hans Bethe，1906—2005）等诺贝尔奖得主和知名学者，一生更是创记录地获得81次诺贝尔奖提名，但最终未能获奖。

索末菲半身铜像

像绝大多数威廉时代的德国学者一样，索末菲身上具有“受过教育的中产阶级”的典型特点：靠自身努力成就学术地位，忠君爱国，具有强烈的德意志认同感。那些典型的普鲁士美德（Prussian virtues）：责任、忠诚、勤奋、效率、廉洁、自律、秩序、守时，努力工作，用事业上的成就来证明自己的价值，这些优良品质在他身上都得到完美体现。与此同时，他不可避免地带有同时代德国科学家身上一些习而不察的特征：盲目的爱国主义，对国家无条件的忠诚，将“军国主义”（Militarismus）视为德国文化不可或缺的一部分。在大学时代，他就热衷于参加表现男子汉气概的学生社团“兄弟会”（*Burschenschaft*）的活动，脸上的一道疤痕就是在一次决斗中留下的，这也成为他后来职业道路上的一张通行证。“一战”爆发后，索末菲虽然没有像大多数著名教授那样，在臭名昭著的《致文明世界的宣言》上签名，但他也支持德国在比利时的军事行动。凡是有利于德国的事，他都会去做，而不管这样做最后的反响如何。比如，当国外媒体对德国占领比利时后的野蛮行径进行揭露时，他非常气愤，认为媒体夸大了事实，怒气冲冲地写信给报社，为德国的行径辩护。只是在爱因斯坦的劝说下，最后才没有继续进行下去。1893 年，他按照要求已经服完兵役。但在此后的 8 年间，他每年都自愿服 8 周的兵役，即使后来已升为教授，他也坚持义务服兵役。服兵役期间，有时晚上要待在非常寒冷的马厩里，不过这并没有让索末菲感到艰苦，相反，他认为这是对人的意志的考验。

服兵役时的索末菲

每个人都可以从自身或自己国家的利益出发来考虑问题，但前提是不能损害他人或他国的利益。由于德国曾经是一个落后的国家，在历史上饱受欺凌，在政治、经济、军事领域与英法等成熟国家之间差距甚大。寻找并强调自身的特殊性，就成为刻不容缓的事情。这也是德国知识分子为了强调自己国家的文化独特性，将“文化”（*Kultur*）与“文明”（*Zivilisation*）对立起来的原因。在他们看来，“文明”是“发明”出来的，处于一个相对低级的地位，而文化是“创造”出来的，是一个地方、一个时代的民族性的表现。事实上，继伊马努埃尔·康德（Immanuel Kant，1724—1804）之后，形成了这样一种传统，在概念上和规范上对文明和文化进行区分：前者被理解为纯粹的技术或政治，是“各种社会礼节和体面”，而后者则包含了更深刻的道德。对康德来说，文化首先是人之所以成为人的手段，同时也是他的目的和成为人的过程。具有反犹倾向的作曲家理查德·瓦格纳（Richard Wagner，1813—1883）也贬低文明，因为文明把科学当作偶像，传播民主和拜金主义。他把这些现象的责任归咎于犹太教，把犹太教作为替罪羊，从而把文明定义为“野蛮人与犹太教的混合物”。这种过分强调自己民族特质的思维方式，注定了德国学者很难设身处地的从其他国家的角度来看待问题。索末菲当然也不例外。只是在纳粹当政之后，他的态度才开始转变，尤其是其在后继者人选方面遭到种种匪夷所思的奇遇之后，他开始彻底反省了。

德国本来可以给献身学术的爱国学者持续不断地提供最佳的研究条件，但由于动荡的政治时局，加上人性中种种阴暗面在特殊时期的超级显现，使得纯粹的学者极难生存，留下更多的是一群甘愿被政治化的科学家，以及少数冠有学者之名，实为人类所不齿的跳梁小丑。极权制度固然要为这种大的趋势负主要责任，但能否经得住历史的考验却是科学家们的自身选择。索末菲身上固然不可避免地具有时代的局限，但终其一生的表现，他配得上“真正的学者”这一称号。这样的学者在任何一个时代都是稀缺品，我们这个时代尤其缺乏。

第二节 大师之师

索末菲最著名的成就在于原子物理学领域，他推广了玻尔于1913年创立的原子论，他的名字还与现代物理学的第一个学派联系起来。

索末菲的学术生涯起源于19世纪90年代的哥廷根大学，当时的世界数学的中心。经过在相对封闭、视野狭隘的克劳斯塔尔矿业学院，以及以应用为主的亚琛高等工学院十年的摸爬滚打，1906年，他来到慕尼黑大学，担任理论物理学教席，逐渐形成了著名的“索末菲学派”。他不仅是一位科学大家，更是一位绝无仅有的优秀教师。

索末菲离开亚琛高等工学院来到慕尼黑大学理论物理研究所之后，理论物理研究所的同事们对他的态度不尽相同，有的同事甚至认为索末菲不是物理学家，应该待在数学界。索末菲也确实曾因擅长数学而不擅长实验，而被奥托·维纳（Otto Wiener，1862—1927）① 反对他在莱比锡大学理论物理学教席的提名，索末菲最终从提名名单中被剔除。玻恩（Max Born，1882—1970）在讨论数学物理学和理论物理学的区别时，认为他的同行索末菲是“数学物理学家”。其实在20世纪初，知识界普遍对拥有优秀数学能力的人心存敬佩。德国化学家弗里茨·哈伯（Fritz Haber，1868—1934）就曾在信中表达对索末菲的数学能力的钦佩，他认为索末菲能够轻松自如地掌握数学工具。不言而喻，用数学手段来处理问题在理论物理学中占据很重要的位置。

1912年，帕邢（Friedrich Paschen，1865—1947）与恩斯特·巴克（Ernst Back，1881—1959）一起发现了在强磁场中发生的“帕邢－巴克效应”（Paschen-Back-Effekt，即在非常强的磁场中，一条原子谱线分裂为一组三条的现象）。虽然索末菲在之前已经挑战过对量子假设 h 的解释，但是开始时

① 奥托·维纳，德国物理学家。1887年在斯特拉斯堡大学获得博士学位，他的工作是研究光在反射过程中的相位变化和测定薄片厚度的方法。他以实验检测驻波而闻名，1890年，他成功地测定了光的波长。

他认为解释帕邢－巴克效应不一定需要量子理论。通过对该效应的深入研究，索末菲感到了用经典理论解释帕邢－巴克效应的困难。不同于索末菲之前运用数学手段处理问题发表的一系列关于无线电报的论文，帕邢希望通过实验弄清反常塞曼效应，他在给索末菲的信中写到了福勒（Alfred Fowler，1868—1940）和皮克林（Edward Charles Pickering，1846—1919）的实验发现，他们得到的结果，可以用玻尔提出的氢原子谱线理论来解释。

索末菲在接下来的日子里对玻尔的原子模型进行推广，在其圆周轨道之外，引入了椭圆轨道，使得整个图像更加复杂。他提出了椭圆轨道的量化条件，最终得到索末菲的巴尔末线系公式。该公式将玻尔公式中一个量子数替换为两个量子数的和，虽然这在数学上并没有任何差异，但从物理角度来看是本质上的不同：在玻尔的理论中，每条谱线的来源是固定的，是电子从一个圆周轨道到另一个圆周轨道的跃迁。“在索末菲的阐述中，每一个圆周轨道都对应一个能级相同的椭圆轨道，所以一条谱线可以有不同的来源”①。索末菲的这种推广得到了氢原子光谱及很多重要元素的 X 射线谱的精细结构。这些理论工作都记录在他 1915 年 12 月、1916 年 1 月和 1916 年 9 月提交的三篇文章中。从索末菲的公式出发，楞次（Wilhelm Lenz，1888—1957）在推导过程中，提出了我们后来所熟知的“索末菲精细结构常数”。索末菲关于原子光谱精细结构的理论，通过帕邢对氦离子谱线的测量结果得到了实验方面的验证，而普朗克的“相空间的结构理论”则是对索末菲理论的理论验证。

“内量子数”（inner quantum number）的发现和上述过程一样，仍然是量子论对微观世界的探索。因为拥有一个以上电子的元素都不适用于玻尔－索末菲模型，所以光谱位移律和磁光分裂规则也就无法在该模型下得到解释。索末菲推测存在一个可以表示源于原子内部的隐藏旋转的内量子数，但它的物理意义困扰着索末菲。后来朗代（Alfred Landé，1888—1976）关于内量子数更具体的推测被证明是对的。当时还是学生的海森伯在索末菲的带领下也参与到反常塞曼效应的研究中，并通过原子实的假设，成功地帮老师索末菲完

① 埃克特，阿尔诺德·索末菲传 [M]. 方在庆，何钧，主译 . 长沙：湖南科学技术出版社，2018：224.

成了对福格特方程（Voigts Formeln）的重构，即对振荡理论的量子理论重构。

除了电子论、原子结构和原子光谱的研究外，索末菲还对相对论产生过一定的兴趣，这从他和爱因斯坦在通信时频繁的讨论中可见一斑。1910年，索末菲发表了适合于闵可夫斯基（Hermann Minkowski，1864—1909）空间的“绝对世界”，以及它的时空中的四维矢量的新的代数分析方法，这是对四维空间中矢量应用的扩展①。

索末菲之所以成为“大师之师”，与他的特殊经历有着极大的关系。索末菲在事业的起步阶段，曾在哥廷根担任著名数学家费利克斯·克莱因（Felix Klein，1849—1925）的助手。这是一份无所不做的工作，包括全面整理克莱因的讲课笔记，查找资料，完善讲义，誊写终稿，与此同时，还要管理图书阅览室。之后他与克莱因一起从事《数学科学百科全书》的编辑工作，成为这项长达30年（从1898年持续到1928年）的庞大工程的主要参与者。在这个过程中，他学到了太多的东西。首先是挑选最合适的人选，为此，他与克莱因遍访欧洲，邀请当时最有名的学者进入《数学科学百科全书》的编写阵营；其次，对来稿进行编辑加工，包括修改那些有名的前辈们的手稿。比如，针对洛伦兹有关电动力学的文章，他就直言不讳，“还可以在一些地方更详细一些，在物理学上更清楚一些”。洛伦兹比索末菲大15岁，享有很高的学术地位，非常受人敬重，索末菲甚至将自己的次子取名“洛伦兹”，但这些因素并不影响索末菲修改洛伦兹的手稿。顺便说一句，爱因斯坦也非常敬重洛伦兹，把他看成是自己精神上的父亲。索末菲与爱因斯坦之间的关系也非常特别，他比爱因斯坦大10岁，成名也早于后者，但遇到与相对论有关的问题时，他还是亲自跑到苏黎世向爱因斯坦请教。之后，他与爱因斯坦之间形成了一种特殊的友谊。在纳粹势力一手遮天，他孤独无援，所有的邮件都受到审查时，他就借出国开会的机会，给爱因斯坦写信，吐露自己内心的苦闷。在追求真理的过程中，学者之间建立了真正的友谊，这是非常难能可贵的。

① 埃克特，阿尔诺德·索末菲传[M].方在庆，何钧，主译.长沙：湖南科学技术出版社，2018：167-169.

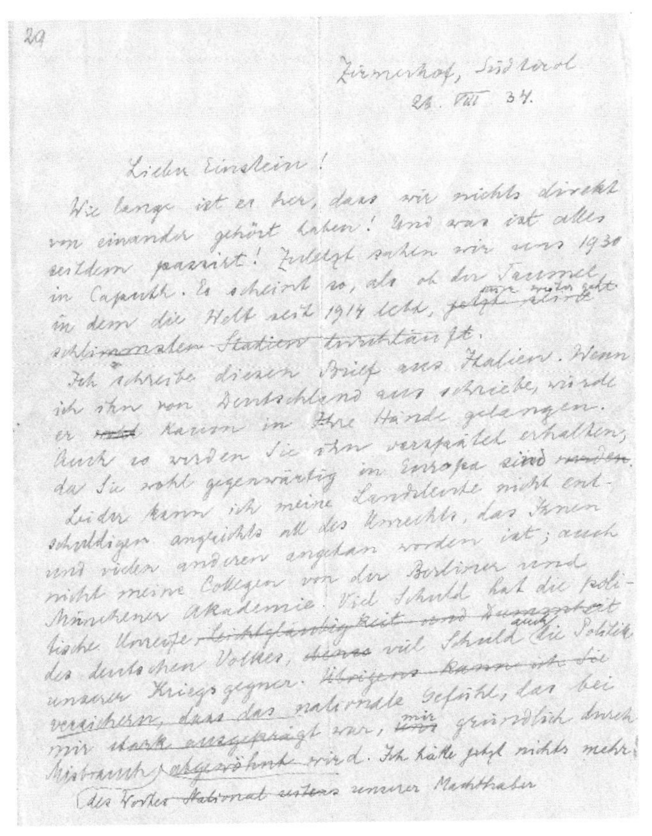

29

Zinnerhof, Südtirol
26. VIII. 34.

Lieber Einstein!
Wie lange ist es her, dass wir nichts direkt
von einander gehört haben! Und was ist alles
seitdem passiert! Zuletzt sahen wir uns 1930
in Caputh. Es scheint so, als ob der Taumel,
in dem die Welt seit 1914 lebt, immer weiter geht.
Ich schreibe diesen Brief aus Italien. Wenn
ich ihn von Deutschland aus schriebe, würde
er kaum in Ihre Hände gelangen.
Auch so werden Sie ihn verspätet erhalten,
da Sie wohl gegenwärtig in Europa sind.
Leider kann ich meine Landsleute nicht ent-
schuldigen angesichts all des Unrechts, das Ihnen
und vielen anderen angetan worden ist; auch
nicht meine Collegen von der Berliner und
Münchener Akademie. Viel Schuld hat die poli-
tische Unreife
des deutschen Volkes, viel Schuld auch die Politik
unserer Kriegsgegner.
Gefühl, das bei
mir war, gründlich durch
Missbrauch wird. Ich hätte jetzt nichts mehr
(des Volkes unserer Machthaber

索末菲写给爱因斯坦的信（1934 年 8 月 26 日）

索末菲这种兼收并蓄，不耻下问，以追求真理为导向的做法，在他留给后世的 6 卷本《理论物理学讲义》（*Vorlesungen über theoretische Physik*）中表现得淋漓尽致。与一般教科书抄来抄去，从不解释说明的做法相反，他力求将问题的来龙去脉弄清楚。通过与当代学人之间的互动，不断地将最新的研究成果吸引进来，他的讲义成了理论物理学领域里最系统、最前沿的标志性读物。这本讲义名义上是他一人所著，其实吸收了同行和学生的许多研究成果。

他善于发现天才，并想尽办法引导他们迅速成长。他发现和提携德拜、泡利和海森伯的过程，是物理学史上的经典例子。在亚琛高等工学院任教时，他就发现了德拜的才能，后来他到慕尼黑任教后，就将德拜带过来作为助手。

许多习题课就直接交给德拜来上，给予后者极大的鼓舞，也提升了德拜的学术自信。德拜后来能在学术上迅速提升，与索末菲给予他的信任、自由是分不开的。当大学二年级学生海森伯有一些自己的想法时，索末菲鼓励他将想法写出来发表，并向同事郑重推荐，而且从一开始就清楚定位两人之间是合作关系，而不是上下级式的师生关系。19 岁上大学，21 岁就获博士学位的天才少年泡利，也是在索末菲手下毕业的。正是在他的鼓励下，还是大学一年级学生的泡利为《数学科学百科全书》写了“相对论”词条，后来单独出版，为此得到爱因斯坦的高度称赞：“任何一位研究这一成熟而构思宏大的作品的读者，都不会相信它的作者是一位只有 21 岁的年轻人。作品精彩纷呈，处处令人赞叹：对思想发展进程的心理理解，精确的数学推导，深刻的物理洞察力，系统性的清晰表述，渊博的文献知识，完备而信实的论证，以及有力的批评……泡利的书值得推荐给所有在相对论领域进行创造性研究的人，以及

研讨会结束后，索末菲与学生们来到酒吧，边饮边聊

所有想要准确了解相对论根本问题的人。"[1] 泡利经常对同事和朋友提出非常严厉的批评，被称为"上帝的鞭子"，但他在索末菲面前，从来毕恭毕敬。正是泡利和海森伯这样的少年天才的出现，形成了"索末菲学派"的神话。

在索末菲个人魅力的感召下，大批才华横溢的学生加入他的研究团队。他常与学生一起去酒吧喝酒，打保龄球，邀请学生和同事到他家中边聚边聊，到他位于阿尔卑斯山脚下的度假小屋里一边欣赏大自然的美景，一边畅谈学术。通过与这些思想异常活跃的年轻才俊之间的不断交流，索末菲对于新的研究似乎就具有了一种直觉，知道问题的症结在哪里，哪些方向有发展前途。除了海森伯、泡利、德拜和贝特等四人是在索末菲手下获得博士学位，后来获得了诺贝尔奖外，在索末菲手下做过博士后或获得"教授资格"的人当中，还有三人获得诺贝尔奖。他们是鲍林（Linus Pauling，1901—1994）、拉比（Isidor I. Rabi，1898—1988）和劳厄（Max von Laue，1879—1960）。也就是说，有 7 个诺贝尔奖获得者是在他手下学习或工作过的。此外，他培养的博士生后来大都成为各自领域的领军人物，如海特勒（Walter Heitler，1904—1981）、派尔斯（Rudolf Peierls，1907—1995）、贝歇特（Karl Bechert，1901—1981）、布吕克（Hermann Brück，1905—2000）、埃瓦尔德（Paul Peter Ewald，1888—1985）、芬伯格（Eugene Feenberg，1906—1977）、弗勒利希（Herbert Fröhlich，1905—1991）、菲斯（Erwin Fues，1893—1970）、吉耶曼（Ernst Guillemin，1898—1970）、亨尔（Helmut Hönl，1903—1981）、霍普夫（Ludwig Hopf，1884—1939）、克拉策（Adolf Kratzer，1893—1983）、拉波特（Otto Laporte，1902—1971）、楞次（Wilhelm Lenz，1888—1957）、迈斯纳（Karl Wilhelm Meissner，1891—1959）、泽利格（Rudolf Seeliger，1886—1965）、施蒂克尔伯格（Ernst Carl Gerlach Stückelberg，1905—1984）、韦尔克（Heinrich Welker，1912—1981）、文策尔（Gregor Wentzel，1898—1978）、朗

---

① Einstein A. The Collected Papers of Albert Eintein, Vol. 13. The Berlin Years: Writings&Correspondence January 1922-March 1923 [M]. Buchwald D K, Illy J, et al (eds.). Princeton: Princeton University Press, 2012: 152-153. 亦见中译本：爱因斯坦 . 爱因斯坦全集：第十三卷 [M]. 方在庆，何钧，等译 . 长沙：湖南科学技术出版社，2020：127.

代（Alfred Landé，1888—1976）和布里渊（Léon Brillouin，1889—1969）等。另外还有一些博士后也在各自领域成就斐然，如阿利斯（William Phelps Allis，1901—1999）、康顿（Edward Uhler Condon，1902—1974）、埃卡特（Carl Henry Eckart，1902—1973）、肯布尔（Edwin Crawford Kemble，1889—1984）、休斯顿（William Vermillion Houston，1900—1968）、赫茨菲尔德（Karl Ferdinand Herzfeld，1892—1978）、科塞尔（Walther Kossel，1888—1956）、莫尔斯（Philip McCord Morse，1903—1985）、罗伯逊（Howard Percy Robertson，1903—1961）和鲁宾诺维奇（Wojciech Rubinowicz，1889—1974）。

玻恩（Max Born，1882—1970）相信索末菲具有发现天才和培养天才的才能。爱因斯坦对索末菲的这种才能更是赞不绝口："我尤其钦佩您的是，您神速般地培养出一大批年轻的天才，这真是太神奇了。您肯定有一种能把听众的精神精炼和激活的特殊才能。"①

第三节　学术自省

对美国的多次学术访问，对索末菲的思想和生活产生了深远的影响。美国不但给他提供了急需的硬通货，改善了他的生活，让他的思想在美国得以传播，同时也让他比绝大多数德国教授更早地觉察到了美国的潜力。在德国的物理学研究水平还处于顶峰时，他就看到了自身的危机。早在"二战"之前，索末菲就已经认识到，以前被德国学者所瞧不起的美国，在许多领域已经走在世界的前列，美国在经济实力上早已超过德国，并且似乎具有无限的潜力。向美国学习，把美国的成功经验搬到德国，将理论与实践相结合，从而保持德国的竞争活力，是德国一代有识之士的共识。从哈纳克、克莱因到索末菲，莫不如此。

美国的生活方式很合索末菲的胃口。"在这个国家所有的事情都安排得很

① 埃克特，阿诺尔德·索末菲传 [M]. 方在庆，何钧，主译 . 长沙：湖南科学技术出版社，2018：270.

好：教课、财务方面、社交方面（男人衣着随意得令人难以置信，我经常穿着拖鞋和印度衬衫到处跑）。所有的安排都是尽量让人舒服，用尽量少的努力和麻烦达到目的——和我们正好相反！”①

从一个等级森严，事事都讲究秩序的国度，来到一个充满活力，自由自在、无拘无束、欣欣向上的新大陆，无疑是一种巨大的身心解放。轻松的生活方式增加了他对美国的好感。索末菲有不少学生后来也到美国任教，他们与索末菲交往密切。早在 1922 年，当他作为麦迪逊的客座教授时，他就已经意识到物理学的未来在美国。“1929 年对帕萨迪纳以及 1931 年对安阿伯的访问，进一步加强了他对美国物理学的这一判断。对他来说，美国在政治上也代表着未来。”②“二战”结束后，索末菲的亲美立场毫无改变。尽管美国去纳粹化和为德国重建采取的一些措施并不得人心，但也没有动摇索末菲对美国的态度。

美国的政治体制是确保它能替代德国的法宝。除此之外，灵活的科研体系，众多的资助渠道，充满朝气的生活态度，都是德国僵化的科研体系所无法比拟的。

必须承认，德国的科研体制最初的设计是非常理想的，它是一种典型的精英模式，通过不断竞争，每个教授席位都由最优秀的人来担任。但现实情况却复杂得多。首先，教授席位过少，不能满足日益增长的新需求；其次，获得教授席位的时间过长，按照德语国家的传统，要想在大学任教，必须要有博士学位。而获得博士毕业后，还要提交一篇“大学授课资格论文”（Habilitationsschrift）。只有获得“大学授课资格”的人才能受聘成为大学老师。由于“僧多粥少”，许多人虽获“大学授课资格”多年，仍没有大学聘用，只能担任“无薪讲师”（Privatdozent，或译“私俸讲师”），靠学生缴纳的微薄听课费度日。最悲惨的是德国社会学家齐美尔（Georg Simmel，1858—1918），在柏林大学获得“大学授课资格”后，当了 15

① 埃克特，阿诺尔德·索末菲传 [M]. 方在庆，何钧，主译 . 长沙：湖南科学技术出版社，2018：362.

② 埃克特，阿诺尔德·索末菲传 [M]. 方在庆，何钧，主译 . 长沙：湖南科学技术出版社，2018：436.

年的无薪讲师才被聘为副教授，1914 年才获聘成为新成立不久的施特拉斯堡大学的正教授。为了能在这条狭窄的学术道路上生存下去，无数英雄竞折腰，半途而废者不知多少。相比之下，在美国获得终身教职（tenure）时间要短不少。另外，具有实用主义传统的美国高等教育，与工商业联系密切，充满了活力。反观德国，长期以来，综合性大学（Universität）高高在上，由文化部管理；而高等工学院（Technische Hochschule）地位低下，由贸易部管理。最初两者井水不犯河水，但随着形势的发展，两者之间的关系不得不由竞争变成合作，尤其是在工程教育领域。索末菲通过自己的经历，将数学与工程完美地结合起来，在两者之间建筑了真正沟通的桥梁。正是由于他的努力，让高等工学院的同行认识到数学在工程中是非常有用的工具，纯粹的实践经验已不足以解决日益复杂的工程问题，尤其是涉及到动态情形时。索末菲等人的努力促进了综合大学与高等工学院之间的和解。到了 19 世纪末，迫于现实的巨大需求，加上一些知名教授的积极呼吁，再加上德皇威廉二世对技术的迷恋，高等工学院才得以提升到与大学同等的地位，获得博士学位的授予权。巧合的是，德国的综合国力的上升与德国高等教育的改革几乎是同时进行的。

第四节　老骥伏枥

1926 年，当 68 岁高龄的柏林大学理论物理学教授普朗克准备退休时，他想到的最理想的接班人就是索末菲。德国物理学界的著名人物云集于柏林，亥姆霍兹和基尔霍夫曾在柏林工作过，普朗克和爱因斯坦当时还在柏林，柏林才是德国真正的物理学中心，但索末菲不想放弃自己在慕尼黑 20 多年亲手建立的事业。虽然他本人也是普鲁士人（出生在东普鲁士的哥尼斯堡），但他觉得，“在庞大而繁忙的柏林，与学生之间的交流很难像在慕尼黑那样密切”。他喜欢巴伐利亚的生活方式，轻松愉快，接近自然。“人在柏林很快就会被榨干，而在山脚下的慕尼黑，老人都能焕发青春。”[①] 这一点确实不假。海森伯晚年也将马普物理研究所由哥廷根搬回慕尼黑，可能也是得自老师的真传。

索末菲未能察觉的是他的同事们的保守态度和反犹主义。远的不说，当年埃伦费斯特（Paul Ehrenfest，1880—1933）虽在大名鼎鼎的玻耳兹曼手下获得博士学位，但因为他是犹太人，又没有获得“大学授课资格”，在慕尼黑求职没有成功。后来索末菲推荐他到了荷兰的莱顿，就被遴选为洛伦兹的接班人。正因为这种不拘一格用人才的作法，莱顿成为德国之外的少数几个物理学中心之一。

1919 年 9 月索末菲与玻尔（右）在瑞典的一个会议上
（德意志博物馆供图）

索末菲与玻尔（Niels Bohr，1885—1962）之间的关系，一开始非常融洽。索末菲的两位得意门生，海森伯和泡利都得到玻尔的欣赏。正是在玻尔的帮助下，海森伯在获得博士学位后得到洛克菲勒基金会的资助，到哥本哈根跟

① 埃克特，阿诺尔德·索末菲传 [M]. 方在庆，何钧，主译 . 长沙：湖南科学技术出版社，2018：318.

随玻尔继续量子理论的研究。索末菲的重要成果，也是建立在将玻尔的氢原子模式进行推广的基础上。出于可以理解的理由，他在这一过程中发现（用“担心”或许更合适）玻尔“开始在自己的园子里摘果子”，就迅速将研究成果提交给巴伐利亚科学院发表。将玻尔的“圆周轨道”扩展到索末菲的“椭圆轨道”，“玻尔—索末菲模型”才得以建立。但两人的物理观念不同，认识论方面差异也很大，对待一些问题的看法自然不同。比如，索末菲就不认为玻尔后来提出的“互补原理”对量子理论有多大的用处。在他看来，没有“互补原理”的量子力学照样有效。学术界尤其应该允许这种不同观点的存在。只是后来，当玻尔获得 1922 年度诺贝尔奖，索末菲屡获提名却无缘诺贝尔奖时，他开始怀疑这中间可能跟玻尔有点关系。无独有偶，在助手海森伯获奖多年后，玻恩都未能获奖，也曾在私下里抱怨有可能是玻尔在其中使坏。可是从目前公开的诺贝尔奖提名档案来看，没有任何材料说明玻尔曾阻止过索末菲和玻恩获奖。更大的可能性在于，当时诺贝尔奖委员会中负责物理学奖的学者，没能对索末菲和玻恩的成就给出恰当的评价。当然，玻恩比索末菲要幸运一些，在他晚年从爱丁堡退休返回德国哥廷根附近居住后，获得了 1954 年度的诺贝尔物理学奖。

1927 年 7 月，索末菲曾参加过慕尼黑大学的校长竞选，最后以 50 票对 68 票而败北，一位“科学上无足轻重，但让极右势力放心的‘国家主义者’”击败了“世界知名的物理学家”。这件事让索末菲开始清醒起来，他才意识到自己的处境并不佳，后悔当年没有接受普朗克的席位，只是他对物理学的兴趣暂时压倒了政治所带来的烦恼，才没有让他沉浸在失望中，但更大的麻烦还在后头。1935 年 4 月，索末菲到了退休年龄，可他的继承者还没有选好。他只能被迫暂时代理自己的席位。他最中意的人当然是自己的得意门生海森伯，但他的建议没有得到学校当局和帝国科学部的支持。忠于纳粹的物理学家，诺贝尔物理学奖得主、“德意志物理学”的代言人斯塔克（Johannes Stark，1874—1957）想染指这件事，遭到了索末菲的强烈反对。最后纳粹教育当局任命空气动力学家威廉·米勒（Wilhelm Carl Gottlieb Müller，1880—1968）作为索末菲的“可以想象的最糟糕的接任者”（denkbar schlechteste

Nachfolger），相当于直接羞辱了索末菲。米勒没有发表过一篇理论物理学方面的论文，甚至都不是德国物理学会的会员。为了迎合纳粹，他在 1936 年出版了《犹太与科学》（*Judentum und Wissenschaft*）一书，1941 年，又与约翰内斯·斯塔克（Johannes Stark）合作出版《犹太物理学和德意志物理学：在慕尼黑大学的演讲》（*Jüdische und deutsche Physik. Vorträge an der Universität München*）。尽管势单力薄，索末菲还是毫不退缩，与斯塔克之间展开了激烈斗争。虽然没有成功，但他的正直和勇气永远值得我们学习。纳粹下台后，米勒被解除了职务。

德国特定的社会和政治环境从根本上改变了科学家的日常生活。在索末菲身上，个人热忱、科学兴趣与国家命运紧密地交织在一起。任何简单地概括索末菲一生的努力都是不合格的。索末菲身上带着深深的德国文化的烙印，他的伟大和渺小体现在无数的细节当中。从索末菲的一生中，我们对德国如何成为世界的科学中心，又如何失去中心地位，至少多了一份感性认识。

晚年的索末菲

第五章

扩展玻尔模型：索末菲早期原子理论（1913—1916）[①]

本章从阿诺尔德·索末菲（Arnold Sommerfeld）个人研究日程的角度出发，回顾了索末菲对于玻尔原子模型的反应。他欣赏尼耳斯·玻尔（Niels Bohr）对有关氢元素的里德堡公式的推导，但却对其模型有所批评。1913 年，索末菲试图通过扩展亨德里克·洛伦兹（Hendrik Lorentz）关于塞曼效应的经典理论来解释近期发现的帕邢－巴克效应。光谱线在电场中分裂这一发现，是其研究计划中的另一项挑战。经典理论在这两方面都失败了，因此索末菲转而代之以玻尔模型。通过量子化电子绕原子核的径向运动和方位角，索末菲扩展了玻尔模型。在非相对论情形中，他再次得到了里德堡公式（此时用两个量子数总和来取代玻尔模型中的单个量子数）；在相对论情形中，他则得到了后来有名的精细结构公式。虽然关于从玻尔理论到玻尔－索末菲理论的发展一直有详实的历史记载，但从索末菲私人信件和专业往来信件的角度去考察这一过程中的动力却是一个全新的视角。

① 米夏埃尔·埃克特博士（Dr. Michael Eckert），就职于德意志博物馆（Deutsches Museum, Munich），主要研究方向为物理学史。本文原为埃克特博士在尼耳斯·玻尔档案馆（Niels Bohr Archive）于 2013 年 6 月 11—13 日为纪念玻尔原子模型 100 周年举行的会议上的报告。为纪念玻尔原子模型诞生 100 周年,《科学文化评论》组织了特刊。在组稿过程中，好几位研究玻尔的欧洲专家向我们推荐这篇稿件。当我们向埃克特博士约稿时，他欣然惠允。经黄佳翻译，朱慧涓校对，此文最初发表在《科学文化评论》第 10 卷第 6 期（2013）：40-49 页上。作者欣然慨允将此文收入本书。

关于所谓的“玻尔－索末菲理论”的发展，人们已经做了大量细致的研究。[Jammer 1966；Nisio 1973；Mehra & Rechenberg 1982；Kragh 1985；Robotti 1986;Kragh 2012]①，对索末菲贡献的历史研究，大部分旨在重建触发量子力学发展的理论前提。笔者没有聚焦于对随后的量子理论发展至关重要的创新，而是从当时索末菲的通信 [Eckert & Märker 2000]②——用于这类历史重构的主要史料——和其传记 [Eckert 2013a]③ 的角度出发，来刻画索末菲的成就。

本章关注的是，从玻尔模型发表（1913 年 7 月）到索末菲向巴伐利亚科学院提交研究论文（1915 年 12 月）④ 的这段时间内，驱使索末菲研究原子的动力。

① Jammer M. The Conceptual Development of Quantum Mechanics[M]. New York: McGraw-Hill, 1966. (Second Edition, New York: American Institute of Physics, 1989); Nisio S. The Formation of the Sommerfeld Quantum Theory of 1916[J]. Japanese Studies in the History of Science, 1973, 12: 39-78; Mehra J, Rechenberg H. The Historical Development of Quantum Theory[M]. New York: Springer, 1982; Kragh H. The Fine Structure of Hydrogen and the Gross Structure of the Physics Community, 1916-26[J]. Historical Studies in the Physical Sciences, 1985, 15(2): 67-125; Robotti N. The Hydrogen Spectroscopy and the Old Quantum Mechanics[J]. Rivista di Storia della Scienza, 1986, 3(1): 45-102; Kragh H, Niels Bohr and the Quantum Atom: The Bohr Model of Atomic Structure 1913—1925[M]. Oxford: Oxford University Press, 2012.

② Eckert & Märker 2000(Eckert M, Märker K, (eds.) Arnold Sommerfeld: Wissenschaftliche Briefwechsel, Band 1: 1892—1918 [M]. Berlin: Deutsches Museum und GNT-Verlag, 2000).

③ 此书已有中译本。埃克特，阿诺尔德·索末菲传 [M]. 方在庆，何钧，主译 . 长沙：湖南科学技术出版社，2018。

④ Sommerfeld 1915a (Sommerfeld A. Zur Theorie der Balmerschen Serie[J]. Sitzungsberichte der mathematisch-physikalischen Klasse der K. B. Akademie der Wissenschaften zu München, 1915(3): 425-458.), Sommerfeld 1915b (Sommerfeld A. Die Feinstruktur der Wasserstoff -und der Wasserstoff-ähnlichen Linien[J]. Sitzungsberichte der mathematisch-physikalischen Klasse der K. B. Akademie der Wissenschaften zu München, 1915(3): 459-500). 对于这些论述的历史讨论，见 Eckert 2013b (Eckert M. Historische Annaherung [M]//Sommerfeld A. Die Bohr-Sommerfeldsche Atomtheorie. Sommerfelds Erweiterung des Bohrschen Atommodells1915/16. Heidelberg: Springer, 2013: 1-60).

第一节 对玻尔模型的最初反应

索末菲对玻尔模型反应迅速，事实上早于卢瑟福学圈之外的任何物理学家。关于模型的“伟大壮举”，索末菲致信玻尔道：“用普朗克的 h 表示里德堡－里兹常数这一问题，长久以来就在我心头萦绕。”“您也将您的原子模型用在塞曼效应中吗？我曾想研究后者。”[①] 普朗克常量 h 成为索末菲研究日程上的焦点已有几年时间了。在他于 1911 年索尔维会议上发表的“h- 假说”[②] 中，索末菲认为，根据 $E\tau = h$，在“分子基本过程”中所涉及的能量 E 和时间 τ 相关。例如，在光电效应中，这一假说表明原子在时间间隔 τ 内不断累积辐射，直到发射能量为 E 的电子。索末菲还将这一假说应用于 X 射线产生（韧致辐射［Bresmstrahlen］）、放射性衰变和其他基本过程中，但这注定要失败。例如，正如索末菲于 1913 年 7 月所承认的那样，光电效应中的累积时间可达数年[③]。索末菲研究日程中的另一个量子主题则涉及气体分子运动论。1913 年 4 月在哥廷根的“气体周”会议中，索末菲依照德拜（Peter Debye）在固体比热理论中的方法，提出了一些关于气体量子化的想法。但他无法“满意地完成”这一理论[④]。

---

① 致玻尔，1913 年 9 月 4 日。NBA. 英译版被转载于 Hoyer 1981: 123 (Hoyer U. (ed.) Niels Bohr Collected Works, Vol. 2: Work on Atomic Physics (1912—1917) [M]. Amsterdam: North-Holland Publishing Company, 1981). 原版德文被转载于 p.603，以及 Eckert & Märker 2000：477.

② Sommerfeld 1911. (Sommerfeld A. Das Plancksche Wirkungsquantum und seine allgemeine Bedeutung für die Molekularphysik[J]. Physikalische Zeitschrift, 1911, 12:1057-1069) 关于 h- 假说的更多细节参见 Hermann 1969: 125-126, (Hermann, A. 1969. Frühgeschichte der Quantentheorie 1899—1913. Mosbach: Physik-Verlag) 以及 Eckert 2015(Eckert M. From X-rays to the h-hypothesis: Sommerfeld and the early quantum theory 1909—1913 [J].European Physical Journal Special Topic, 2015, 224: 2057-2073).

③ Sommerfeld 1913b: 711(Sommerfeld A. Unsere gegenwärtigen Anschauungen über Röntgenstrahlung [J]. Die Naturwissenschaften, 1913, 1: 705-713). 还可见于 Wheaton 1983: 180-189(Weaton B R. The Tiger and the Shark: Empirical Roots of Wave-Particle Dualism[M]. Cambrideg: Cambridge University Press, 1983).

④ 致希尔伯特，1913 年 10 月 14 日。SUB，Cod. Ms. D. Hilbert 379 A.

当这些关于“普朗克常量 h”的尝试迅速失利时，在索末菲最初反应中所提到的塞曼效应，随着 1912 年帕邢 – 巴克效应的发现，即从弱磁场中“反常”谱线分裂到强磁场“正常”谱线分裂的转化，得到了新的关注。索末菲试图通过扩展洛伦兹有关塞曼效应的经典理论来解释这一现象。他以各向异性振动（沿直角坐标系三个方向的三个略有不同的振动频率）来代替洛伦兹模型中电子的各向同性振动①。1913 年 1 月，他在给一位光谱学家卡尔·龙格（Carl David Tolmé Runge，1856—1927）的信中写道：“这些天里，我已经根据帕邢—巴克效应构思了一篇关于塞曼效应的论文，而我想问问您这是否是新的。”② 索末菲也和弗里德里希·帕邢（Friedrich Paschen，1865—1947）保持密切联系，帕邢告诉了索末菲近来他在塞曼效应上的测量值③。

索末菲还与沃耳德玛·福格特（Woldemar Voigt，1850—1919）通信交流他关于帕邢 – 巴克效应和塞曼效应的想法。福格特是一位磁光学上的权威，很早就提出了各向异性束缚电子的观点④。双方的交流几乎成了一场“非常不愉快的”较劲⑤。为了避免冲突，索末菲承认了福格特的优先权。但对于福格特相信这背后潜藏的物理模型，索末菲表示质疑。“只要我们没有一个光谱线的理论，每一个磁光学理论就仍是零碎的。”⑥

---

① Sommerfeld 1913a (Sommerfeld A. Der Zeemaneffekt eines anisotrop gebundenen Elektrons und die Beobachtungen von Paschen–Back [J]. Annalen der Physik, 1913, 345(4): 748–774).

② 致龙格，1913 年 1 月 17 日。德意志博物馆档案（DMA），编号 HS 1976-31。此外也见于 Eckert & Märker 2000 : 468–469.

③ 帕邢来信，未注明日期［1913 年 3 月 10 日左右］、1913 年 3 月 18 日、1913 年 3 月 21 日以及 1913 年 4 月 1 日。DMA，HS 1977–28/A，253. 未标明日期的那封信也见于 Eckert & Märker 2000 : 469–471.

④ 福格特来信，1913 年 1 月 26 日。DMA，HS 1977–28/A : 347.

⑤ 致其妻，1913 年 3 月 14 日，私人藏品。

⑥ 致福格特，1913 年 3 月 24 日。DMA，NL 89，015. 也见于 Eckert & Märker 2000 : 471–474.

第二节 试验场

玻尔模型提供了一种光谱线理论的前景。最具说服力的证据涉及一个被称为“皮克林线”的光谱线系，它被视为氢原子光谱线。而根据玻尔的理论，这些线则属于电离氦的光谱[①]。尽管在1914年春这一问题尚未最终解决，但主流光谱学家很重视玻尔的观点。

但对于塞曼效应，玻尔模型则几乎毫无作用。1914 年，索末菲在一篇论文中再次设法解决塞曼效应，不过他并没有用玻尔的模型，而是采用福格特的理论［Sommerfeld，1914］[②]。玻尔认为塞曼效应仅仅“由于电子角动量普遍不变的假说和磁理论之间的相似性，才有望得到解决。”[③] 但玻尔随后关于塞曼效应的笔记与这些期望不符[④]。在 1914 年 6 月 1 日致保罗·郎之万（Paul Langevin，1872—1946）的信中，索末菲说“玻尔模型有很多真理，但我也认为必须用一种基本方式将它再诠释。现在它会得到错误的磁值，这特别让人不安。”[⑤] 而正如一篇未公开的草稿中记录的那样，玻尔本人也清楚意识到了这一偏差[⑥]。

玻尔模型的另一个试验场是氢原子光谱线在电场中的分裂，1913 年分别由约翰尼斯・斯塔克和安东尼奥洛・苏尔多（Antonino Lo Surdo，1880—

① Kragh 2012 (Kragh H. Niels Bohr and the Quantum Atom: The Bohr Model of Atomic Structure 1913—1925 [M]. Oxford: Oxford University Press, 2012: 69–71).

② Sommerfeld 1914 (Sommerfeld A. Zur Voigtschen Theorie des Zeeman-Effektes [J]. Nachrichten von der Koniglichen Gesellschaft der Wissenschaften zu Gottingen. Mathematisch-Physikalische Klasse, 1914: 207-229).

③ 玻尔来信，1913 年 10 月 23 日。DMA，HS 1977-28/A，28。也见于 Eckert & Märker 2000：478-479.

④ Hoyer 1981: 325。玻尔的笔记发表于 1914 年 3 月。

⑤ 致郎之万，1914 年 6 月 1 日。ESPC, Langevin papers, L 76/53. 此外还见于 Eckert & Märker 2000：484-485.

⑥ Hoyer 1981: 261。经实验确定的磁矩的原子单位（“韦斯磁子”），是一个比沿氢核最小圆形轨道旋转的电子所产生的磁矩（“玻尔磁子”）要小的数量级。

1949）独立发现［Leone et al，2004］[①]。这一新发现立刻被视为一项挑战。地处柏林的帝国物理技术研究所（Physikalisch–Technische Reichsanstalt，简称 PTR）的所长埃米尔·瓦尔堡（Emil Warburg）认为斯塔克效应是一种"不能用经典电动力学解释"的现象。他看好玻尔理论，但也认为它仍需一些修正［Warburg，1913，p.1259，p.1266］[②]。天文学家卡尔·史瓦西（Karl Schwarzschild，1873—1916）用天体力学的一个类比——一颗沿着两颗恒星轨道运行的行星——来处理这一问题。通过增加一颗恒星（原子核）的质量（电荷），将其移至无穷远处，从而使行星（电子）的引力（电场）与另一颗恒星（原子核）的中心场的均值叠加，这种情况就相当于斯塔克效应组态。但是，这一组态中扭曲的电子轨道的周期与斯塔克的实验观测不符［Schwarzschild 1914a］[③]。1914 年 1 月和 2 月，玻尔与瓦尔堡和史瓦西交流了他自己对斯塔克效应的看法。他假定电场会使圆形轨道变形为椭圆形轨道。他得到了一个正比于外加电场强度的频移，与实验一致，但频移幅度却大约高出 30%[④]。

詹姆斯·弗兰克（James Franck，1882—1964）和古斯塔夫·赫兹（Gustav Ludwig Hertz）测量阴极射线在通过汞蒸气时汞原子的"电离电位"的实验，则是玻尔模型的第三个试验场。玻尔对这些实验提出了不同的解释，观察到的波峰[⑤]并不对应于离子化，而是对应于汞原子定态间的能量差[⑥]。

在 1914 年夏季学期召开的索末菲的研讨班中，玻尔模型的所有这些试验场得到了仔细的考察和讨论。玻尔在学期末拜访了索末菲，并亲自向研讨班

① Leone M, Paoletti A, Robotti N. A Simultaneous Discovery: The Case of Johannes Stark and Antonino Lo Surdo [J]. Physics in Perspective, 2004, 6: 271-294.

② Warburg E. Bemerkungen zu der Aufspaltung der Spektrallinien im elektrischen Feld [J]. Verhandlungen der Deutschen Physikalischen Gesellschaft, 1913, 15: 1259-1266.

③ Schwarzschild 1914a(Schwarzschild K. Bemerkungen zu der Aufspaltung der Spektrallinien im elektrischen Feld [J]. Verhandlungen der Deutschen Physikalischen Gesellschaft, 1914, 16: 20-24).

④ Hoyer 1981：321-323。

⑤ 这里的波峰指的是弗兰克 - 赫兹实验测量到的电流与电压的关系图中所呈现出来的峰值。

⑥ Kragh. 2012：143-146.

的参与者做了“论玻尔原子模型（着重于氦和氢的光谱）”的报告[①]。因此原子理论在索末菲研究日程上的排名甚高。但这些试验场都未能给玻尔理论提供一个不可推翻的确证。索末菲仍持观望态度，并未急着研究玻尔模型。

第三节　一门关于“塞曼效应和光谱线”的课程

第一次世界大战进一步推迟了原子理论领域的研究。当时索末菲 45 岁，不确定自己是否会被征募入伍。1914 年 10 月，他致信史瓦西道：“就我从总指挥部所听到的，他们似乎不是很急着要我服兵役。”“如果他们让我待在国内，这也无妨，反正在军事上，我从没觉得自己强。”他询问史瓦西有关塞曼效应理论的消息，因为如果不需要服兵役的话，他打算在即将到来的冬季学期讲授“塞曼效应和光谱线”[②]。

当索末菲清楚不需要服兵役之后，他恢复了对塞曼效应的研究，并将自己的专题讲座定为这一主题——正如他在与史瓦西的信中所宣称的那样[③]。他还与帕邢通信讨论了这一主题。“当看到复杂的塞曼效应时，您一定会大吃一惊的，”帕邢告诉了他有关反常塞曼效应的新测量结果[④]。1915 年 2 月，蒂宾根大学光谱学家和慕尼黑大学理论学家间的行话变成了“皮克林系”。“根据玻尔理论，福勒（William Hope Fowler，1876—1933）怀疑这些是氦原子谱线。”帕邢报告了英国主流光谱学家的观点，但他希望能亲自进行相关测量。“只有当实验完成时，我们才会公布证据。但不幸的是，由于战争，现在这是

① 物理学周三研讨班。DMA, 1997-5115. 玻尔在 1914 年 7 月 15 日的报告名为“Über das Bohrsche Atommodell, insbesondere die Spektren von Helium und Wasserstoff”.

② 致史瓦西，1914 年 9 月 31 日。SUB, Schwarzschild: 743。也见于 Eckert & Märker 2000: 485-487.

③ 致史瓦西，1914 年 11 月 18 日和 30 日。SUB, Schwarzschild: 743. 也见于 Voigt 1913 (Voigt W. Die anomalen Zeemaneffekte der Spektrallinien vom D-Typus [J]. Annalen der Physik, 1913, 42:210-230); Schwarzschild 1914b (Schwarzschild K. Über die maximale Aufspaltung beim Zeemaneffekt [J]. Verhandlungen der Deutschen Physikalischen Gesellschaft, 1914, 16: 24-40).

④ 帕邢来信，1914 年 12 月 15 日。DMA, HS 1977-28/A: 253.

不可能的。”[①] 对“皮克林线”的争论已出现在玻尔的慕尼黑研讨班中（“着重于氦和氢的光谱”）。索末菲肯定又在他的课上再次讨论了这一问题，所以在临近 1914 年冬季学期结束时，玻尔理论再次成为一个热门话题。索末菲写信给威廉·维恩（Wilhelm Wien）道：“这学期我讲授了玻尔的理论，而且我对他的理论极感兴趣，只要战争允许。”“但是，今天 10 万个俄国人甚至远比玻尔对巴耳末系的解释更壮丽。就后者而言，我有了不起的新成果。”[②]

从现有档案材料看，还不清楚索末菲在 1915 年 2 月取得了什么“新成果”，但肯定与斯塔克效应有关，因为他的助手，当时在法国北部西线服役的威廉·楞茨（Wilhelm Lenz，1888—1957），曾于 1915 年 4 月祝贺索末菲道：“对于您有关玻尔模型和斯塔克效应的发现，我感到很激动，并且也很好奇下一步的进展。”[③] 在另一封给威廉·维恩的信中，索末菲也提到了他的“发现”：“在过去的这个学期里，我根据玻尔的氢原子光谱理论得到了一个研究斯塔克效应的有趣方法。”[④] 导致索末菲的“发现”的关键想法，可能源于斯塔克近期发表的一篇关于巴耳末线系在电场中“精细分解”（fine-decomposition）的论文[⑤]。1915 年 1 月 16 日，索末菲研讨班上也讨论了“氢原子斯塔克效应中的光谱线分解数”[⑥]。如果一条巴耳末线由重合光谱线组成，而这些线来自于带有相同能量的不同轨道，那么当诸如外加电场的干扰改变了这些轨道的形状，从而使轨道能量不再相同时，这种重合便会消除。正是这一想法，引发了索末菲现在打算用来扩展玻尔模型的“有趣方法”。

① 帕邢来信，1915 年 2 月 7 日。DMA, HS 1977-28/A: 253.

② 致威廉·维恩，1915 年 2 月 22 日。DMA, NL 56, 005, C III。也见于 Eckert & Märker 2000: 491-493.“10 万个俄国人”这句话暗指俄国第 10 集团军在东普鲁士“冬季战役”中战败，当时约 10 万俄兵被俘。

③ 楞次来信，1915 年 4 月。DMA, NL 89, 059.

④ 致威廉·维恩，1915 年 5 月 3 日。DMA, NL 56, 005. 也见于 Eckert & Märker 2000: 493-494.

⑤ Stark J. Beobachtungen über den Effekt des elektrischen Feldes auf Spektrallinien. V. Feinzerlegung der Wasserstoffserie [J]. Nachrichten von der Königlichen Gesellschaft der Wissenschaften zu Göttingen. Mathematisch-physikalische Klasse, 1914: 427-444.

⑥ 物理学术周三研讨班，DMA, 1997: 5115.

第四节 向巴伐利亚科学院提交的两篇论文

在同一封提及其“发现”的信中，索末菲还写道，他没时间来精心推敲它，因为“战争物理问题”已经出现了[①]。而爱因斯坦的广义相对论更是加重了这种精力上的分散。1915 年夏季学期末，索末菲在与史瓦西的信中说道：“这学期，我根据爱因斯坦最近的柏林论文中所提到的内容来讲授了相对论。而且我热衷于此，几乎就像上学期对玻尔的那样。”[②] 如果当时索末菲已经进一步完善了玻尔模型，那他肯定会提到的。

最终触发了完善过程的事件可能是玻尔发表于 1915 年 9 月的论文《论辐射的量子论和原子的结构》[③]。在 1915 年 11 月 27 日的研讨班上，索末菲的演讲主题是“玻尔最近的研究工作”[④]。几天前，帕邢告诉索末菲他测量了“玻尔的氢系和氦系”，并得到了结论：“除了 4686 等谱线的复杂结构外，玻尔的理论已被完全证实了。”[⑤] 玻尔理论正确地将“4686”描述为电离氦的谱线，但未能解释仍存在的差异：它的精细结构。这时，索末菲在斯塔克效应中做出的光线精细分解的早期“发现”提供了一个解决办法。1915 年 11 月前他肯定已经将其完善，并给帕邢和爱因斯坦寄了两篇论文草稿，因为他们在回信中都提到了这些草稿[⑥]。“所以‘差异’是理论必需的！”帕邢祝贺道，“什

---

① 致威廉·维恩，1915 年 5 月 3 日。DMA, NL 56, 005. 也见于 Eckert & Märker 2000：493–494.

② 致史瓦西，1915 年 7 月 31 日。SUB, Schwarzschild: 743. 也见于 Eckert & Märker 2000：498–499.

③ 玻尔的论文重印在 392–413. 关于科赛尔的贡献见 Heilbron 1967 (Heilbron J L. The Kossel-Sommerfeld Theory and the Ring Atom [J]. Isis, 1967, 58: 451–485).

④ 物理学术周三研讨班。DMA, 1997–5115.

⑤ 帕邢来信，1915 年 11 月 24 日。DMA, HS 1977–28/A：253. 也见于 Eckert & Märker 2000：499–500.

⑥ 爱因斯坦来信，1915 年 11 月 28 日。DMA，HS 1977–28/A：78. 也见于 Eckert & Märker 2000：500–503. 帕邢来信，1915 年 12 月 12 日。DMA，HS 1977–28/A：253. 也见于 Eckert & Märker 2000：504–506.

么也比不上一个好理论！”①

1915 年 12 月 6 日，索末菲向巴伐利亚科学院报告了这两篇论文中的第一篇。在其中的一段中，他透露他在塞曼效应上的努力使他产生了玻尔模型需要进行基础扩展的想法，而从斯塔克效应那他知道应该如何将其完成：“洛伦兹关于塞曼效应的基础理论基于这么一个假设，即在每一条谱线中，一个各向同性振动的准弹性电子的三个等量基础振动重合。磁场并不产生新的振动，而是分解原有的振动……这种观点可以立刻被移到巴耳末系的斯塔克效应上。我们认为，大量非同源频率同时存在于每条巴耳末线中。电场以一种不同的方式影响着各种椭圆轨道，从而分解同源的频率。”② 三天后，1915 年 12 月 9 日，爱因斯坦告诉索末菲：“普朗克研究的问题与您的相似（分子系统相空间量子化）。”③1915 年 12 月 22 日，瓦尔特·科赛尔（Walther Kossel，1888—1956）在索末菲的研讨班上报告道，曼内·西格巴恩（Manne Siegbahn，1886—1978）的一个学生在博士论文中指出有确凿的证据可以证明，科赛尔从玻尔理论角度对 X 射线光谱的解释，是正确的④。索末菲从此言论中得出结论：同样的机制，即对同源频率的分解，也是之前无法解释的 X 射线双重线的成因。

圣诞假期后的 1916 年 1 月 8 日，索末菲向巴伐利亚科学院提交了第二篇论文，指出光谱线分解不仅只是外部干扰（如斯塔克效应中的电场）的结果，也是电子在量子化离心率椭圆轨道中的相对论性运动的结果。光谱线的精细结构因此被解释为一种相对论性效应，而 X 射线光谱双重线被视作精细结构在氢原子光谱中的延伸。索末菲写信给史瓦西道：“我指出，对于可观测

---

① 帕那来信，1915 年 12 月 30 日。DMA, HS 1977-28/A : 253. 也见于 Eckert & Märker 2000 : 513-514.

② Sommerfeld 1915b(Sommerfeld A. Zur Theorie der Balmerschen Serie [J]. Sitzungsberichte der mathematisch-physikalischen Klasse der K. B. Akademie der Wissenschaften zu München, 1915:449).

③ 爱因斯坦来信，1915 年 12 月 9 日。DMA, HS 1977-28/A : 78。也见于 Eckert & Märker 2000 : 503-504. 关于普朗克的工作，见 Eckert 2010 (Eckert M. Plancks Spätwerk zur Quantentheorie [A]. In Hoffmann D.(ed.). Max Planck und die moderne Physik [C]. Berlin: Springer, 2010: 119-134).

④ 物理学术周三研讨班。DMA, 1997-5115. 也见于 Heilbron 1967 : 465.

的 $Z = 20$ 至 $Z = 60$ 的所有元素，$\Delta_V / (Z-1)\Delta 4 = \Delta_{VH}!$ Δ_V =X 射线双重线频差，Δ_{VH} = 氢原子双重线频差。”氢原子双重线像 X 射线双重线在重元素光谱中那样表现出“极度放大”。“我相信我的量子化椭圆轨道理论正确解释了物理事实，并最终揭开了光谱线谜团的面纱。”①

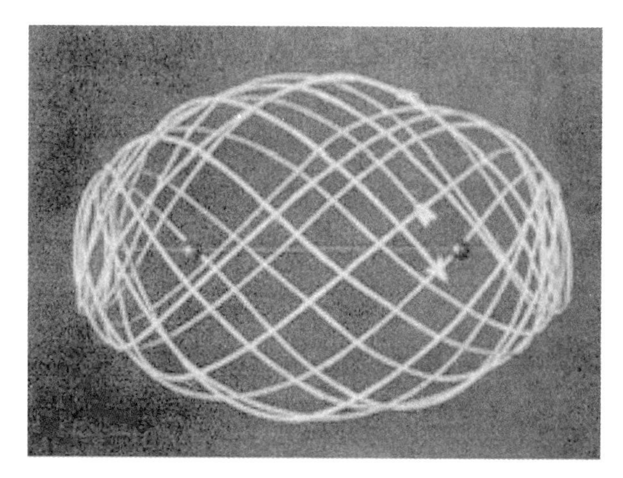

凭借这一表示一个电子绕双核轨道运行的模型，索末菲将氢分子离子可视化
（德意志博物馆供图）

虽然此理论取得了成功，但索末菲仍将其视为初步理论。“我最后刊印在科学院中的光谱线只是一种暂时的形式，”他向《物理学纪事》(*Annalen der Physik*)编辑威廉·维恩解释道，“它们将会以一种精炼的形式发表在《纪事》上。”

第五节　结论

索末菲的扩展并非一步到位，而是经过了几个阶段。本文所考察的阶段，从 1913 年夏玻尔发表“三部曲”到 1915 年 12 月和 1916 年 1 月索末菲向巴伐利亚科学院提交论文，标志着一个进程的开始。在此，笔者的目标是要再

① 致史瓦西，1915 年 12 月 28 日。SUB, Schwarzschild。也见于 Eckert & Märker 2000：509−511.

现这一进程的动态。最初索末菲打算研究关于塞曼效应（包括帕邢 – 巴克效应）和斯塔克效应的理论。在这方面，玻尔的理论失败了。在 1914—1915 学年冬季学期的一门课程中，索末菲回顾了新近的光谱学研究，并从近期一篇关于斯塔克效应的论文中得到了如何扩展玻尔理论，使其也能应用于磁场和电场的光谱线分裂的想法。他主要与帕邢和史瓦西通信讨论这些问题。在文章发表之前，他以专题讲座和研讨班作为讨论相关结果和介绍新概念的地方。

讽刺的是，索末菲从斯塔克关于巴耳末线在电场分裂的论文中得到了启发，但他并未将其转变为一个有关斯塔克效应的理论，从而在 1916 年春，使史瓦西和保罗·爱泼斯坦（Paul Sophus Epstein，1883—1966）间发生了一个戏剧性的角逐。塞曼效应理论也不是索末菲致力扩展的一部分。1916 年夏，他将其保留为一个单独的研究，但只能在正常塞曼效应的研究上站稳脚跟。反常塞曼效应仍是玻尔 – 索末菲模型的一个争论焦点。1921 年索末菲从量子理论角度重新演绎福格特的理论，并让他的天才学生维尔纳·海森伯（Werner Heisenberg）进一步完善，使得这一过程达到了高潮（Cassidy, 1979）①。但这是另一个故事了。

① Cassidy D C. Heisenberg's First Core Model of the Atom: The Formation of a Professional Style [J]. Historical Studies in the Physical Sciences, 1979, 10: 187-224.

第六章

爱因斯坦通往广义相对论之路

广义相对论是人类历史上最伟大的智力成就。1907年，爱因斯坦发现狭义相对论存在缺陷，他将相对性原理进行推广，提出等效原理；1912年，他认识到时空度规的非欧几何性质，引入度规张量；1913年，他和格罗斯曼合作提出“纲要理论”（*Entwurf Theorie*），差一点就得到正确的场方程，但放弃了。1915年11月25日最终得到场方程，对水星近日点进动现象给出了成功的解释，前后花了8年时间，走了不少弯路。在此过程中，爱因斯坦得到过许多人，比如贝索、格罗斯曼的及时帮助。他的理论最终能够成型，得益于他在数学家云集的哥廷根大学讲学，当然，这也为后来与希尔伯特的所谓优先权之争埋下了伏笔。他在与相互竞争的理论提出者进行或激烈或温和的论战中，更好地理解了自己的理论处境。广义相对论的创立，实际上是一个松散团队合作与竞争的结果。没有朋友的帮助和论敌的存在，广义相对论的完成恐怕还要历经许多年。在理论形成过程中，他就急于通过天文观测来验证自己尚不成熟的理论，甚至不惜自掏腰包。与此同时，他的生活也发生了巨大变化，从学界的外围成员变成重要成员，在“一战”前夕被招募到当时的科学中心，也是战争的风暴中心——柏林。爱因斯坦的广义相对论之路就是这种斑斓复杂的背景下形成的。

第一节　广义相对论理论的奠基者

2015 年是爱因斯坦（Albert Einstein，1879—1955）的广义相对论诞生 100 周年。世界各地几乎每月都有包括学术研讨会、公开演讲和新书发布会在内的各种纪念活动，最后的高潮是 11 月 30 日至 12 月 5 日在广义相对论的诞生地德国首都柏林举办的“广义相对论一百年”（A Century of General Relativity）纪念研讨会。中国的庆祝活动也不少，比如，中国科学院卡弗里理论物理研究所在 2015 年 5 月 4 日至 8 日在北京举办了“引力与宇宙学国际会议暨第四届伽利略 - 徐光启大会”（The International Conference on Gravitation and Cosmology / The Fourth Galileo–Xu Guangqi Meeting），来自世界各地的学者，就与广义相对论有关的各种议题进行了深入的讨论。

2015 年也是国际光年（The International Year of Light）。150 年前，麦克斯韦（James C. Maxwell，1831—1879）向英国皇家学会提交了包含其著名方程式在内的一篇长文，将电磁和光统一起来，电磁理论正式诞生。100 年前，爱因斯坦将引力纳入相对论框架，同时继承并超越了牛顿（Isaac Newton，1643—1727）和麦克斯韦的工作。科学理论在这种继承与超越中不断前行。

广义相对论被认为是人类认识大自然的最伟大的智力成就。著名物理学家爱因斯坦的挚友马克斯·玻恩（Max Born，1882—1970）曾说过，广义相对论“把哲学的深奥、物理学的直观和数学的技艺令人惊叹地结合在一起。”[①] 爱因斯坦是如何将这三者结合在一起的呢？这个问题更让人着迷。自从爱因斯坦广义相对论诞生后，有关其起源的历史研究就没有停止过。爱因斯坦本人在多篇文章和访谈中谈到这一话题，更增加了这一论题的复杂性。但正如 1933 年 6 月 10 日爱因斯坦在牛津大学所做的斯宾塞讲座（The

① 赫尔内克 . 爱因斯坦传 [M]. 杨大伟，译 . 北京：科学普及出版社，1979 : 54.

Herbert Spencer Lecture）中所说："如果你们想从理论物理学家那里发现他们所用方法的任何东西，我劝你们就得严格遵守这样一条原则：不要听他们的言论，而要注意他们的行动。"[①] 正是秉持这一宗旨，本文基于相关的历史资料，按时间发展线索，选择其中的三个方面，试图厘清其中的一些混淆，还原爱因斯坦通往广义相对论的曲折艰辛而又激动人心的历程。爱因斯坦丰富的想象力以及天才的物理直觉是其成功的关键。没有任何人能撼动爱因斯坦作为广义相对论理论的奠基者地位，但如果没有马塞尔·格罗斯曼（Marcel Grossmann，1878—1936）在数学方面的引导，贡纳尔·诺德斯特勒姆（Gunnar Nordström，1881—1923）等人在引力理论方面的挑战与竞争，尤其是他与大卫·希尔伯特（David Hilbert，1862—1943）在理论形成的最后冲刺阶段的相互角力，广义相对论的最终形成恐怕还要等待一些时日。

第二节　"思想实验"开启探索广义相对论之路

在爱因斯坦的一生中，"思想实验"（*Gedankenexperiment*）或"想象实验"起到非常重要的作用。谈到爱因斯坦的相对论，不得不提他的两大著名"想象实验"："骑在光束上前行"（ride on a beam of light）的思想实验和"升降机实验"。

爱因斯坦16岁时感到迷惑的"骑在光束上前行"的想象实验，在狭义相对论建立的过程中起到了很重要的作用。26岁时他终于解决了这一问题。狭义相对论建立在两条基本假定（assumptions）之上：相对性原理和光速不变原理。相对性原理来自伽利略（Galileo Galilei，1564—1642）对哥白尼地动说的证明。物理定律在一切惯性参考系中具有相同的形式，任何力学实验都不能区分静止和匀速运动的惯性参考系。这成为经典力学的一个基本原理，又称伽利略相对性原理。爱因斯坦将之推广到包括电磁学在内的整个物

① 爱因斯坦．爱因斯坦文集（1）[M]．许良英，等编译．北京：商务印书馆，2009：444.

理学领域，他指出：任何力学和电磁学实验现象都不能区分惯性参考系的运动状态，包括静止或者匀速运动。第二条假设——光速不变原理——是爱因斯坦的独创。无论在何种惯性参照系中观察，光在真空中的传播速度相对于该观测者都是一个常数，不随光源和观测者所在参考系的相对运动而改变。从这两个假定出发，他推导出一些结论，如果一个物体以接近光速的速度运动，就会有时间变慢、长度收缩和质量增加的现象。最为人知的结论就是 $E=mc^2$。在牛顿那里，无论时间、长度和质量都是绝对不变的量。19 世纪发现的能量守恒定律也暗含着，能量在所有物理和化学过程中都不变，但按照爱因斯坦的质能公式，质量与能量是可以转化的。这样一来，爱因斯坦的狭义相对论就彻底改变了自牛顿以来的关于时间、空间、质量和能量的看法。而追踪溯源，导致这一切的来自于一个 16 岁少年的“想象实验”。

一般而言，一个新理论的出现，总是在旧的理论遇到了实验上的反例，或与其他理论之间不融洽时发生的，但广义相对论诞生的历史，似乎改变了上述看法。首先，广义相对论并没有迫切的实际问题需要解决。水星近日点的进动是个问题，实测值比用牛顿理论的计算值每世纪多 43 秒。但整个学界并没有大惊小怪，没有把它看成是非常严重的问题，人们或对牛顿理论稍做修正，通过假设还有一个未被发现的行星来解释，或试图修正平方反比定律。总之，这种反常现象尚在容忍范围之内。光线弯曲、红移现象、宇宙膨胀、引力透镜以及黑洞等，都是在广义相对论出现之后才开始被关注的现象。那么，爱因斯坦的广义相对论又是基于何种理由而建构的呢？它是由一位“孤独的天才”所完成的一场革命性的范式转换吗？显然不是。

与狭义相对论相似，广义相对论也从两条基本假定开始：一是广义相对性原理。物理定律在一切参考系中都具有相同的形式。狭义相对性原理虽然把伽利略相对性原理推广到了整个物理领域，但并不包括非惯性参考系。爱因斯坦把相对性原理推广到一切参考系，从而提出了广义相对性原理。二是等效原理。引力场中一切物体都具有相同的加速度，惯性质量等同于引力质量。

等效原理

（在封闭的电梯里，人们无法判断到底是在有引力的情况下处于静止，还是在没有引力的情况下做加速运动）

众所周知，狭义相对论建立在两条基本原理之上：相对性原理和光速不变原理。在提出狭义相对论后不久，爱因斯坦就发现了其局限性。在普鲁士科学院的就职演讲中，他说："狭义相对论，在理论上是不能完全令人满意的，因为它给匀速运动以优越的地位。"[①]"我们是否能这样来表达物理学中的定律，使它们在所有的坐标系中，即不单是在相互做匀速直线运动的系统中，而且在相互作任意运动的坐标系中都是有效的呢？……我们是否能够建立起一种在所有坐标系中都有效的名副其实的相对论物理学呢？或者说，能否建立只有相对运动而没有绝对运动的一种物理学呢？"[②]答案是肯定的。

给予惯性系以优越地位，在爱因斯坦看来，无论从认识论，还是美学角度，都是讲不通的。为此，他将相对性原理推广到任意参考系，成为"广义相对性原理"。用他自己的话说，"我们把'广义相对性原理'理解为下述陈

① 派斯．上帝难以捉摸：爱因斯坦的科学与生活 [M]. 方在庆，李勇，译．北京：商务印书馆，2017：305.

② 爱因斯坦，英费尔德．物理学的进化 [M]. 周肇威，译．北京：中信出版社，2019：207-208.

述：所有参考物体……不论它们的运动状态如何，对于描述自然现象（表述普遍的自然界定律）都是等效的。”①

可是问题并没有解决。如果没有惯性系，那惯性力怎么办？并非所有的非惯性系都有惯性力，如何处理惯性力？爱因斯坦注意到，惯性力与引力之间有相同之处，它们都与质量成正比。所有其他的力都起源于相互作用，但惯性力不是。当时只知道有两种力：电磁力与万有引力。电磁学与狭义相对论没有矛盾，而万有引力无论如何都融不进去。按照牛顿的说法，万有引力是一种没有时间延迟的（瞬间的）超距作用，而按照光速不变原理，没有任何物理效应能够以比光更快的速度传播。

在广义相对论的建立过程中，“想象实验”起到了同样重要的作用。没有升降机的想象实验，就没有等效原理的诞生，也就没有广义相对论。通过思想实验，爱因斯坦意识到了引力与加速度之间的关系。

“我正坐在伯尔尼专利局的一张椅子上，忽然一种思想打动了我：假如一个人自由落下，他不会感觉到自己的重量。我不禁大吃一惊，这个简单的思想实例，给我以深刻的印象，他把我引向到引力论，我继续沿着我的思路发展下去，下跌者在加速，他所感觉和判断的东西发生在加速度参照系中，我决定把相对论扩展到加速度参照系中去；我觉得这样做就能同时解决地心引力问题，下跌者不可能感觉到自己的重量，因为在他的参照系中，有一个新的引力场，抵消了地球引力场，在这个加速参照系中，我们需要一个新的引力场。”②

这个让他“大吃一惊”的领悟，开启了长达八年的推广狭义相对论之路。这一想法被他称之为“我一生中最快乐的思想”（*der Glücklichste Gedanke meines Lebens*）③。

---

① 爱因斯坦．狭义与广义相对论浅说 [M]. 杨润殷，译．上海：上海科学技术出版社，1964：51-52.

② 爱因斯坦．我是怎样创造相对论的？[M]// 纽卫星，江晓原，编．科学史读本．上海：上海交通大学出版社，2008：263.

③ 派斯．上帝难以捉摸：爱因斯坦的科学与生活 [M]. 方在庆，李勇，译．北京：商务印书馆，2017：226.

从伽利略时代开始，人们就认识到引力质量与惯性质量是相等的。但对其内在机制，却一直没有深究。“引力质量”决定了物体在地球表面的重量，或者说，决定了它与其他物体之间的相互吸引；“惯性质量”决定了使物体加速需要施予多大的力。牛顿虽然也注意到两者从定义上讲是完全不同的，但它们却总是相等，也就没有深究其中的原因。在爱因斯坦看来，“我们唯有承认一个事实才能得到满意的解释，这个事实就是：物体的同一个性质按照不同的处境或表现为‘惯性’，或表现为‘重量’（字面意义是‘重性’）。”①

爱因斯坦用思想实验来检验惯性质量与引力质量之间的等效性。设想一台封闭的升降机正在没有重力的外太空加速向上运动，那么升降机内部的人所感受到的向下的力乃是起因于惯性质量。而如果封闭的升降机静止于引力场中，那么升降机内部的人所感受到的向下的力乃是起因于引力质量。而惯性质量总是等于引力质量。“由这种相当性得知，不可能用实验去发现一个坐标系究竟是在加速的，还是在沿直线匀速运动着，而所观察到的结果则是由引力场所引起的……一旦引入了引力，它就粉碎了惯性系这个概念。”②

1913 年 9 月 23 日，在维也纳举办的德意志自然科学家和医生协会第 85 届年会上，爱因斯坦做了一场报告谈到了“引力问题的现状”。他又拿出自己一贯的专长，用思想实验来说明这一点。他让听众设想两个物理学家从睡梦中醒来，发现自己站在一个封闭的箱子里，四壁是不透明的，但他们所有的仪器都还在。他们将无法发现箱子到底是静止于地球的引力场中，还是受某种神秘外力的作用向上做匀加速运动③。

① 爱因斯坦．狭义与广义相对论浅说 [M]. 杨润殷，译．上海：上海科学技术出版社，1964：55.

② 爱因斯坦．爱因斯坦文集：第 1 卷 [M]. 许良英，编译．北京：商务印书馆，2010：533-534.

③ 爱因斯坦．爱因斯坦全集：第 4 卷 [M]. 刘辽，主译．长沙：湖南科学技术出版社，2002：443-444.

换句话说，一个被加速的实验室中的物理学和一个均匀引力场中的物理学是一样的。加速度与引力是一回事，这就是所谓的等效原理。这套原理与相对性原理在结构上很相似。按照相对性原理：在实验室内部，无法判定一个状态是静止的还是在以恒定的速度运行。而按照等效原理：在实验室内部，无法区别引力的效应和加速度的效应。引力和加速度是等效的。在一个封闭的房间里，没法做一个实验来判断，你到底是在有引力的情况下处于静止，还是在没有引力的情况下做加速运动。

等效原理的一个后果便是，引力场时间节奏要变慢，光线会发生偏折。在《论引力对光的传播的影响》中，爱因斯坦预言了光通过太阳附近的引力场时发生的现象："在太阳附近经过的一条光线，将受到……0.83 弧秒的偏转。既然在日全食中位于太阳附近那一部分天空中的各恒星会变成可见的，那就有可能把理论的这一推论和经验进行比较……非常希望的是，天文学家们能够过问此处所提的问题，即使这里所提的这些想法显得不够可靠乃至有些大胆。因为，除了任何理论之外，我们必须问问自己：引力场对光的传播的一种影响到底能不能用目前已有的仪器来加以探测？"①

爱因斯坦急于通过实验来验证自己的理论。1913 年 10 月 14 日，爱因斯坦给发现太阳黑子磁场的美国著名天文学家，威尔逊山天文台台长乔治・海耳（George E.Hale，1868—1938）写信，请求通过天文观测来验证自己的假设："一个简单的理论上的考虑，就能表明光线在引力场中会发生偏转的假设是有道理的。……因此，如果能知道在最靠近太阳的地方——在那里，白天（无日食）应用最大倍率的望远镜仍能看见明亮的恒星，那是有最大意义的事情了……我想请您告诉我，凭您在这方面的丰富经验，用现有的手段，您认为能获得什么样的成果？"② 爱因斯坦当然知道日全食是最佳的观测时刻，但他不能等。事实上，爱因斯坦早就与德国年轻的天文学家埃尔温・弗洛因德

① 爱因斯坦．爱因斯坦全集：第 3 卷 [M]. 戈革，译．长沙：湖南科学技术出版社，2002：391.

② 爱因斯坦．爱因斯坦全集：第 5 卷 [M]. 范岱年，主译．长沙：湖南科学技术出版社，2002：517-518.

里希（Erwin Freundlich，1885—1964）讨论过白天观察恒星的可能性。1913年11月8日，海耳给爱因斯坦回信，说他“担心在充分的日光之下不可能测定这种效应”，因为“靠近太阳的天空，即使在良好的观察条件下，其亮度仍大为增加。”“现在我很难说在什么距离上，明亮的恒星可以被观察到，只有等观测之后才能决定。”另外，观测时间的限制、气候条件、测量仪器的精度等因素都会影响观测结果。“相反，利用日食的方法看来很有希望，因为这种方法排除了所有上述困难，而且使用照相术可以测定大量恒星。所以我强烈倾向于推荐这一计划。”①

检验只有在日食期间才能做，而未来三年内不会出现合适的日全食。等1914年8月21日的日全食来临时，第一次世界大战已经开打了快一个月。弗洛因德里希被俄军俘获，装备被没收，观测当然也没有进行。这也许是件幸事。因为爱因斯坦正确预测值是1911年估算的两倍。爱因斯坦之所以急于验证，是有他的考虑的。当他得知弗洛因德里希想通过其他观测验证自己的理论时，他说：“我完全清楚，通过实验来解答这个问题并非是件容易的事。因为太阳大气层的折射有可能会有影响。不过有一点可以肯定：如果偏转不存在，那么这个理论的这些假设就是错的。必须记住，这些假设尽管似乎是合理的，但他们毕竟是十分大胆的假设……大自然并不认为让我们能更容易地发现她的规律，是她分内的事。”②

① 爱因斯坦．爱因斯坦全集：第5卷[M].范岱年，主译．长沙：湖南科学技术出版社，2002：524.

② 爱因斯坦．爱因斯坦全集：第5卷[M].范岱年，主译．长沙：湖南科学技术出版社，2002：298.

爱因斯坦在威尔逊山天文台海耳图书馆（1931 年 1 月）[①]

第三节　从物理直觉到数学表达式

从 1907 年开始广义相对论之旅，到 1915 年最终完成，爱因斯坦走了一条相当不平坦的道路。1908 年 2 月，在担任瑞士联邦专利局二级职员的同时，他还兼任伯尔尼大学无薪讲师，在伯尔尼大学教课。1909 年，他彻底离开专利局，到苏黎世大学任理论物理学副教授。1910 年，次子爱德华（Eduard，

① 左上方悬挂的是海耳肖像。从左自右：赫马森（Milton L. Humason）、哈勃（Edwin P. Hubble）、圣约翰（Charles E. St. John，1857—1935）、迈克尔逊（Albert A. Michelson）、爱因斯坦、坎贝尔（William W. Campbell，1862—1938）和亚当斯（Walter S. Adams，1876—1956）。赫马森是哈勃的忠实助手，坎贝尔为里克天文台台长，对验证光线弯曲感兴趣，但最初并不相信爱因斯坦的理论。1922 年，他率队远赴澳大利亚进行日全食观测，得出了支持爱因斯坦理论的结果。亚当斯继海耳之后任威尔逊山天文台台长，1925 年，他通过对天狼星 α 的伴星——天狼星 β 的测量，初步验证了引力红移。圣约翰是海耳在威尔逊山天文台的一位合作者，最初怀疑相对论，后半生却花大量精力验证相对论。

1910—1965）出生。1911 年 3 月，到布拉格任德语大学理论物理学正教授。其间，1909 年 9 月，应邀在萨尔茨堡参加德国自然科学家和医生协会第 81 次年会，并在会上做了《我们关于辐射的本质和结构的观点的发展》的报告，受到学界元老普朗克的赏识。1911 年 10 月，爱因斯坦受邀参加在布鲁塞尔举办的第一届索尔维会议——当时物理学界的高峰论坛。在此之前，他基本上是独自一人，单枪匹马，从这时开始，出现与人合作发表论文，申请专利的情形。最大的改变，是大学教授的身份带来的。作为教授，爱因斯坦必须上课，尽管他对教学并没有太大乐趣，可备课和讲课却花了他不少时间和精力。

上课之余，这段时间爱因斯坦将更多的精力放在量子理论上，量子理论的疑惑远比引力问题更重要更迫切。

一直到 1911 年，爱因斯坦并没有将所有的时间都花在引力问题和对相对性原理的推广上。到了 1911 年 6 月，他又回到引力问题。1912 年 2 月和 1912 年 3 月，他接连提交了两篇关于引力的文章：《光速和引力场的静力学》和《静引力场理论》。在第二篇文章投稿后，又附上一篇“投稿后追记”，提出了“时间弯曲而空间平直的模型”，还提出了“光速在引力场中不是常数”，“等效原理只对无限小的场成立”，“引力场能量密度带来的引力场是非线性的”等观点。

大概在 1912 年夏，爱因斯坦认识到推广的相对论的数学问题与高斯曲面几何之间的类似性，这一类似性使得爱因斯坦得出结论，引力场不能用标量势描述，必须用 10 分量的度规张量来描述，这是迈向广义相对论的极重要的一步。在这一点，他的朋友埃伦费斯特（Paul Ehrenfest，1880—1933）在 1909 年提出的所谓“埃伦费斯特悖论（Ehrenfest Paradox）”对他是非常有启发的[①]。“埃伦费斯特悖论”最初是讨论相对论中刚性圆盘的转动问题。骑过旋转木马（merry-go-around）的人都知道，“当旋转木马静止时，它的周长等于 π 乘以直径。但是当它旋转时，它的圆周要比内部运动得更快。根据相对论，圆周将比内部收缩更多（因为速度越大，空间收缩就越大），这必定

① Stachel J. Einstein from ‘B’ to ‘Z’ [M]. Basel: Birkhäuser, 2001: 270.

会使旋转木马发生变形，使周长小于π与直径的乘积。结果，它的表面不再是平直的，空间被弯曲了，基于平面和直线的欧几里得几何变得不再适用。”①而这就要用到 19 世纪中叶由德国数学家黎曼（Georg Riemann，1826 —1866）发明的一种弯曲空间的几何。在这种几何中，“空间不再具有刚性，而且有可能参与物理事件。”

1912 年 8 月爱因斯坦从布拉格回到母校苏黎世联邦理工学院任教。在这之后的一年多时间里，他对自己的研究工作曾有过短暂的怀疑。这与他在数学上遇到的问题有关。为此，他经常向自己的大学同学，联邦理工学院的数学教授格罗斯曼请教。大学期间，格罗斯曼是一位循规蹈矩的好学生，以工整的听课笔记著称，正是通过复习格罗斯曼的听课笔记，爱因斯坦通过了多门功课的考试。大学毕业后，爱因斯坦找不到固定工作，在格罗斯曼父亲的帮忙下，才在伯尔尼的瑞士联邦专利局找到一份三级专利技术员的工作。格罗斯曼可谓爱因斯坦生命中的贵人。爱因斯坦在自己的博士论文的扉页上写着“献给我的朋友格罗斯曼博士”。正是在格罗斯曼的指导下，爱因斯坦学习了张量理论，以及由克里斯托夫（Elwin Bruno Christoffel，1829—1900）发起，里奇（Gregorio Ricci-Curbastro，1853—1925）和列维 - 契维塔（Tullio Levi-Civita，1873—1941）完善的绝对微分学（absolute differential calculus）。格罗斯曼促进了爱因斯坦在数学与理论物理学之间的独特的综合。他们两人于 1913 年合作发表的第一篇论文:《广义相对论和引力理论纲要》(*Entwurf einer verallgemeinerten Relativitätstheorie und einer Theorie der Gravitation*)，②被认为是广义相对论发展史上两篇有重要影响的论文之一。这篇论文的数学部分由格罗斯曼执笔，物理部分由爱因斯坦执笔。正是在这篇被后世称为“纲要理论”的论文中，爱因斯坦在他的新思想与相适应的数学方法相结合上做了第一次尝试。1912 年 10 月 29 日，在给索末菲的信中，他说，“我现在正专门研究引力问题。而且相信，我能够在这里的一位数学家朋友帮助下克

① Robinson A. Einstein: a Hundred Years of Relativity[M]. New York: Harry N. Abrams, 2005: 75.

② 爱因斯坦 . 爱因斯坦全集：第 4 卷 [M]. 刘辽，主译 . 长沙：湖南科学技术出版社，2002 : 258-295.

服困难。有一点可以肯定：即在我一生中，从没有对一件事花过那么大的气力，对数学我产生了巨大的敬意。以我愚昧之见，直到现在，我还认为研究数学中更为奥妙的部分，纯粹是一种奢华。与这个问题相比较，原来的相对论那不过是儿戏而已。”[①]

爱因斯坦与格罗斯曼（苏黎世附近格罗斯曼家房前，1899 年 5 月）

“纲要理论”与两年多后爱因斯坦发表的最终定稿在一些重要特征上是相同的：引力场由度规张量表示，引力对其他物理过程的影响由广义协变方程表示。但“纲要理论”有明显的不尽如人意之处。他们并未如愿以偿地找到一个广义协变理论。甚至不能确信他们的方程是否允许采用转动参照系，因之难以确立转动系与静止系间的等价性。它得出的结果与水星近日点进动的观测值不符，他想致力于从经验上检验自己理论的努力又没有成功。

① 爱因斯坦 . 爱因斯坦全集：第 5 卷 [M]. 范岱年，主译 . 长沙：湖南科学技术出版社，2002 : 467.

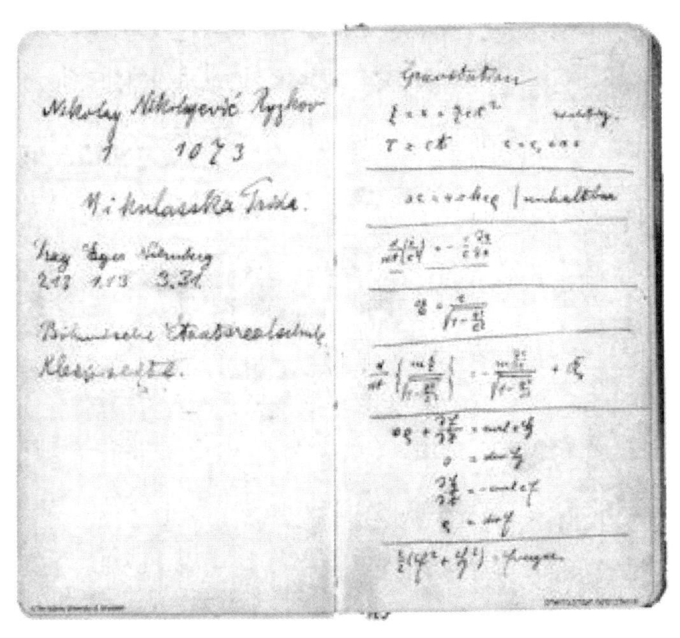

爱因斯坦度规张量的演算手迹

根据保存下来的“苏黎世日记”，爱因斯坦经常在坚持物理理念与数学处理手法之间徘徊[①]。爱因斯坦为了坚持守恒定律限制了坐标系的选择；为了维护因果性，放弃了广义协变性的要求。尽管前途未卜，他还是充满信心：“大自然只把狮子的尾巴显露给了我们。但我确信无疑，狮子是个庞然大物，尚不能立即全部显露在我们眼前。我们见到的就像叮在狮子身上的虱子所见到的一样。”[②]

当爱因斯坦 1914 年春天从苏黎世到柏林之后，他与格罗斯曼的合作就结束了。“纲要理论”的一些缺陷甚至让他对自己的理论丧失信心。不过，无论从哪方面讲，两人的合作为广义相对论的最终完成奠定了基础。

1936 年格罗斯曼去世后，爱因斯坦给他的夫人写了一封感人的信，说格罗斯曼“早年满怀希望，成果累累，晚年多难。”说他“是一个模范同学……

① 参见 Norton J. How Einstein Found His Field Equations: 1912—1915 [J]. Historical Studies in the Physical Sciences, 1984, 14: 253-315.

② 爱因斯坦 . 爱因斯坦全集：第 5 卷 [M]. 范岱年，主译 . 长沙：湖南科学技术出版社，2002：556-557.

和老师关系很好……而我呢，孤独寂寞，不满现状，不太讨人喜欢”。他也谈了格罗斯曼帮他找工作：“没有他的帮助，我虽不会死，但也会在精神上崩溃的。”他还讲了“10 年之后的狂热合作”[①]。

在去世前一个月，爱因斯坦还写到了格罗斯曼同他的合作，说格罗斯曼如何“检索文献，并且马上发现那个数学问题已经由黎曼、里奇和勒维－契维塔解决了……黎曼的成就最大。”在这篇文章里，爱因斯坦写道：“我需要在自己在世时至少有一次机会来表达我对马塞尔·格罗斯曼的感激之情……这个愿望，给了我写这篇……自传草稿的勇气。”[②]

芬兰物理学家诺德斯特勒姆

爱因斯坦又花了近两年的艰苦努力，才克服上述困难。在这期间，他与德国物理学家亚伯拉罕（Max Abraham，1875—1922）、米（Gustav Mie，1869—1957）以及芬兰物理学家诺德斯特勒姆（Gunnar Nordström）等人就引力问题展开了讨论。

诺德斯特勒姆 1912 年发表的引力理论是一个狭义相对论的标量引力。在诺德斯特勒姆 1913 年 6 月底访问苏黎世时，爱因斯坦与他进行了讨论，之后，诺德斯特勒姆对自己的理论进行了修订[③]。在维也纳召开的德意志自然科学家和医生协会第 85 届年会上，爱因斯坦讨论了诺德斯特勒姆修订过的

① 派斯．上帝难以捉摸：爱因斯坦的科学与生活 [M]. 方在庆，李勇，译．北京：商务印书馆，2017：284–285.

② 原文出自 Carl Seelig 编《光明的时代，黑暗的时代》（*Helle Zeit, dunkle Zeit*）. Europa Verlag, Zürich, 1956：9–17。中文译文见爱因斯坦．爱因斯坦文集：第 1 卷 [M]. 许良英，编译．北京：商务印书馆，2010：54.

③ Isaksson E. Der finnische Physiker Gunnar Nordström und sein Beitrag zur Entstehung der allgemeinen Relativitätstheorie Albert Einsteins [J]. NTM-Schriftenreihe für die Geschichte der Naturwissenschaften, Technik und Medizin, 1985, 22(1): 29–52.

理论，并在会后与米和诺德斯特勒姆等人进行了激烈的辩论。他认识到，诺德斯特勒姆的理论可能是除“纲要理论”之外较为可信的理论。他反对这个理论的主要理由是该理论不能像“纲要理论”那样可以解释周围质量的引力效应以及物体的惯性间的关系。但是对于这两个理论孰优孰劣，他认为从当时的经验数据上是很难判断的。“究竟是第一种还是第二种方案实质上与自然符合，应由日食过程中出现在离太阳很近的星体的照片来决定。我们希望 1914 年的日食将给出这一重要判决。”[①] 任何时候爱因斯坦都没有忘记经验证据的作用。

诺德斯特勒姆与爱因斯坦之间是一种友好的竞争关系，在某种程度上，也可以说成是合作关系，他们视对方为友好伙伴，而非对手。诺德斯特勒姆公开称赞爱因斯坦的工作，并两次提名爱因斯坦应因其相对论而获诺贝尔奖。目前，诺德斯特勒姆的标量理论主要用作学习广义相对论的一种教学手段[②]。

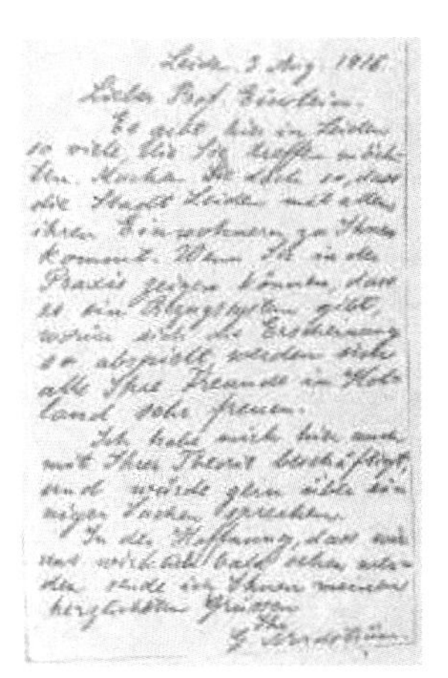

诺德斯特勒姆写给爱因斯坦的明信片（ 正反面 ）

① 爱因斯坦 . 爱因斯坦全集：第 4 卷 [M]. 刘辽，主译 . 长沙：湖南科学技术出版社，2002：455.

② Norton J D. Einstein and Nordström: Some Lesser-Known Thought Experiments in Gravitation [M]// Earman J, et al. (eds.) The Attraction of Gravitation: New Studies in the History of General Relativity. Boston: Birkhäuser, 1993: 129-172.

1914年5月，爱因斯坦与洛伦兹以前的学生，荷兰青年物理学家福克（Adriaan Fokker，1887—1972）合作发表了一篇严格遵守广义协变性要求的引力理论的简短论文，即《从绝对微分学的观点看诺德斯特勒姆的引力理论》，发现从绝对微分运算和广义协变性的要求出发，可以证明诺德斯特勒姆的理论只是爱因斯坦－格罗斯曼理论的一个特例，其标志是光速不变这一附加条件；爱因斯坦－格罗斯曼理论包含着光的弯曲，而诺德斯特勒姆的理论没有光的弯曲[①]。

尽管还是探索中，爱因斯坦对自己理论的信心增强了。1915年7月，爱因斯坦应邀到哥廷根讲学，做了六次2小时的报告。他试图让哥廷根的一帮数学家相信自己的引力理论。他做到了！他的讲课效果极好，把希尔伯特（David Hilbert）这样的大家吸引到引力理论的研究中来。尽管爱因斯坦知道希尔伯特在数学上占有优势，但他们之间还是及时报告相互的研究进展。与此同时，也暗中较劲，加快了研究步伐。

1915年10月与11月，爱因斯坦集中精力探索新的引力场方程。先后于11月4日、11日、18日和25日，每周一次，一连四周向普鲁士科学院递交了四篇论文。他终于得到了场方程，并对水星近日点进动给出了满意的解释。此时已经充分完善化的广义相对论使以前的对手彻底黯然失色。诺德斯特勒姆于1916年将其注意力转而投向了广义相对论。一年之后，"纲要"理论最严厉的批评者之一米也抛弃了自己的理论，开始研究爱因斯坦的理论了，爱因斯坦的广义相对论大获全胜。

由于在早期忽略或轻视了数学的作用，尽管有天才的物理直觉，爱因斯坦行走起来也步履艰难，幸亏有朋友相助，以及竞争对手的压力，才最后达成目标。关于数学，爱因斯坦有着与其他物理学家不一样的看法。他在《自述》中说："我在一定程度上忽视了数学，其原因不仅在于我对自然科学的兴趣超过对数学的兴趣，而且还在于下述奇特的经验。我看到数学分成许多专

---

① 爱因斯坦．爱因斯坦全集：第4卷[M]．刘辽，主译．长沙：湖南科学技术出版社，2002：540-546.

门领域，每一个领域都能费去我们所能有的短暂的一生。因此，我觉得自己的处境像布里丹的驴子一样，它不能决定究竟该吃哪一捆干草①。这显然是由于我在数学领域里的直觉能力不够强，以致不能把真正带有根本性的最重要的东西同其余那些多少是可有可无的广博知识可靠地区分开来。此外，我对自然知识的兴趣，无疑也比较强，而且作为一个学生，我还不清楚，在物理学中，通向更深入的基本知识的道路是同最精密的数学方法联系着的。只是在几年独立的科学研究工作以后，我才逐渐地明白了这一点。”②

写这段话时，爱因斯坦已是 67 岁的老人了。这也是他对物理与数学关系的一个总结，但我们不能由此责备爱因斯坦，最天才的人也有自己的弱项。公允地说，没有数学工具，还有朋友相助，但没有天才的物理直觉，一切都无从谈起。

第四节　优先权中的是是非非

爱因斯坦是广义相对论的“唯一创造者”（sole creator）。这是希尔伯特及其同事都承认的事实，也是目前学界的主流观点，尽管有极少数人有不同看法③。本文认为，尽管希尔伯特本人从未主张过优先权，但抹杀希尔伯特贡献的做法同样也是不可取的。恰恰相反，目前学界对希尔伯特的贡献强调的还不够。

事实上，希尔伯特在爱因斯坦的最终文章发表前 5 天，在哥廷根科学院做的题为《物理学的基础》（*Die Grundlage der Physik*）的报告中得出了类似的场方程。这就导致了科学史上的一场公案。有人认为爱因斯坦涉嫌剽窃，尽管不一定是从希尔伯特处得到的。公正起见，最起码应称为“爱因斯坦－

① 布里丹是 14 世纪的法国哲学家，他提出的驴子困境指一头驴子处在两堆干草之间，不知道该选哪一堆。爱因斯坦用此来比喻自己对众多的数学分支不知该选哪一个。

② 爱因斯坦．爱因斯坦文集：增补本第 1 卷 [M]. 许良英，编译．北京：商务印书馆，2009：7.

③ 卢昌海．小楼与大师科学殿堂的人和事 [M]. 北京：清华大学出版社，2014.

希尔伯特场方程”（Einstein–Hilbert field equations）。吊诡的是，希尔伯特自己并不主张这方面的优先权，他声称是爱因斯坦得到了正确的场方程，而之后他也独立地得到了。有学者发现，希尔伯特的报告虽然早于爱因斯坦，但最终发表物却比爱因斯坦的要晚几个月。在保存的校样中，有明显的修改痕迹①。当然，还是有学者力挺希尔伯特的②。

公允地说，爱因斯坦的广义相对论最初在德国并没有多少听众。爱因斯坦在引力论研究中所采用的不同寻常的方法，一开始就使得他的工作遭到非议。爱因斯坦也感到无可奈何。甚至在他与格罗斯曼合作的“纲要理论”发表之前，他就致信埃伦费斯特，期待“当论文发表后会在同行中引起一阵不满的喋喋私议”。甚至他未来的同行，对狭义相对论的发展作出过重要贡献的普朗克和冯·劳厄也对爱因斯坦的最新工作抱怀疑态度。

当普朗克和能斯特 1913 年去苏黎世邀请爱因斯坦到柏林来时，他询问爱因斯坦在进行什么工作，爱因斯坦向普朗克描述了那时的广义相对论。普朗克说：“作为老朋友，我劝你别搞了。首先，你不会成功的；其次，即便你成功了，也没有人相信你。”③

爱因斯坦 1914 年 1 月给好朋友贝索的信中，谈到了物理学家对他的引力理论的态度。“物理学家对我的引力研究工作多少采取否定态度，涉及到原理性考虑时，不能去找劳厄，也不能找普朗克，倒是可以找索末菲。（上了年纪的）德国人简直没有自由的、不带偏见的眼光（他们被蒙上了双眼）。”④

德国物理学界的普遍反对并未使爱因斯坦感到沮丧。他告诉弗洛因德里希，他很高兴地看到同行们对他的理论发生了兴趣，“即使他们目前的意图

---

① Corry L, Renn J, Stachel J. Belated Decision in the Hilbert-Einstein Priority Dispute [J]. Science, 1997, 278 (5341): 1270-1273.

② Friedwart Winterberg 对上述 Cory-Renn-Stachel 论文的评论，见 Zeitschrift für Naturforschung A, 2004, 59 (10): 715-719.

③ 派斯．上帝难以捉摸：爱因斯坦的科学与生活 [M]. 方在庆，李勇，译．北京：商务印书馆，2017：302-303.

④ 爱因斯坦．爱因斯坦文集：第 1 卷 [M]. 许良英，编译．北京：商务印书馆，2010：107-108.

仅仅是为了扼杀这个理论"[①]。爱因斯坦似乎认为，比起对理论不理不睬，对理论进行批判要好得多。只有在哥廷根，爱因斯坦才有了被理解的感觉。希尔伯特、克莱因（Felix Klein，1849—1925）、艾米·诺特（Emmy Noether，1882—1935）等一大批训练有素的数学家，不但能跟上爱因斯坦的思路，还能参与进来，给爱因斯坦以灵感。

爱因斯坦在哥廷根受到追捧，让他心情愉快。他也很喜欢哥廷根的研究氛围，对比自己年长17岁的希尔伯特，更是充满了好感。作为德国科学家的知名人物，俩人是极少数的几位不在臭名昭著的《致文明世界的宣言》上签字的有良知的知识分子。俩人都反对战争，反对沙文主义，主张学者间的国际合作。1915年7月7日，爱因斯坦在写给自己的好友苏黎世的仓格尔（Heinrich Zangger，1874—1957）的信中，在谈到了"骇人听闻的战争状态持续时间越久，人们怀着不知从何而来的愚蠢的仇恨心理相互撕咬就越是凶恶"之后，这样写道："不过在这样的时代，我却为了个别的人而感到双倍的高兴，因为他们超凡脱俗，不为时下的令人沮丧的潮流所裹挟。哥廷根的数学家希尔伯特便是这样的一个人。我在哥廷根待了一个星期，认识了他，也对他产生了敬爱之情。我在那里作了6场每次两个小时的讲演，介绍今天已经被搞得一清二楚的引力理论，由于那里的数学家们完全被说服而高兴。至于爱好科学的热烈气氛——起码在这个领域，柏林与哥廷根是不可同日而语的。"[②]

爱因斯坦在哥廷根的讲学为他赢得了一些追随者。希尔伯特正是在与爱因斯坦紧张的相互刺激的讨论中，萌发了亲自参与竞争行列的念头。

在高度紧张的气氛中，爱因斯坦逐渐迈向了正确的方向。同年11月份，连续4个星期（11月4日、11日、18日和25日），爱因斯坦向普鲁士科学院每周提交一篇论文，每一次都推翻前面的观点，最后在25日得到了漂亮的

---

① 爱因斯坦．爱因斯坦全集：第5卷[M]．范岱年，主译．长沙：湖南科学技术出版社，2002：506.（爱因斯坦1914年1月20日左右致弗洛因德里希的信）.

② 爱因斯坦．爱因斯坦全集：第8卷上[M]．杨武能，主译．长沙：湖南科学技术出版社，2009：143-144.

场方程。这期间他与希尔伯特之间通信密切。

仔细考察这段时间爱因斯坦与希尔伯特之间的通信，可以发现一些非常有趣的现象。

在 1915 年 11 月 28 日写给索末菲的信中，爱因斯坦说："我今天才答复您的友好而有趣的来信，请您不要对我生气。可是最近这一个月，是我的生命中最使我激动、最令我紧张的时期，当然也是成果最大的时期。其间我根本不可能想到写信。"但这一说法并不适用于爱因斯坦与希尔伯特之间。从 11 月 7 日至 19 日，两人之间有 6 次信件往来。无论谁有了新的结论，对方都想在第一时间知道，指出其中的不足，表明自己已走在对方的前面。即使承认对方的成就，也要表示自己在想法上超越了对方。这是一种既竞争又合作的关系。在爱因斯坦"百米冲刺"的最后阶段，11 月 13 日希尔伯特提出邀请，让爱因斯坦亲自到哥廷根。11 月 15 日，爱因斯坦给希尔伯特回信道："对于您的研究工作我怀着巨大的兴趣，加之我常常是绞尽脑汁，想在引力和电磁之间搭一座桥。您在明信片上的暗示，让人怀着最大的预期。尽管如此，我还不得不说，眼下我不准备去哥廷根，而是要耐心地等到我能够认真地研究您印好的论文中所讨论的那个系统之时；因为我极度的疲惫，而且还受到胃痛的折磨。请您——如果可能的话，给我寄一本您的研究论文的校样来，以便消除我的不耐心的情绪。"①

1915 年 11 月 18 日，爱因斯坦给希尔伯特写信道："我今天提交给科学院一篇论文，其中我从广义相对论出发，不借助于任何假设，便以定量的方法推导出奥本·尚·约瑟夫·勒维耶（Urbain Jean Joseph Le Verrier，1811—1877）所发现的水星近日点运动。迄今为止，任何引力理论都未曾达到这一点。"② 这有点宣示主权的意味。

11 月 19 日，希尔伯特给爱因斯坦回信，向爱因斯坦表示祝贺的同时，暗示自己的理论包含了作为引力之补充的电磁这个事实："非常感谢您的明信

① 爱因斯坦 . 爱因斯坦全集：第 8 卷上 [M]. 杨武能，主译 . 长沙：湖南科学技术出版社，2009：200.

② 爱因斯坦 . 爱因斯坦全集：第 8 卷上 [M]. 杨武能，主译 . 长沙：湖南科学技术出版社，2009：203.

片，最衷心地祝贺您拿下了近日点运动。如果我能像您那样算得那么快，那么在我的公式中电子就会不得不相应地举手投降，同时氢原子也会给我写一张道歉条，说明为什么它不发出辐射啦。”同时，希尔伯特还对爱因斯坦的进展非常关心。“如果您能让我随时了解您的最新进展，我将感激不尽。”①

在这之后，两人之间的通信暂停了一段时间。正是与希尔伯特之间密切的意见交换，让爱因斯坦加快了进程，在最后一周（1915 年 11 月 18 日）前放弃了一直到还在坚持的“纲要理论”中的看法②。但当他得知希尔伯特也得出了场方程，而且明显地也吸收了自己的思想，但并没有事先知会时，心中颇感不快。

1915 年 11 月 26 日，也就是在他向普鲁士科学院提交第四份报告之后第二天，在写给好友仓格尔的信中，爱因斯坦吐露了自己的心声。“广义相对论问题现在已获得最终的解决。水星近日点运动将通过理论得到完美的解释…… 这理论之完美真是无可比拟。不过，只有一位同行真正理解了它，并试图以巧妙的方式‘合法承认’（nostrifizieren）它。而在我自己的经验中，几乎从来没有哪一次像这个理论似的，让我有机会更好地体验到世人之可悲以及伴随着出现的人情冷暖。然而对此我并不在意。”③

希尔伯特像

这里虽然没有点名，但却是暗指希尔伯特。对于希尔伯特没有说明来源，就将“纲

① 爱因斯坦．爱因斯坦全集：第 8 卷上 [M]. 杨武能，主译．长沙：湖南科学技术出版社，2009 : 204.

② Earman J, Glymour C. Einstein and Hilbert: Two months in the History of General Relativity [J]. Archive for History of Exact Sciences, 1978, 19: 291–308.

③ 爱因斯坦．爱因斯坦全集：第 8 卷上 [M]. 杨武能，主译．长沙：湖南科学技术出版社，2009 : 224. 译文有改动。对于德文 nostrifizieren,《爱因斯坦全集》第八卷中文版的译法是“吃掉”。笔者认为值得商榷。nostrifizieren 是一个动词，有“[通过合法途径] 使……得到承认”的意思。相应的英文翻译为 partake，表达了分享的意思，但也没有转达德语动词 nostrifizieren 的真实含义．

要理论”中的几个元素并入到自己关于引力与电磁统一理论当中，采用广义协变场方程，而不指出其在物理学的解释，爱因斯坦感到愤慨。

希尔伯特向爱因斯坦道了歉，尽管理由有点牵强，说他忘记了爱因斯坦在哥廷根做的报告[①]。

从保存下来的希尔伯特文章的校样看，正确的方程式是希尔伯特于 1915 年 12 月 6 日补进去的，旁边加了一行字——“根据爱因斯坦的”。

希尔伯特从未主张过自己是广义相对论的共同创造者，更不用说唯一的创造者了。爱因斯坦担心自己的成果被别人抢走，反应过度是可以理解的。在这方面，我们不能过于苛求。差不多一个月后的 1915 年 12 月 20 日，爱因斯坦给希尔伯特写了一封信，首先感谢希尔伯特举荐自己成为哥廷根科学院通讯院士，之后，他直截了当地谈到了自己的感受：“在我们之间曾经出现过某种不和谐的状况——其原因我并不想加以分析。我同与此相连的痛苦情绪进行了一番搏斗，并取得了完全的成功。我又回忆起您那种纯洁无瑕的和蔼可亲，请您也试图这样对我。客观而言，当两个真正的男子汉（zwei wirkliche Kerle），一点点从这个衰败破落的世界摆脱出来时，却不能给彼此带来快乐，那就太遗憾了。”[②]

很快他们之间就和好如初。希尔伯特还试图帮助爱因斯坦的助手弗洛因德里希在哥廷根找工作，弗洛因德里希因为自身的原因，不能专心致志地从事广义相对论的观测验证工作，这是爱因斯坦的一个心病。爱因斯坦曾与普朗克商量，要么让弗洛因德里希在普鲁士王国天文台进行更加独立的工作，要么就为其在大学找一个位置。希尔伯特的努力当属后者。1916 年 3 月，爱因斯坦访问了哥廷根大学，就住在希尔伯特家中。在后来的岁月中，希尔伯特在哥廷根大学专门讲授的课程中就有一门是爱因斯坦的广义相对论。他称“这是爱因斯坦的最伟大的成就”。

① Neffe J. Einstein: Eine Biographie [M]. Hamburg: Rowohlt, 2005: 253.

② 爱因斯坦 . 爱因斯坦全集：第 8 卷上 [M]. 杨武能，主译 . 长沙：湖南科学技术出版社，2009：224. 译文有改动 .

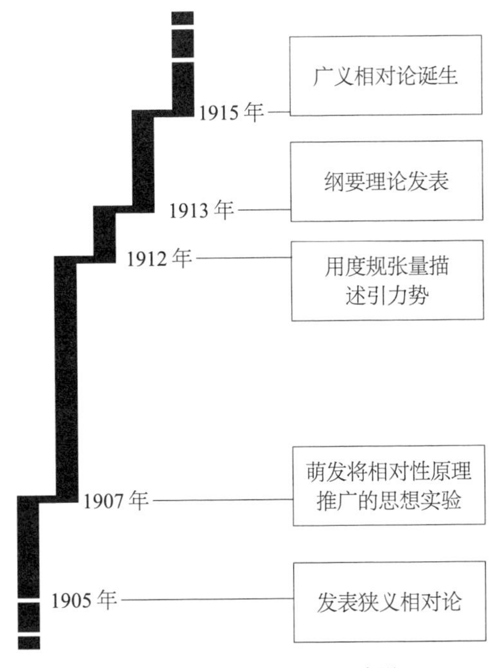

广义相对论诞生的重要阶梯

至此为止，本来就不存在的所谓的希尔伯特与爱因斯坦的优先权之争应该可以落下帷幕了。笔者认为，所谓的“希尔伯特与爱因斯坦的优先权之争”，其实是不存在的。没有人能撼动爱因斯坦作为广义相对论奠基者的地位，但如果没有希尔伯特与爱因斯坦在最后关头互相促进，爱因斯坦的场方程的最终形式的得出还要有些时日。在承认爱因斯坦奠基者地位的同时，同时必须承认希尔伯特在这一过程中所起的非常有效的辅助作用。尤其是最后关头与希尔伯特的意见交换，扮演着重要的角色。

爱因斯坦的广义相对论之路，远比本章叙述的要复杂得多。他经受了更多的磨难，同时也获得更多的思想刺激。他用生动的思想实验来支撑自己强大的物理直觉，面对巨大无比的数学困难，顽强抵抗，几乎是拼尽最后的力气，才从绝望和筋疲力尽中恢复过来，获得成功。

广义相对论的发现历程，是人类思想史上最壮观的景象之一，更是德国理论物理学的重要成就，其中每一个细节，无论是爱因斯坦所走的弯路、与数学家的亲密合作还是对德国理论物理学发展的影响，都值得后人深究。

第七章

弗洛因德里希与广义相对论在德国的早期检验①

在广义相对论的历史上，弗洛因德里希扮演了一个特别的角色。他是第一个对广义相对论感兴趣并致力于为广义相对论寻找天文学证据的天文学家，也是长期以来一直给予广义相对论实际支持的唯一一位德国天文学家。然而，在多种因素的制约下，他早期检验广义相对论的种种努力并未有任何实质的收获。与德国一流天文学家的正面交锋也令他的科学事业一度陷入困境，检验广义相对论的工作直到威廉皇帝物理研究所成立才逐渐恢复。1919 年从英国传来的好消息给爱因斯坦塔的建立提供了契机，这个新天文台成为验证广义相对论的新阵地。本章一方面着重呈现弗洛因德里希在 1911—1920 年间为检验广义相对论所做的工作，另一方面借助他的检验工作及事业发展来揭示德国天文学界早期对广义相对论的态度。

第一节　广义相对论天文学检验的开始

1911 年 6 月，爱因斯坦完成了一篇论文《论引力对光的传播的影响》①，扩展了他 1907 年对引力问题的思考。在等效原理的基础上，他推出了两条结

① 爱因斯坦 2002a（爱因斯坦．爱因斯坦全集：第 3 卷 [M]. 戈革，译．长沙：湖南科学技术出版社，2002：383-346）.

论，其一是太阳光的谱线与地上光源的对应谱线相比要稍微偏向红色一端，即引力红移效应；其二是光线在引力场中会弯曲。爱因斯坦这时开始正式将引力问题作为自己的主要研究对象。从初期发展的静态引力场理论到后来推广至一般化的引力场理论，他经过近五年的艰苦努力才得到了心目中理想的相对性引力理论——“广义相对论”。尽管这一过程几经周折，但是他并没有等到尘埃落定时才提出要对自己的理论进行检验，相反，早在 1911 年的文章中，他就清晰地表明自己的态度：“非常希望的是天文学家们能够过问此处提的问题。”[①] 完成文章几个月后，他找到了天文学家弗洛因德里希（Erwin Freundlich）[②]。

此后，弗洛因德里希就踏上了检验广义相对论的漫长旅程[③]，他为这项工作付出了诸多努力。早在 1914 年，他就为检测光线的弯曲效应远赴俄国观测日食，但第一次世界大战的爆发使他功亏一篑[④]。在对引力红移效应的研究毫无进展的情况下，他开创性地使用统计学的方法来研究恒星光谱线的红移。在主管爱因斯坦塔（*Einsteinturm*）期间，他又多次组织观测日食的行动。到 20 世纪 20 年代末期，为了得到更清晰的日食图像以及更精确的测量值，他设计了一种特殊的天文照相仪[⑤]。

然而，说到广义相对论的天文学检验，人们联想到的人物往往是爱丁顿（Arthur Stanley Eddington，1882—1944）。1919 年 11 月 6 日，英国皇家学会与皇家天文学会举行联席会议，宣布爱丁顿等人率领的英国日食远征队最终证实了广义相对论预测的光线弯曲效应，从而使广义相对论成了世人关注的焦点，爱因斯坦也随之在国际上声名鹊起。而爱丁顿作为证实了爱因斯坦预测的天文学家，自然也得到了不少的关注。他的工作不仅获得了爱因斯坦的赞扬，而且还被赋予一种更深远的意义：它象征着德英两国科学界的通力合作，

---

① 爱因斯坦 2002a（爱因斯坦．爱因斯坦全集：第 3 卷［M］．戈革，译．长沙：湖南科学技术出版社，2022：391）．

② 他在 1939 年去英国后改名为 Erwin Finlay-Freundlich.

③ 这里有必要指出，到了 20 世纪 30 年代初，弗洛因德里希开始走向了反对广义相对论的道路。

④ 一些学者认为，如果弗洛因德里希那时成功地拍摄到了日食照片，也许尴尬的人将会是爱因斯坦。因为爱因斯坦在 1911 年预测的理论值是最终理论值的一半，到 1915 年他才纠正了这个错误。

⑤ Hentschel 1997 (Hentschel K. The Einstein Tower: An Intertexture of Dynamic Construction, Relativity Theory, and Astronomy [M]. Stanford: Standford University Press, 1997: 103).

为修缮这两个前敌对国的关系起到了重要作用。

相较之下，弗洛因德里希的科学发现之旅就显得一波三折。突如其来的战争不仅使他失去了观测日食的机会，还令他遭受牢狱之灾。而且，他检验广义相对论的工作不但长期得不到德国同行的响应，还招来了他在柏林皇家天文台（Königliche Sternwarte）的上司斯特鲁维（Hermann Struve，1854—1920）的不满。他为检验广义相对论做出的种种努力，甚至因为与当时的德国天文学会主席兼慕尼黑大学天文学教授赛利格（Hugo von Seeliger，1849—1924）的争论而沦为同行的笑谈，这给他的科学声誉留下了抹不去的污点。他的科学事业从此步入低谷。这一困境的产生与德国天文学界对广义相对论的普遍反对不无关系。

弗洛因德里希与爱因斯坦以及广义相对论之间的这层关系，令他成为了广义相对论在德国的早期接受史中一个不可回避的人物。本文的初衷是考察弗洛因德里希在 1911—1920 年间对广义相对论所做的检验工作，同时，借此来审视广义相对论早期在德国的处境。

国内鲜有学者对弗洛因德里希做过系统的介绍，国外有专门的研究，从 20 世纪七八十年代开始，国外陆续有科学史家写文章来介绍弗洛因德里希。《科学家传记词典》(*Dictionary of Scientific Biography*）中有关弗洛因德里希的小传[①]算是这类文章中较早的一篇。现任斯图加特大学历史研究所教授的亨切尔（Klaus Hentschel）对弗洛因德里希的研究最为详细。他的专著《爱因斯坦塔：建筑、天文学和相对论的互相交织》(*The Einstein Tower: An Intertexture of Architecture, Astronomy, and Relativity Theory*）围绕弗洛因德里希和爱因斯坦塔来展开叙述，详细介绍了弗洛因德里希的生平和研究工作，同时也重点介绍了爱因斯坦塔的由来、内部环境以及在纳粹上台前这里开展的研究工作。从内容来看，这本书可以看成是弗洛因德里希的个人传记，但它仍缺乏一些细节，例如弗洛因德里希在 1911—1913 年间做的一些检验工作以及 1914 年日食远征的过程。

本章援引的主要一手文献是 *The Collected Papers of Albert Einstein*（下称

① Forbes 1972 (Forbes E G. Freundlich, Erwin Finlay [M] //Gillispie C C. (ed.) Dictionary of Scientific Biography, Vol, 5. New York: Charles Scribner's sons, 1981: 181-184).

CPAE）的中文版《爱因斯坦全集》（下称《全集》）的第3、5、6、8、9、10卷[①]。作为补充，笔者还查阅了有关弗洛因德里希的其他重要二手文献[②]。此外，本文还参考了其他相关的二手文献：有关广义相对论的起源，广义相对论在德国的接受史，有关天体物理学兴起的历史以及光谱线红移的历史等。

第二节　与爱因斯坦展开合作

一、初入天文学界

弗洛因德里希[③]1905年到1910年在哥廷根大学接受了数学、天文学以及

---

① 爱因斯坦 2002a（爱因斯坦全集：第3卷[M]. 戈革，译．长沙：湖南科学技术出版社，2002）

爱因斯坦 2002b（爱因斯坦全集：第5卷[M]. 范岱年，主译．长沙：湖南科学技术出版社，2002）.

爱因斯坦 2009a（爱因斯坦全集：第6卷[M]. 吴忠超，主译．长沙：湖南科学技术出版社，2009）.

爱因斯坦 2009b（爱因斯坦全集：第8卷[M]. 杨武能，主译．长沙：湖南科学技术出版社，2009）.

爱因斯坦 2013a（爱因斯坦全集：第9卷[M]. 方在庆，申文斌，主译．长沙：湖南科学技术出版社，2013）.

爱因斯坦 2013b（爱因斯坦全集：第10卷[M]. 申文斌，主译．长沙：湖南科学技术出版社，2013）.

② Crelinsten 2006 (Crelinsten J. Einstein's Jury: The Race to test Relativity [M]. Princeton: Princeton University Press, 2006); Pyenson 1974 (Pyenson L. The Goettingen Reception of Einstein's General Theory of Relativity [D]. Baltimore: Johns Hopkins University, 1974); Pyenson 1985 (Pyenson L. The Young Einstein: The Advent of Relativity [M]. Boston: Adam Hilger, 1985).

③ 关于弗洛因德里希的出生及教育经历，见 Forbes 1972. Pyenson 1974：（134 只简要提及了教育经历）、Batten 1985（Batten A H. Erwin Finlay-Freundlich, 1885—1964 [J]. Journal of the British Astronomical Association, 1985, 96 (1):33-35)、Hentschel 1994 (Hentschel K. Erwin Finlay Freundlich and Testing Einstein's Theory of Relativity [J]. Archive for History of Exact Sciences, 1994, 47: 143-201)、Hentschel 1997：5-6. 福布斯（Forbes）及贝敦（Batten）都曾是弗洛因德里希在圣安德鲁斯（St. Andrews）大学任教期间的学生。亨切尔的两篇文章关于弗洛因德里希的家庭背景及求学经历的介绍大同小异，也是这几篇文章中最为详细的。另外，福布斯的文章有好几处错误，这里只列举3处：弗洛因德里希并没有检验水星进动，1913年发表的文章也不是关于水星进动的，爱丁顿1919年对广义相对论的验证也不是关于水星的。

物理学方面的教育①，并得到了天体物理学家史瓦西（Karl Schwarzschild）及数学家克莱因（Felix Klein）的指导。在克贝（Paul Koebe，1882—1945）的建议下，他选择函数分析作为博士论文的研究方向。弗洛因德里希的毕业成绩并不算优秀，其博士论文被克莱因评为第三等；数学口试只拿了“及格”。克莱因给予弗洛因德里希的评价是“要从他那得到准确的答案，很难”，也提到“他对数学的很多领域都十分感兴趣”②。无论如何，这个25岁的年轻人最终还是顺利拿到了博士学位。毕业之际，在克莱因的推荐下，他获得了在柏林皇家天文台工作的机会③，被安排做台长斯特鲁维的助理研究员，正式走上了天文学家的职业道路。

在弗洛因德里希进入天文学界的时期，一门与天文学相关的新学科早已兴起，这是一个值得注意的背景。这个学科的名字“天体物理学”（Astrophysics）很能反映该学科的特点：涉及天文学和物理学的交叉学科④。尽管英德等欧洲国家在传统天文学上具有的优势也在天体物理学上得到了体现，但从19世纪末开始，美国天体物理学发展得更为迅猛。在太平洋周边建立的美国天文台拥有相当优良的设备及绝佳的大气观测环境，成为天体物理学研究的前沿阵地，如坎贝尔（William Campbell）领导的里克天文台（Lick Observatory）及海耳（George Hale）领导的威尔逊山天文台⑤。

---

① Hentschel 1997 第一章中的注释 3（p. 160）列出了弗洛因德里希在哥廷根的第一年参加的部分课程。

② Hentschel 1997：5-6.

③ 福布斯的文章提到的入职时间是 1910 年 7 月 1 日，但 Hentschel 1997 的说法是克莱因在 1910 年 7 月底才帮弗洛因德里希谋求到这个职位。

④ Meadows 1984(Meadows A J. The Origins of Astrophysics[M] //Gingerich O. (ed.) Astrophysics and Twentieth-Century Astronomy to 1950. Cambridge: Cambridge University Press, 1984: 3-15) 认为“天体物理学”这个名字反映了天文学家觉得物理学与天文学的关系比起化学与天文学的关系要更紧密，也提到 19 世纪的许多科学家将光谱学视为化学的一个分支（p.14）。关于测光法（photometry）、光谱学（spectroscopy）和摄影术（photography）的早期发展及其对天体物理学的发展起到的作用，亦可参考 Hermann and Krisciunas 以及 Lankford 在 Astrophysics and Twentieth-Century Astronomy to 1950 中的两篇文章 .

⑤ Crelinsten 2006：11.

20世纪初，德国只有一所国家资助的天体物理天文台[①]——波茨坦天体物理天文台（Astrophysikalisches Observatorium，下称波茨坦天文台），在1876年建成。在建成后的二十余年时间里，该天文台在天体物理学研究中做出了开创性的工作[②]。相比于波茨坦天文台，弗洛因德里希就职的柏林皇家天文台是传统天文学的阵地。他每日的工作内容包括编制星表、利用子午环进行测量、观测恒星光度等常规工作事项[③]。就在他毕业的前一年，即1909年，哥廷根的天体物理学教授史瓦西被任命为波茨坦天文台的台长，继续关于恒星大气的辐射转移理论的研究，同时也开始进行光谱学研究。接受过史瓦西指导的弗洛因德里希自然对天体物理学研究不会陌生。然而此时的他也许并不清楚自己真正的研究兴趣，也不可能预见到自己5年后想尽办法摆脱柏林皇家天文台指派给他的沉重任务，甚至还希望进入波茨坦天文台学习天体物理学方面的观测技术。而这一切的改变都源于一次偶然的机会。

二、初识爱因斯坦

在1911年8月的一天，弗洛因德里希接受了一个任务，接待从布拉格德语大学来这里参观的人。就在这天，他认识了布拉格德语大学宇宙物理研究所的演示员波勒（Leo Pollak，1888—1964）[④]。弗洛因德里希妻子后来的回忆[⑤]表明，弗洛因德里希从波勒口中得知了爱因斯坦即将发表的新理论，并且立即对它产生了兴趣。波勒回到布拉格后又在1911年8月24日给弗洛因德里希写了一封信，除了寄去爱因斯坦文章的校样之外，还向他指出需要对这篇

① 天体物理学研究并不只出现在专门的天文台，普遍的天文台也会纳入一些天体物理学研究。据Crelinsten 2006（p. 19）称，在20世纪头十年，天体物理学研究占天文台整个研究的比重以英国为最高。但这些都不及美国在天体物理学上的投入。可参考Crelinsten 2006（p. 20）中一些欧洲学者对于美国天体物理学的看法。

② Hermann D B. Potsdam Astrophysical Observatory [M]//Gingerich O. (ed.) Astrophysics and Twentieth-Century Astronomy to 1950. Cambridge: Cambridge University Press, 1984: 130-133.

③ Hentschel 1997: 6, 37.

④ Pyenson 1974: 31.

⑤ 弗洛因德里希的妻子回忆到波勒告诉她丈夫，爱因斯坦遗憾地表示没有天文学家对他的理论产生兴趣，而她丈夫当晚就写信给爱因斯坦表达合作的意愿。见Pyenson 1974: 315。

文章中的两个预测——引力红移效应和光线在引力场中的弯曲效应进行天文学上的检测，同时转达了爱因斯坦对于能在太阳系的行星上检测光线弯曲效应强烈的怀疑态度[①]，最后希望他能提供一份关于天文学检验的进一步报告[②]。弗洛因德里希写给爱因斯坦的信已经遗失，但从爱因斯坦9月1日的信来看，弗洛因德里希很可能在信里提及了如下内容：首先，他担心太阳大气层的折射作用会对观测产生很大影响，建议用木星替代太阳作为观测对象；其次，针对爱因斯坦的要求，他建议着手检验已有的日食照片，也许能够从中发现有用的信息。对于第一个建议，爱因斯坦在回信中表示，他仍十分怀疑是否能检测到木星上的效应，但他对第二个建议相当感兴趣，并且也期待看到弗洛因德里希利用这一方法获得的结果[③]。弗洛因德里希很快就投入到寻找日食照片的工作当中去了。

第三节　对引力理论的初步检验：1911—1913

一、测量日食照片

弗洛因德里希向爱因斯坦建议先对已有的日食照片展开测量，这自然是考虑到组织一次日食远征行动并非一件易事。日食现象并不常有，而且日食远征耗钱、耗时、耗力，成败还需要几分运气，因此，若已有的日食照片能提供证据来证明爱因斯坦预言的光线弯曲效应，那么日食远征就没有必要了。

① 在《论引力对光的传播的影响》这篇文章中，爱因斯坦计算出木星上光的弯曲效应为太阳效应的0.01倍。这么小的效应在当时的技术水平下很难探测到。

② 信出自爱因斯坦的档案：波勒1911年8月24日致弗洛因德里希的信。此处参考的是爱因斯坦2002b，文件278的注释6和文件281的注释2及5；Pyenson 1974: 316；Pyenson 1985: 229以及Hentschel 1997：6.

③ 爱因斯坦2002b，文件281（爱因斯坦1911年9月1日致弗洛因德里希的信）。

很可能在国内天文台（如波茨坦天文台及汉堡天文台[①]）的搜寻无果[②]，他开始寻找与国外天文台联系的机会。

1911年10月的一天，时任阿根廷国家天文台台长的珀赖因（Charles Perrine，1867—1951）途经柏林，打算在此逗留几小时。得知此消息的弗洛因德里希拜访了他。珀赖因早前曾任职于里克天文台，对“火神星[③]问题”的研究令他在天文学界有一定的知名度[④]。弗洛因德里希此番前来的目的正是希望向珀赖因请教一个问题：里克天文台拍摄的日食照片有没有可能用来测量光线弯曲效应。珀赖因则认为，无论是为了观测日冕还是寻找水内行星拍摄的照片恐怕都不适合用来测量光线弯曲效应。前者由于曝光时间短、视域较小，因此包含的恒星数量少；后者中的太阳处于一个十分奇特的位置，对于测量光线弯曲效应是不利的。尽管如此，珀赖因仍建议他给里克天文台写信索要“火神星”的照片，同时还提议他也可以向其他天文台询问日食照片[⑤]。弗洛因德里希遵循了珀赖因的建议，在1911年11月25日向哈佛大学天文台、美国海军天文台、里克天文台以及英国的天文台[⑥]发出了信函。而在哈佛天文台台长皮克林（Edward Pickering，1846—1919）的建议下，他又向史密森尼天文台（Smithsonian Astrophysical Observatory）发出了询问信。到了次年的2月，同时发出的大多数信都得到了天文台的回应，只有里克天文台

① 爱因斯坦在爱因斯坦2002b的文件281中提到过“汉堡天文台”。

② 在1913年的总结报告“论检验爱因斯坦提出的光在引力场的弯曲的尝试”（Freundlich 1913［Freundlich E. Über einen Versuch, die von A. Einstein vermutete Ablenkung des Lichtes in Gravitationsfeldern zu prüfen [J]. Astronomische Nachrichten, 1913, 193 (20): 369-372］.）中，弗洛因德里希并未提及德国照片的情况。

③ 为解释水星近日点的异常进动，一些天文学家曾设想在水星轨道内存在一颗行星。19世纪法国的一位数学家以罗马神话中的火神星（Vulcan）为这个水内行星命名。

④ Baum R, Sheehan W. In Search of Planet Vulcan: The Ghost in Newton’s Clockwork Universe [M]. New York: Basic Books, 2003: 238-239.

⑤ Perrine C D. Contribution to the History of Attempts to Test the Theory of Relativity by Means of Astronomical Observations [J]. Astronomische Nachrichten, 1923, 219 (17):281-284.

⑥ 在Freundlich 1913以及一些信中，弗洛因德里希均没有说明具体联系过哪些英国天文台。Crelinsten认为可能是格林尼治天文台，但他在格林尼治天文台档案馆里能查到的弗洛因德里希最早的信件是在1913年。

迟迟没有音讯。于是，弗洛因德里希在2月24日又写了一封信，直接寄给坎贝尔。一个月后，他收到了坎贝尔的回信，同时还收到了史密森尼天文台的照片以及美国海军天文台的照片。坎贝尔在信中表示愿意支持他的工作，并承诺将照片寄给他。但是与珀赖因一样，坎贝尔也因为照片中太阳的位置而担心这些照片很可能不适合测量光线弯曲效应，他以自己丰富的经验判断，在适用于这一目的的日食照片中，太阳应该是在中间位置。出于更周全的考虑，坎贝尔建议弗洛因德里希写信给珀赖因，让他在即将于10月进行的日食观测中拍摄一些适合于检验光线弯曲效应的照片。坎贝尔也亲自写信给珀赖因提出这一请求，并答应将拍摄火星用的照相仪借给珀赖因。珀赖因同意了这个请求。

在日食照片都被证明不适用之后，弗洛因德里希只能完全将希望寄托在火神星照片上了。火神星照片最终于1912年10月抵达柏林，就在珀赖因计划观测的那次日食发生后不久。几天后，坎贝尔收到珀赖因发自巴西的电报，得知日食观测计划因下雨而失败[①]。火神星照片也令弗洛因德里希的希望落空，正如里克天文台的几位专家提醒过的那样，这些照片确实不适合用来检验光线弯曲效应[②]。在10月下旬，爱因斯坦已经从弗洛因德里希那里了解到目前“已有的观测照片都不够清晰”[③]。最终的测量结果发表在1913年1月的《天文学通报》(*Astronomische Nachrichten*)上，弗洛因德里希在其中指出自己获得的所有日食照片都不适用，就连非常有价值的里克天文台的照片最终也被证明是“幻梦”(*illusorisch*)，于是，他决定暂时搁置测量日食照片的计划，因为就当时情况来看，特别是在波恩大学天文台台长屈斯特纳（K. F. Küstner，1856—1936）帮助他测量一部分照片之后，他认为找到合适的日食照片的机会非常渺茫[④]。

---

① Crelinsten 2006 : 55-60.

② 里克天文台的另一位天文学家柯蒂斯（Heber Curtis，1872—1942）也曾向弗洛因德里希指出照片的问题。亨切尔总结了这些照片包含的四个严重不利于测量光线弯曲效应的缺陷，见 Hentschel 1997: 13-14.

③ 爱因斯坦 2002b，文件 420（爱因斯坦 1912 年 10 月 27 日致弗洛因德里希的信）。

④ Freundlich 1913.

二、白天观测计划

失望的人不只有弗洛因德里希，爱因斯坦在得知已有的日食照片都不合适之后，他也表示“很可惜”。惋惜之余，他又重提了弗洛因德里希早期建议的另一方法：白天对太阳周边的恒星进行观测①。弗洛因德里希在一年多以前就对爱因斯坦提过这一设想，但是爱因斯坦当时十分怀疑它的可行性②。而他这次会主动提起这个想法，恐怕也是受到了日食远征失利与弗洛因德里希对日食照片做出的初步结论的影响，在已有方案失败而下一次日食还要再等待两年的情况下，其他任何可能的方法都值得尝试。爱因斯坦这时已脱离布拉格枯燥的学术环境来到瑞士联邦理工学院担任教授，有很多的机会向瑞士当地更专业的天文学家咨询白天观测的可能性。尽管爱因斯坦从天文学家那里得到了否定的答案，然而他通过自己的分析，判断出要在白天拍摄到靠近太阳的恒星的照片也并非完全不可能，只是这样的照片在大气环境不佳的地方难以获得③。

弗洛因德里希对此的看法不得而知，但从信件中，我们能清楚地看到他与爱因斯坦在一年后还在关注白天观测太阳周围的恒星的问题。1913 年 8 月，弗洛因德里希在研究白天观测的计划；10 月，爱因斯坦写信给海耳，询问他对白天观测的专业意见；在 10 月举行的第二届索尔维会议期间，爱因斯坦与一位英国天文学家林德曼（Adolf Friedrich Lindemann，1846—1931）讨论了白天观测的可能性。海耳在与坎贝尔讨论后向爱因斯坦详细说明了白天观测存在的诸多困难，包括靠近太阳的天空亮度太大、难以测定从太阳边缘到恒星的距离的变化差异等。他最后建议爱因斯坦仍要依靠拍摄日食照片来检测光线弯曲效应。有趣的是，林德曼对于白天观测的问题倒是持开放的态度，

① 爱因斯坦 2002b，文件 420（爱因斯坦 1912 年 10 月 27 日致弗洛因德里希的信）。

② 爱因斯坦 2002b，文件 286（爱因斯坦 1911 年 9 月 20 日致仓格尔的信）及文件 287（爱因斯坦 1911 年 9 月 21 日致弗洛因德里希的信）。

③ 爱因斯坦 2002b，文件 420（爱因斯坦 1912 年 10 月 27 日致弗洛因德里希的信）。

他开始研究这个问题，后来还成功发明了白天恒星摄影术[①]。也许是听取了海耳的意见，弗洛因德里希很快放弃了对白天观测问题的研究。在1917年写的一份研究计划中，弗洛因德里希表示自己在此方向上的研究工作从来没有开始，因为“既不掌握方法又没有工具可用”。他接着提到了林德曼在这个方向上的工作，他认为，林德曼在白天恒星摄影术上的成功说明“采用此法并非毫无希望”[②]。但实际上，林德曼的这一方法最终并没能在光线弯曲效应的观测上做出有价值的发现[③]。

三、期待1914年的日食

从1912年开始，爱因斯坦把研究重心放在了引力问题上。在完成了静态引力场工作后，他下一步要做的工作是研究引力的动力学问题。这个研究工作的艰难常常出现在这一时期爱因斯坦给友人的信里[④]。直到次年6月，他与格罗斯曼（Marcel Grossmann，1878—1936）合作的“纲要”（*Entwurf*）才发表。在饱受“折磨”后写出的论文并没有令爱因斯坦十分满意，因为对于广义协变性，他“只是取得了局部的成功”。这个问题令爱因斯坦忧心忡忡，至少在文章发表两个月后，他还对这个结论感到不安[⑤]。但是几个月后，爱因斯坦已经可以愉快地告诉友人他对引力理论感到十分满意，因为他发明的“空洞”论证证明了引力场方程只对线性变换是协变的[⑥]。

在研究理论的这两年里，除了应付理论本身带来的困难之外，爱因斯坦还要直面同行的反对意见。普朗克（Max Planck，1858—1947）、索末菲

① 爱因斯坦 2002b，文件 472（爱因斯坦 1913 年 8 月 26 日之前致弗洛因德里希的信）、文件 477（爱因斯坦 1913 年 10 月 14 日致海耳的信）、文件 483（海耳 1913 年 11 月 8 日致爱因斯坦的信）Einstein 2004，文件 174（林德曼 1919 年 11 月 23 日致爱因斯坦的信）。

② 爱因斯坦 2009b，文件 353（弗洛因德里希 1917 年 6 月 17 日致爱因斯坦的信）。

③ 爱因斯坦 2013a，文件 174（林德曼 1919 年 11 月 23 日致爱因斯坦的信）。信中详细列出了这几年的一些不成功的观测。

④ 爱因斯坦 2002b，文件 420（爱因斯坦 1912 年 10 月 27 日致弗洛因德里希的信）。

⑤ 引用自爱因斯坦 2002b，文件 441、448 和 467.

⑥ Stachel 1989 (Stachel J J. Einstein's Search for General Covariance, 1912—1915 [M] // Howard D, Stachel J J. (eds.) Einstein and the History of General Relativity. Boston: Birkhäuse, 1989: 63−100).

（Arnold Sommerfeld，1868—1951）、劳厄（Max von Laue，1879—1960）等人都在不同场合向他表示过不同意此理论。德国物理学界的普遍反对并未使爱因斯坦感到沮丧。他告诉弗洛因德里希，他很高兴看到同行们对他的理论发生了兴趣，“即使他们目前的意图仅仅是为了扼杀这个理论”[①]。也许对爱因斯坦来说，批判理论比始终对理论不闻不问要好得多。照这样看来，德国天文学家的普遍态度应该会让爱因斯坦十分头痛，因为，除了弗洛因德里希，这个群体依然未对理论做出正面回应。

爱因斯坦多次在给友人的信里提到 1914 年的日食，足以表现他对 1914 年的日食寄予厚望。他之所以这么重视这次日食，是因为“纲要”初步完成，但弗洛因德里希的检验工作又没有任何的进展，而这次日食将判别爱因斯坦的引力理论与另一个引力理论之间孰优孰劣[②]。1913 年 8 月，弗洛因德里希计划与新婚妻子一个月后去阿尔卑斯山度蜜月，得知此消息的爱因斯坦诚邀他们到时在瑞士见面。经双方商定后，会面的地点定在苏黎世。这次会面并非是弗洛因德里希与爱因斯坦的第一次会面[③]，但它无疑给弗洛因德里希留下了相当深刻的印象。

弗洛因德里希夫妇不仅受到了爱因斯坦的热情款待，还在爱因斯坦的强烈要求下跟他一起去了离苏黎世不远的弗劳恩费尔德（Frauenfeld）参加瑞士自然研究者协会举办的会议。在会上做关于“纲要”的演讲时，爱因斯坦特意向众人宣布：弗洛因德里希是“将要在明年检验这个理论的人”[④]。

---

① 爱因斯坦 2002b，文件 506（爱因斯坦 1914 年 1 月 20 日左右致弗洛因德里希的信）。

② 爱因斯坦 2002b，文件 468（爱因斯坦 1913 年 8 月中旬致弗洛因德里希的信）以及爱因斯坦于 1913 年 9 月 23 日在维也纳的德国自然研究者和医生协会上的发言的结尾部分。另一个引力理论是诺德斯特勒姆（Gunnar Nordström，1881—1923）的引力理论。

③ 在爱因斯坦 2006 中补遗第 5 卷的文件 374a 的注释 5 提到两人曾于 1912 年 4 月在柏林会过面。但是 Clark 1984（p. 112）认为 1913 年的这次是第一次见面（Clark R W. Einstein: The Life and Times [M]. New York: Harry N. Abrams, 1984）。

④ 对整个会面的生动描述见 Clark 1984：112.

第四节　对理论的进一步检验：1914—1915

一、1914 年的日食远征

在 1912 年的日食远征以及测量已有日食照片的工作均以失败告终之后，弗洛因德里希便把目光瞄准了 1914 年的日食。他迫切地希望有尽可能多的天文学家或是机构参与来年的日食远征行动，这种心情不仅体现在他 1913 年 1 月写的报告中，还反映在他 2 月写给坎贝尔及格林威治天文台台长戴森（Frank Dyson，1868—1939）的信中。然而，在没筹到经费的情况下，坎贝尔不敢向他承诺里克天文台最终能够成功组织日食远征，而戴森直接以“这个研究相当棘手”为由拒绝了他。也许害怕无人组织日食远征，弗洛因德里希当时下决心自己上阵①。5 月，情况有了转机。坎贝尔获得了私人基金的赞助，日食远征的事情也就此被提上了议程。里克天文台的加入无疑令弗洛因德里希感到非常开心，他希望里克天文台能与自己的天文台共享观测资料，并请求坎贝尔同意他将来利用里克天文台的观测资料所写的论文在德国发表。借着来德国开会的契机，坎贝尔在 8 月与弗洛因德里希见了一面。两人就日食远征一事交流意见，坎贝尔还表示他十分愿意把观测资料提供给弗洛因德里希使用②。

在一切都看似进展得颇为顺利之时，一个重要的障碍突然挡在前面：弗洛因德里希的日食远征计划没有获得他的上司斯特鲁维的支持。这很可能意味着日食远征所需的资金和设备都将没有着落。所幸的是，斯特鲁维也没有一味地阻止，他建议弗洛因德里希向普鲁士科学院申请资助③。这已经是 1913

① Hentschel 1997 也持类似的看法，作者认为在坎贝尔没有给出明确的答复之后，弗洛因德里希在紧要关头下定了决心（p. 22）.

② Crelinsten 2006：76-77.

③ 爱因斯坦 2002b，文件 492（爱因斯坦 1913 年 12 月 7 日致弗洛因德里希的信）的注释 2.

年 12 月了，离来年的日食只有八个月的时间，若资金的问题不能及时解决，那么接下来的预订设备、配备人员等方面的工作都不能进行下去了。弗洛因德里希一方面向普鲁士科学院提交申请书，另一方面向爱因斯坦求救。爱因斯坦也深知时间紧迫，在回信中向弗洛因德里希给出解决该问题的三个方案：首先，他准备请普朗克出面说服普鲁士科学院批准这一申请；其次，如果普鲁士科学院最终不同意，他会通过哈伯（Fritz Haber，1868—1934）向其私人赞助者科佩尔（Leopold Koppel，1843—1933）求助；最后，如果各种方法都行不通，那么他本人来资助这次远征。“所以”，爱因斯坦在信的结尾说道，“……不要因为钱的问题而浪费时间！”[①] 事实上，后面的两个方案都没有用到，在普朗克的帮助下，普鲁士科学院于 1914 年 1 月批准了这个申请，2 月初，教育部下拨了款项。弗洛因德里希还从其他渠道筹集了几笔资金：化学家费歇尔（Emil Fischer，1852—1919）捐献了三千马克；克虏伯公司捐献了三千马克；柏林市的雅戈尔基金会（Jagor Stiftung）也捐献了一些经费[②]。充裕的资金保证了日食远征得以按计划执行。

前文已经提到，拍摄适用于检测光线弯曲效应的日食照片有一些需要注意的技巧。这些技巧对设备的要求颇高，稍微有一点偏差就很可能测不出这个相当小的效应[③]。弗洛因德里希也十分清楚这一点，他向阿根廷国家天文台借来设备，还订制了一些配件。在一切准备就绪后，他带领着柏林皇家天文台的另一名天文学家以及蔡司公司的一名机械师在 1914 年 7 月 19 日启程。与他们共同执行这次观测任务的还有来自阿根廷国家天文台的人员，这两队人马将在这次日食远征的目的地——俄国的克里米亚——会合[④]。

---

① 爱因斯坦 2002b，文件 492.

② 雅戈尔基金会在爱因斯坦 2009b 的文件 404 的注释 6 中被提到；关于另两个捐款的说法来自 Crelinsten 2006 : 80.

③ 关于具体的困难，包括仪器无法达到想要的精度等，见 Earman & Glymour 1980a: 59–60 (Earman J, Glymour C. Relativity and Eclipses: The British Eclipse Expeditions of 1919 and Their Predecessors [J]. Historical Studies in the Physical Sciences, 1980, 11 (1): 49–85).

④ Crelinsten 2006 : 81.

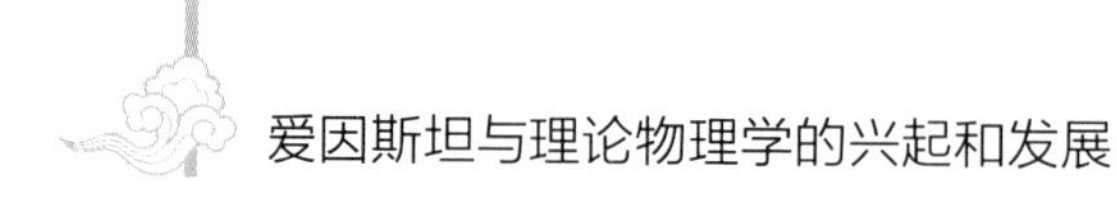

一周后，弗洛因德里希一行抵达了克里米亚。他们安装并架设好照相仪等设备，一心等待着8月21日日食的到来。然而，不期而至的战争却令这一切努力都付诸东流了。8月1日，德国对俄国宣战。三天后，弗洛因德里希和队友接到俄当局的驱逐令，但为了将来能与德国交换俘虏，俄当局又将他们拘留在敖德萨，并扣押了他们的设备。在近一个月的监禁之后，弗洛因德里希等人才获释，在9月初回到了德国，但是设备却被留在俄国[①]。其他天文台的观测计划也因种种原因而失败。由于借给弗洛因德里希的设备被扣押，而自己的设备又迟迟没有运到，阿根廷国家天文台的天文学家只能眼看着日食的发生却无能为力。里克天文台拍摄照片的希望也因为浓云遮住了太阳而落空[②]。就这样，爱因斯坦和弗洛因德里希万分期待的这次日食远征彻底以失败告终。

二、木星弯曲效应的检测

在1914年的日食远征之前，弗洛因德里希还研究了其他检验爱因斯坦理论的方法，包括寻找借助木星来检测光线弯曲效应的可能性以及寻找引力红移的证据。1914年4月，爱因斯坦在给友人的信里提到了弗洛因德里希最近在这两方面的一些进展：他找到了能够证明光线通过木星引力场会发生弯曲的方法，同时还证明了太阳谱线存在中心红移现象[③]。

从前文可以看到，利用木星代替太阳来检测光线弯曲效应的想法很早就由弗洛因德里希提出，但由于爱因斯坦认为木星产生的效应太小而难以被检测到，因此弗洛因德里希并没有对这个问题做进一步的研究。而他这次利用木星来检测光线弯曲效应的方法，据他自己介绍是建立在荷兰天文学家卡普坦（Jacobus Kapteyn，1851—1922）的恒星视差法之上的。他胸有成竹地表示该方法已经得到了在卡普坦视差法方面颇有经验的天文学家的首肯[④]。不过，

① 爱因斯坦 2009b，文件 34 的注释 4.

② Crelinsten 2006：83.

③ 爱因斯坦 2009b，文件 2（爱因斯坦 1914 年 4 月 10 日之前致埃伦费斯特的信）。

④ 爱因斯坦 2009b，文件 353（弗洛因德里希 1917 年 6 月 17 日致爱因斯坦的信）。

在 1918 年之前，这个方法一直停留在计划阶段，从没有被应用过。缺少精准度高的仪器是一方面的原因，弗洛因德里希在 1917 年写的研究计划表明他向蔡司公司等设备制造商专门订制的仪器还未制造完毕①；另一方面的原因无疑来自于斯特鲁维的阻碍。在 1915 年底，爱因斯坦就曾坦言对弗洛因德里希的方法有信心，只是有“可怜虫们”在妨碍这个检验的进行。爱因斯坦口中的“可怜虫们”之一就是斯特鲁维，斯特鲁维的确不赞同弗洛因德里希的方法，他断定观测木星的光弯曲现象的企图将不会有任何结果②。

然而，观测木星一事在 1918 年之后似乎就不了了之了，起码截止到 1920 年底，弗洛因德里希与爱因斯坦在信里再也没有讨论过这件事情，而且弗洛因德里希在 1919 年度的工作报告中也完全没有提到这件事情。这很可能是因为一方面，弗洛因德里希的研究精力全部放在了检测引力红移效应的问题上；另一方面，英国远征队在 1919 年首次证实了爱因斯坦预言的光线弯曲效应，对木星的光线弯曲效应的检验工作就显得没有必要了。

三、对引力红移的研究

弗洛因德里希较晚才着手研究引力红移的问题，在 1914 年首次发表了这方面的文章③。这与光谱线红移问题的复杂性不无关系。早在 1911 年的文章中，爱因斯坦就担心在其他因素的影响下，人们很难确定引力势是否致使谱线红移。爱因斯坦对谱线红移问题的了解无疑在他与朱利叶斯（Willem Henri Julius，1860—1925）连续几个月的通信后增进了许多，他很明确地告诉弗洛因德里希，鉴于造成谱线偏移的原因有多种（包括压力、光的色散以及多普

① 爱因斯坦 2009b，文件 353（弗洛因德里希 1917 年 6 月 17 日致爱因斯坦的信）。弗洛因德里希的研究计划的简要版可参见文件 402（弗洛因德里希 1917 年 12 月 4 日致爱因斯坦的信）。

② 爱因斯坦 2009b，文件 153、文件 160 及其注释 8.

③ 这两篇文章分别是 Freundlich E. Über die Verschiebung der Sonnenlinien nach dem roten Ende auf Grund der Hypothesen von Einstein und Nordström [J]. Physikalische Zeitschrift, 1914, 15: 369-371; Freundlich E. Über die Verschiebung der Sonnenlinien nach dem roten Ende des Spektrums auf Grund der Äquivalenzhypothese von Einstein [J]. Astronomische Nachrichten, 1914, 198: 265-270.

勒效应），他不相信对太阳光谱线的研究“可以得到无歧义的结果”①。

历史上对于谱线红移现象的认识始于19世纪80年代。当时人们将太阳光谱中的夫琅和费线②与实验室中对应元素的电弧光谱线进行对比，发现夫琅和费线波长更长，即更偏向光谱的红光区域。多普勒效应和压力效应是受到最多关注的可能解释，但从20世纪10年代开始，一些反对压力效应的证据逐渐突显出来，这多数归功于英国天文学家埃弗谢德（John Evershed，1864—1956）。在排除了压力效应后，他认为剩下的解释只能是太阳表面的径向对流（radial convection currents）产生的多普勒效应了。

在1914年发表的关于谱线红移的文章中，弗洛因德里希通过分析法国物理学家法布里（Charles Fabry，1867—1945）以及比松（Henri Buisson，1873—1944）的红移数据以及埃弗谢德的红移数据，得出的日面中心光谱线相对弧光谱线的平均红移与爱因斯坦的预测值很接近。这至少表明引力势也是谱线红移的一种可能解释。史瓦西在同年也对红移问题进行了初步分析。他测量了位于日面中心到边缘的五处不同的光谱线相对电弧光谱线的偏移，得到的所有值都小于爱因斯坦的预测值，但这并未对爱因斯坦的理论构成致命威胁，因为史瓦西的数据可能存在未被消除的系统误差。更有效的反对来自于同一年埃弗谢德与太阳物理学家罗伊兹（Thomas Royds，1884—1955）的研究。他们此时已经通过弗洛因德里希的文章知道了爱因斯坦的引力红移说，也承认弗洛因德里希借助早期的数据得到的值的确与爱因斯坦的预测值十分接近，但是他们指出，引力红移说并不能对一些观测事实做出解释，例如日面中心的不同光谱线的红移效应各不相同，而引力红移只与引力势相关，与光谱线的种类无关③。

1914年日食远征的失败并未减退弗洛因德里希检验爱因斯坦理论的热

① 爱因斯坦2002b，文件336（爱因斯坦1912年1月8日致弗洛因德里希的信）。

② 夫琅和费线是太阳光谱中的暗特征谱线，是由太阳大气中的元素的吸收造成的，有时也被称为吸收谱线。

③ Crelinsten 2006: 74-75; Forbes E G. A History of the Solar Red Shift Problem [J]. Annals of Science, 1961, 17 (3): 138-139.

情。为了研究红移效应，弗洛因德里希另辟蹊径。其他红移效应的研究者仅对太阳光谱和地面光源的光谱做分析，而弗洛因德里希企图采用统计学的方法来研究大质量恒星的光谱。这种独树一帜的做法其实也是无奈之举。要想从现有的谜团中判断引力势的作用究竟是否存在，直接有效的方法是依靠更为先进的天文设备做出更加精确的测量，但是他完全不具备像威尔逊山天文台那样优良的研究条件。别说做精确测量，柏林皇家天文台就连测量星光红移的仪器都没有①。此路不通，只能另求他法。他将目光瞄准了大质量恒星，在爱因斯坦的建议下②，将双星系统作为研究对象。研究论文在 1915 年 3 月完成③。

爱因斯坦对这篇文章的论证过程持保留意见，他向弗洛因德里希指出了多处令人疑惑的地方以及一处计算错误。弗洛因德里希并未按照爱因斯坦的意见一一修改文章，甚至还保留了那个计算错误及对平均密度取值的含糊说明。但无论如何，这篇文章的结论仍为爱因斯坦所重视。爱因斯坦不仅在普鲁士科学院的会议上提到了这篇文章，以此来说明引力红移效应已经被证实存在于某类恒星上了④，他还在给一位学生的信中兴奋地说，光谱线的引力红移效应已经得到了“辉煌的证实”⑤。

第五节　检验工作波折重重

一、与赛利格的争论以及事业受阻

事实证明，爱因斯坦对弗洛因德里希文章的疑虑是有道理的。弗洛因德

① 爱因斯坦 2009b 的文件 160 的注释 8 指出斯特鲁维提到过天文台没有观测星光红移的手段。

② 爱因斯坦 2009b，文件 53（爱因斯坦 1915 年 2 月 3 日左右致弗洛因德里希的信）。

③ Freundlich E. Über die Gravitationsverschiebung der Spektrallinien bei Fixsternen [J]. Physikalische Zeitschrift, 1915, 16: 115–117.

④ 爱因斯坦 2009b，文件 59 的注释 2 至 8.

⑤ 爱因斯坦 2009b，文件 87（爱因斯坦 1915 年 5 月 31 日致 Walter Dällenbach 的信）。

里希通过一些不太有说服力的前提条件及不够严谨的估算得到的结论难免让人感觉有些牵强，但最严重的一个错误却未被改正过来[①]。四个多月后，弗洛因德里希从上司斯特鲁维那儿得知，赛利格发现并修正了他文章中的一个错误公式。

对于为什么会注意到这个错误，赛利格自己的说法是爱因斯坦的引力理论等近来出现的物理学假设都令他十分怀疑，在听说爱因斯坦很看重弗洛因德里希的证据后，他对其萌生了兴趣[②]。但是一件小事也许为赛利格为何会关注弗洛因德里希的文章提供了更大的猜想空间。弗洛因德里希在 2 月底写了一篇反驳赛利格关于在水星和太阳之间存在着弥散物质的假说的文章[③]。这篇文章刊登在同年 6 月出版的一期《天文学通报》上，但是并没能给此假说以致命的攻击。赛利格的回应在 9 月登出，在对他的假说做出详细的解释之余，还针对这位"批评先生"的"尖锐攻击"（*scharfen Angriff*）中的四处薄弱论证一一做出了反驳，从而很好地捍卫了自己的理论[④]。

事情至此还远没有结束，弗洛因德里希不久又引爆了一枚"炸弹"。根据赛利格的意见，弗洛因德里希在 8 月就完成了对文章的修改，发表在 1915 年 12 月出版的一期《天文学通报》上[⑤]。然而这篇文章彻底激怒了赛利格，因为文章从头到尾只字未提他的贡献。如果之前赛利格只是质疑弗洛因德里希的科学能力的话，那么他现在必定对其品行产生了极大的怀疑。赛利格的愤怒充分地表现在他给斯特鲁维的信里。他义正辞严地表示，科学中一贯奉行的道德准则就是要指明改正的出处，而弗洛因德里希的这种不诚实的行为是他从业 40 年来闻所未闻的。他无法对这种过分的行为保持沉默，决定要将

① 弗洛因德里希采用的一个前提就是 B 型星中的双星数量比例很高，因此关于双星的研究结论对所有 B 型星都成立，见 Hentschel 1997: 27。具体的计算错误可见 Hentschel 1997：28.

② Hentschel 1997: 30.

③ Freundlich E. Über die Erklärung der Anomalien im Planeten−System durch die Gravitationswirkung interplanetarer Massen [J]. Astronomische Nachrichten, 1915, 201 (3) : 49−56.

④ Seeliger H v. Über die Anomalien in der Bewegung der innern Planeten [J]. Astronomische Nachrichten, 1915, 201 (15): 273−280.

⑤ Freundlich E. Über die Gravitationsverschiebung der Spektrallinien bei Fixsternen [J]. Astronomische Nachrichten, 1915, 202 (2): 17−24. 及 Hentschel 1997: 29.

其公之于众[①]。很快，赛利格的第二次回击出现在三期后的《天文学通报》上。弗洛因德里希松散的论证一下子就被赛利格攻击得一无是处。赛利格首先指出 Freundlich 1915b 的结论因为错误的公式而完全站不住脚。接着，他以一种揭秘的口吻引出了他对 Freundlich 1915c 中最不可靠的密度取值问题的攻击：弗洛因德里希在取值问题上的轻率令人咋舌，整个计算过程显得非常随意，且毫无意义。赛利格于是得出结论：坎贝尔等人的数据非但没有显示出存在引力红移效应，还否定了其存在的可能性。最后，他还不忘提醒大家“应该注意”弗洛因德里希先生的观察方法以及论证方式[②]。

尽管弗洛因德里希立即在《天文学通报》上发表了简短的说明，对于自己没有做出正确的更正表示遗憾，同时表示需要更多的观测资料来检验自己的结论[③]。但这短短三行的说明根本无力挽回赛利格那篇文章引发的后果。

爱因斯坦在1915年底终于得到了具有广义协变性的引力场方程[④]。他还从中推导出了符合观测值的水星近日点进动值，这令他感到十分满意[⑤]。成功的喜悦也使他对另外两个还未完全得到证实的预测满怀信心。同时，这一版本的广义相对论也改变了史瓦西的想法。该理论能够解释水星近日点运动的异常，令身处战争前线的史瓦西感叹“真是绝顶的妙不可言”[⑥]。在1916年1月，他计算出爱因斯坦方程的第一个精确解，即著名的“史瓦西解”。

然而，赛利格的有力反驳使得弗洛因德里希的文章连定性地证明引力红移都做不到，爱因斯坦最后也不得不承认这一点[⑦]。这给他刚刚完成的广义相

---

① Hentschel 1997 : 30.

② Hentschel 1997: 30 及 Seeliger H v. Über die Gravitationswirkung auf die Spektrallinien [J]. Astronomische Nachrichten, 1916, 202(5): 83–86.

③ Freundlich E. Bemerkung zu meinem Aufsatz in AN 4826 [J]. Astronomische Nachrichten, 1916, 202 (9): 147–148.

④ 关于广义协变性失而复得的过程，参见 Norton 1989 (Norton J D. How Einstein Found His Field Equations, 1912—1915 [M]//Howard D, Stachel J J. (eds.) Einstein and the History of General Relativity. Boston: Birkhäuse, 1989: 101–159) 以及 Stachel 1989.

⑤ 爱因斯坦 2009b，文件 161（爱因斯坦 1915 年 12 月 9 日致索末菲的信）。

⑥ 爱因斯坦 2009b，文件 169（史瓦西 1915 年 12 月 22 日致爱因斯坦的信）。

⑦ 爱因斯坦 2009b，文件 190（爱因斯坦 1916 年 2 月 13 日致斯特鲁维的信）。

对论带来了一次不小的冲击。之前保持沉默的一些德国天文学家在这次争论事件中表明了对广义相对论的态度，赛利格和斯特鲁维都认为牛顿引力理论能够解释水星近日点进动问题，波茨坦天文台的观测员鲁登道夫（Friedrich Ludendorff，1873—1941）也专门撰文反驳了弗洛因德里希所谓的残余红移的存在。而本已有所改观的史瓦西也对广义相对论的信念有些动摇。他在给赛利格的信中说到，他有些后悔相信爱因斯坦的理论了，希尔伯特（David Hilbert，1862—1943）的引力理论更好些①。这次争论事件酿出的灾难恐怕是弗洛因德里希始料未及的，它不仅给德国天文学界对广义相对论的接受造成了负面的影响，更重要的是，它还令自己获得天文台观测员一职的希望彻底破灭。

从1915年初开始，弗洛因德里希就谋求成为观测员，“以便尽可能将我的精力投入以创建现代物理学理论为目标的课题”②。此想法得到了爱因斯坦与普朗克的支持。对爱因斯坦来说，弗洛因德里希能够成为不受台长控制的观测员自然是有益处的，他可以全身心地投入检验广义相对论的工作。然而斯特鲁维的强硬态度使普朗克和爱因斯坦的几次斡旋都失败了③。

弗洛因德里希对赛利格的失败挑战以及他的计算失误令斯特鲁维愈发地不满④。弗洛因德里希可能被解雇的消息甚至传到了战场上的史瓦西那里⑤。为了防止他真的因这场风波被解雇，爱因斯坦还提醒他在商量有关职位问题时要谨记小心行事⑥。弗洛因德里希也许压根儿没想到自己的粗心大意会酿成这样严重的后果。尽管他最后得以保住柏林皇家天文台的工作⑦，但他在德国天文学界的前景堪忧，他的“坏名声”甚至传到了物理学界，不仅天文学界的

① Hentschel 1997：31.

② 爱因斯坦 2009b，文件 54 的注释 3 和 4.

③ 关于几次斡旋，见爱因斯坦 2009b，文件 54、124、151、160.

④ 爱因斯坦 2009b，文件 160 的注释 8.

⑤ 爱因斯坦 2009b，文件 188（史瓦西 1916 年 2 月 6 日致爱因斯坦的信）以及 Hentschel 1997：37.

⑥ 从爱因斯坦 2009b，文件 300 中可以看到，爱因斯坦建议合作及离岗休假事宜要谨慎行事，以免危及职位。

⑦ 派伊森认为弗洛因德里希在 1915 年被解雇了，见 Pyenson 1974: 329。但从信件内容上看，弗洛因德里希在 1918 年才正式离开柏林皇家天文台，而且是他主动请辞。

同仁纷纷向爱因斯坦指出弗洛因德里希的不是，就连物理学家索末菲都建议爱因斯坦远离他[①]。

虽然爱因斯坦亦受到这次事件的影响，对弗洛因德里希的弱点有了更清楚的认识，但鉴于他在广义相对论验证工作中的诸多付出，爱因斯坦认为抛弃他是“无赖”的行为，更何况当前的形势“只能依靠弗洛因德里希一个人”[②]。可是，“天文学堡垒”[③]的威力令弗洛因德里希调换职位的希望一再落空。有理由相信在这段时间（1916—1917）里，弗洛因德里希验证广义相对论的工作一度处于停顿状态。

二、检验工作的逐步恢复与1919年的转机

直到柏林科学界许诺给爱因斯坦的威廉皇帝物理研究所在1917年10月1日成立了[④]，弗洛因德里希调换工作一事才有了新的希望。他与威廉皇帝物理研究所签署了为期三年的合同，从事的研究项目就是检验广义相对论及其相关问题。在一年多的沉寂之后，他终于能够专心致志地投入到感兴趣的研究工作当中。但是，爱因斯坦的研究所无法为他提供天文观测的场地，他仍必须依托天文台来做研究。爱因斯坦也深知这一点，还在极力帮助弗洛因德里希找寻合适的研究场所。

波茨坦天文台是一个最佳选择。早在1915年，爱因斯坦就希望弗洛因德里希能够利用天体物理学的方法来检验广义相对论。这次，爱因斯坦试图寻求普鲁士教育部官员克鲁斯（Hugo Krüss，1879—1945）的支持，为弗洛因德里希一事与新上任的台长穆勒（Gustav Müller，1851—1927）交涉[⑤]。领教过“天文学堡垒”强硬态度的爱因斯坦自然为这次交涉感到忧心。然而出乎他意

---

① Hentschel 1997：32

② 爱因斯坦 2009b，文件 181 及文件 186.

③ 这一形容词见爱因斯坦 2009b，文件 207（爱因斯坦 1916 年 3 月 30 日致希尔伯特的信）。

④ Castagnetti G, Goenner H. Einstein and the Kaiser-Wilhelm-Institute for Physics: Institutional Aims and Scientific Results (Preprint 23) [C]. Berlin: Max Planck Institute for the History of Science, 2004: 23.

⑤ 爱因斯坦 2009b，文件 431、433 和 435.

料的是，交涉进行得相当顺利。穆勒谦和的态度也令他一度觉得“坚冰看来是彻底打破了”[①]。至少在 1918 年 3 月，弗洛因德里希已经如爱因斯坦所希望的那样开始在波茨坦天文台学习天体物理学方面的观测方法，也重拾了检验谱线红移和光线弯曲的研究[②]。

1919 年 11 月 6 日，英国正式宣布日食远征队的结果。这一消息帮了弗洛因德里希一个大忙。早在 1917 年初，他就在构思私人研究所计划，而此时正是他重申研究所计划的大好时机。借此契机，他一方面提议政府从预算中划拨一笔特殊基金支持爱因斯坦的广义相对论研究，另一方面呼吁德国工业界为“阿耳伯特·爱因斯坦捐助基金”（Albert Einstein–Spende）作出贡献[③]。筹款工作进行得十分顺利，弗洛因德里希也得到了爱因斯坦的首肯全权负责建造天文台。建成后的天文台因其塔式外观被人称为“爱因斯坦塔”。1922 年，弗洛因德里希被任命为爱因斯坦塔的首席观测员[④]，对广义相对论的验证工作也在爱因斯坦塔中正式展开了。

---

① 爱因斯坦 2009b，文件 438（爱因斯坦 1918 年 1 月 17 日前致弗洛因德里希的信）。亨切尔指出，穆勒善于容忍是众所周知的，他其实对天文学中的新发展没有太多兴趣（见 Hentschel 1997: 43），德西特也做过此类评价。至于穆勒对广义相对论的态度，弗洛因德里希曾在 1919 年 9 月做过如下评价："我敢说在波茨坦的那些先生们，甚至包括台长穆勒，都不愿意因为广义相对论而招致批评，他们并不想做这个理论的拥护者，所以能允许您私下授权我在他们的研究所里进行独立的工作已经是他们最大的限度了。"见爱因斯坦 2013a，文件 105（弗洛因德里希 1919 年 9 月 15 日致爱因斯坦的信）。

② 一方面，弗洛因德里希仍然继续研究恒星的光谱线，试图发现引力红移的证据，参见爱因斯坦 2013a，文件 8、文件 14 及文件 240（他 1919 年的工作报告）；另一方面，弗洛因德里希打算参与 1919 年的日食远征，而首要的一个工作就是拿回 1914 年被扣押在俄国的仪器，见爱因斯坦 2009b 的文件 486 及文件 504 的注释 2。以及 Hentschel 1997：40.

③ Hentschel 1997：49.

④ Hentschel 1997：128.

第六节　结论

新的科学理论从诞生之日起会面临来自科学共同体的哪些反应？本文以广义相对论的案例对这个问题试图作出回答。总的来说，在1920年之前，爱因斯坦的广义相对论在德国天文学界并未得到重视。这种“不重视”可细分为几个阶段：在1911年爱因斯坦做出光线弯曲和引力红移的推测后，除了弗洛因德里希一人，没有证据表明德国还有第二个天文学家对检验理论感兴趣；在1912—1914年间，爱因斯坦联手数学家格罗斯曼发展了“纲要”理论，但天文学界仍然对此保持沉默。不过，此期间出现了一些值得注意的小插曲，斯特鲁维在1913年底不支持弗洛因德里希的日食远征计划，以及天文学家史瓦西在1914年有关引力红移效应的检验不支持这个效应；在1915—1916年间，弗洛因德里希与赛利格的争论导致天文学界的反对态度集中呈现。虽然完成后的广义相对论令史瓦西感到美妙，并促使他对理论做进一步的研究，但这也只是天文学界中的个别例子，多数天文学家对理论持反对意见。直到1919年，德国天文学界仍只有弗洛因德里希一人在努力检验理论。而天文学界在这段时间对理论的态度可透过弗洛因德里希的职业困境看出，用“敌视”来形容并不为过。

库恩曾用大量的例子告诉我们，科学共同体接受一个新的范式是一个漫长的过程[①]，因此，想在短时间内让习惯传统物理观念的德国天文学家去接受广义相对论定义的物理世界本来就是一件困难的事情，从这个角度来看，不难理解德国天文学界普遍的反对态度。同时，派伊森与亨切尔均指出德国天文学界在科学上普遍保守，特别是德国天文学界的权威赛利格，即使在当时的一些物理学家（如索末菲和普朗克）的眼里，赛利格在科学上都是因循守旧的一个人。因此，德国天文学界后来对广义相对论的敌视倒可以看成以赛

① 库恩．科学革命的结构 [M]. 金吾伦、胡新和译，北京：北京大学出版社，2003：136-137.

利格为首的保守人士的反击。弗洛因德里希的职业困境是德国天文学界对于广义相对论的反对态度的间接反映。试想一下，如果德国天文学家对广义相对论稍微宽容一些，在不认可这一理论的情况下也不排斥检验工作，那么他们至少能够给弗洛因德里希提供更多自由的研究空间。

第八章

广义相对论在德国的早期接受

本章主要从爱因斯坦通信集、诺贝尔奖资料以及有关广义相对论的文献目录三方面，着手考察从 1916 年（爱因斯坦完成引力场方程后的第一年）至 1920 年（英国日食实验结果公布后的第一年）德国物理学界对广义相对论的态度。笔者试图总结这一态度的特点并分析背后的原因，同时讨论 1919 年光线弯曲实验对德国物理学界态度的影响。笔者认为从 1916 年到 1920 年，不同于荷兰和奥地利，德国并没有出现一个以物理学家为主的广义相对论研究团体。这背后可能存在三方面的因素：爱因斯坦的研究风格、量子理论的发展以及理论物理学的地位。而在光线弯曲实验结果公布之后，虽然支持广义相对论的德国物理学家人数增加，但坚定的反对者依然存在。实验上关于引力红移效应的否定结果也令一些人仍然试图寻找一种能够替代广义相对论的理论。

本章旨在考察德国物理学界①早期对广义相对论的态度和接受过程，这实际也是德国物理学界对理论物理学中重要理论的接受过程的一个缩影。做此考察是基于这样一个发现：在相对论的讨论和推广过程中，德国物理学家似乎普遍不如荷兰和奥地利的物理学家积极，也没有哥廷根的数学家投入。本文希望能对这一问题进行系统地考察，以了解德国物理学界是不是真的在广义相对论上投入偏少。

① 本文的“德国物理学界”并非只包括德国籍的物理学家，而涵盖了当时在德国大学获得教职（也包括私俸讲师 [Privatdozent]）或者隶属某个正式的德国科学机构的物理学家。

为了系统地考察德国物理学界在1916年至1920年对广义相对论的接受过程，本章首先制作一份所需考察的德国物理学家的名单。这一名单包括从爱因斯坦全集中找出的在1915年11月底至1920年底与爱因斯坦讨论过广义相对论的或者做过有关广义相对论讲座的德国物理学家；从1916—1920年的文献目录[①]中找出发表过关于广义相对论的文章（报刊文章及论文）或出版过相关书籍的德国物理学家；从诺贝尔奖的文献中找出曾因广义相对论而提名爱因斯坦的德国物理学家；还会从已有的接受史研究文献和其他相关二手文献中寻找上述线索。其次，按照上述物理学家名单，依次分析他们对广义相对论的态度。我们将以如下行为来定义“接受”[②]：正面表达过对理论的赞同（在信件、出版物中）、以广义相对论提名爱因斯坦获诺贝尔物理学奖、发表过阐述广义相对论或以广义相对论为基础的研究论文和书籍、做过以阐述或推广广义相对论为目的的演讲或讲座。

除了呈现德国物理学界早期对广义相对论的态度之外，本章能够回应此前研究的一些观点和争议，例如数学复杂性是否影响了人们接受广义相对论，以及1919年的光线弯曲实验又是否导致其被广泛接受。此外，还将简要回应库恩关于科学革命的一些观点。

---

① 该文献目录主要是根据文献Combridge J. Bibliography of Relativity and Gravitation Theory 1921—1937 [M]. London: King’s College, 1965; Goenner H. On the reception of relativity theory in Germany as reflected by the book publications during 1908—1945 [M] // Eisenstaedt J, et al. (eds.) Studies in the history of general relativity. Boston:Birkhäuser,1992; Lecat M. Bibliographie de la relativite [M]. Bruxelles:Lamertin, 1924整理的。这些文献提供的定量数据可以作为接受史研究的基础。因篇幅原因，这一目录未全部附注。

② 有科学史家认为，“接受”就是科学家将理论纳入自己的研究或个人的信仰系统中（见Crelinsten J. Einstein’s Jury: The Race to test Relativity [M]. Princeton: Princeton University Press, 2006: 322）。笔者虽对此种粗略的定义并不完全赞同，但为方便量化，仍予以采用。更好的方式是从科学家对理论本身的阐述出发，考察其是全盘接受理论还是只接受理论的核心思想却否定其他内容，依此来划分接受的层次。

第一节 广义相对论初问世：1916—1919

一、1916—1919年德国物理学界的态度概述

先通过以下三个途径查找德国物理学家：对《爱因斯坦全集》（第八卷和第九卷中从 1915 年 11 月到 1919 年 11 月）的书信内容以及编者注释进行梳理，寻找就广义相对论的问题与爱因斯坦展开书信讨论的德国物理学家；从文献目录中找到在这段时间发表过文章或出版过书籍的德国物理学家；从有关诺贝尔奖的资料中找到曾因广义相对论而提名爱因斯坦获诺贝尔奖的德国物理学家。

上述考察发现，在 1916 年至 1919 年 11 月日食实验结果正式公布之前，以如下方式对广义相对论做过表态的德国物理学家分别有：[书信] 米（G. Mie，1869—1957）、劳厄；[文章] 玻恩（1916）①、维歇特（E. Wiechert，1861—1928）（1916）、米（1917）、劳厄（1917）、格尔克（E. Gehrcke，1878—1960）（1916，1918，1919）以及莱纳德（1918）；[诺贝尔奖提名] 瓦尔堡（E. Warburg，1846—1931）和普朗克。而其他人如索末菲、维恩的态度并不十分明确。

赞同广义相对论的人有玻恩、瓦尔堡和普朗克。玻恩的立场很清楚，他在 1916 年发表了文章《爱因斯坦的引力理论和广义相对论》②讨论了广义相对论的理性要旨，并赞扬爱因斯坦的研究方法不仅正确，而且是无比的杰作。爱因斯坦在回信中说，他很高兴看到自己的理论被最好的同道之一承认并且彻底理解③。

---

① 括号内是出版物的发表年份。

② Born M. Einsteins Theorie der Gravitation und der allgemeinen Relativität [J]. Physikalische Zeitschrift, 1916, 17: 51–59.

③ 爱因斯坦 2009a：(上册) 266–267（爱因斯坦．爱因斯坦全集：第 8 卷 [M]. 杨武能，主译．长沙：湖南科学技术出版社，2009）.

瓦尔堡从1917年开始连续三年向诺贝尔奖委员会提名爱因斯坦。虽然他的提名信仅简单提及了爱因斯坦在量子理论、相对论和引力理论这三个领域的贡献，但也从侧面反应出他对广义相对论的支持态度。

同上述两人不同，普朗克的态度发生过转变。他在1913年和1914年并不看好爱因斯坦在广义相对论方面的研究，这一态度很可能维持了好几年时间[①]。在爱因斯坦的心中，他是“深信不疑”者，但这一看法显然有些一厢情愿。普朗克曾在1918年表示更喜欢外尔（Hermann Weyl，1885—1955）的统一场论[②]，说明此时他对广义相对论还持保留态度。然而事情在1919年起了变化。普朗克于该年年初提名爱因斯坦获诺贝尔奖，他在提名信中强调了广义相对论的重要性，它将力学置于一个全新的基础之上，也是牛顿思想之后的一种新的尝试[③]。这番评价清晰展现了他的态度，但这一变化背后的原因尚不清楚。

明确反对广义相对论的人有米、维歇特、格尔克和莱纳德。米与爱因斯坦早在1913年就有过争论。他批评爱因斯坦的“纲要”理论，也对于爱因斯坦在维也纳的自然研究者和医生协会会议的报告中没有提到他的引力理论有所不满[④]。希尔伯特的理论——结合了米的更传统的物质理论和爱因斯坦的新理论——把米引向了广义相对论[⑤]。米很满意广义相对论抛弃了纲要理论，但并不赞同这个新的理论，他对广义相对论的赞扬仅限于这个理论的构造方式，即理论完全由原理决定[⑥]。然而，并不是所有人都同意同一种原理，他将借由另一种原理去推导他的理论。

① 在评价赖欣巴哈（H. Reichenbach，1891—1953）于1916年的来稿时，普朗克谈论了对一个理论的评价标准：简单、清晰是它应有的优点，而更重要的是它应该具有能够被实验检验的结论（Pyenson L. The Young Einstein : The Advent of Relativity [M]. Boston: Adam Hilger, 1985: 207）.

② 爱因斯坦 2009a: (下册) 156, 235.

③ Elzinga 2006: 109 (Elzinga A. Einstein's Nobel Prize, A Glimpse behind Closed Doors: the Archival Evidence (Archives of the Nobel Museum). Sagamore Beach: Science History Publications, 2006).

④ 派斯 2017: 297（派斯 . 上帝难以捉摸：爱因斯坦的科学与生活 [M]. 方在庆，李勇，译 . 北京：商务印书馆，2017）.

⑤ 爱因斯坦 2009a: (上册) 470.

⑥ 爱因斯坦 2009a: (上册) 469-470.

维歇特是哥廷根大学的地球物理学教授，他在 1916 年发表了一篇文章《水星进动和普通力学》[①]，基于以太的思想，对水星近日点异常进动提出了新解释[②]。维歇特对水星的研究实际上否定了广义相对论给出的水星进动的解释。他在 1894—1900 年对电磁自然观的形成做出了重要贡献，并在 1911 年将引力表述为一种电磁现象。在派恩森看来，维歇特从来都没有接受过狭义或者广义相对论[③]。

同样以水星运动的解释来否定广义相对论的还有德国实验物理学家格尔克，但与维歇特不同的是，格尔克借助了格贝尔（P. Gerber，1854—1909）在 19 世纪末的一篇研究论文来反对爱因斯坦。在刊登了爱因斯坦的文章《广义相对论基础》后不久，《物理学纪事》也发表了格尔克的文章《新引力理论的评论和历史》[④]。文章不但宣称爱因斯坦有抄袭格贝尔的嫌疑，还批评爱因斯坦理论过于复杂，其实人们通过比他的理论简单得多的格贝尔的引力理论就能得到同样的公式[⑤]，此理论在他看来毫无存在的必要。爱因斯坦驳斥格尔克的这些言辞"肤浅"。格尔克在随后几年并没有停止对广义相对论的批评，但他采用了一个新的角度：在《论以太》中提出光行差可以用光以太与物质一起运动的理论来解释，试图修改斯托克斯（G. Stokes，1819—1903）以太理论来反对相对论[⑥]。

另一个更加严肃的批评者是海德堡大学物理研究所所长莱纳德。这位

① Wiechert E. Perihelbewegung des Merkur und die allgemeine Mechanik [J]. Physikalische Zeitschrift, 1916, 17: 442-448.

② Einstein A. The Collected Papers of Albert Einstein, vol. 10. The Berlin Years : Correspondence, May-December 1920 and Supplementary Corres -pondence, 1909—1920 [M]. Princeton : Princeton University Press, 2006 : 64.

③ Pyenson 1974: 338-339, 345 (Pyenson L. The Goettingen Reception of Einstein's General Theory of Relativity [D]. Baltimore: Johns Hopkins University, 1974).

④ Gehrcke E. Zur Kritik und Geschichte der neueren Gravitationstheorien [J]. Annalen der Physik, 1916, 51: 119-124.

⑤ Gennero H. The Reaction to Relativity Theory I: The anti-Einstein Campaign in Germany in 1920 [J]. Science in Context, 1993, 6 (1): 115.

⑥ 爱因斯坦 2009b: 92（爱因斯坦全集：第 7 卷 [M]. 邹振隆，主译．长沙：湖南科学技术出版社，2009）.

1905 年的诺贝尔物理学奖获得者在 1917 年曾提出基于以太的引力理论，得到了与格贝尔同样的结果，但这一工作在格贝尔的计算遭受批评之后终止了。莱纳德撰文指出广义相对论原理并不可行，基于以太物理学的引力理论才有更好的前景[①]。他还从日常经验和直觉出发来批评广义相对论，认为这一理论破坏了人们“健全的常识”[②]。

劳厄实际上也在反对者之列。他是狭义相对论的第一批支持者，但曾在爱因斯坦研究引力理论的早期阶段提出过批评[③]。他在得知光线弯曲实验的结果之前未曾在书信中对理论做过任何表态。他在 1917 年用文章反驳格贝尔的理论[④]，看似声援广义相对论，实则不然，这一举动用维护科学严谨性的理由来解释也行得通[⑤]。而且劳厄在 1917 年和 1918 年两次皆以狭义相对论为由提名爱因斯坦获诺贝尔奖，至少表明在这段时间内，他认为广义相对论在某种程度上不及狭义相对论。

索末菲和维恩的态度并不明朗。索末菲在这段时间一直都未对理论做过正面回应，不过他比较过广义相对论和外尔的理论，更看好后者。而在 1919 年 10 月下旬，在得知光线弯曲实验的结果之后，他提到泡利（W.Pauli，1900—1958）正在对外尔的理论进行检验，说明他仍将外尔的理论视为广义相对论的一个有力竞争者。这时的泡利是慕尼黑大学的一名新生，早在维也纳读中学时就已经在研究外尔的理论了[⑥]。索末菲很可能通过泡利对广义相对论以及外尔的理论有了更多的了解。

---

① Lenard P. Über Relativitätsprinzip, Äther, Gravitation [M]. Leipzig: Hirzel, 1918.

② 爱因斯坦 2009b: 92.

③ 爱因斯坦 . 爱因斯坦全集：第 5 卷 [M]. 范岱年，主译 . 长沙：湖南科学技术出版社，2002 : 359-360.

④ Laue, M v. Die Fortpflanzungsgeschwindigkeit der Gravitation. Bemerkungen zur Gleichnahmigen Abhandlung von P. Gerber [J]. Annalen der Physik, 1917, 52: 214-216.

⑤ 支持这一看法的案例有格贝尔的另一反对者：慕尼黑大学的天文学教授赛利格（H. Seeliger, 1849—1926）。他在 1917 年也批评了格贝尔的文章，声称自己早在 18 年前就知道格贝尔的整个计算基于一个错误，而“这个错误太明显了”，他实在忍不住要说出来。赛利格在物理学方面是出了名的保守派，曾表示爱因斯坦的引力理论等近来出现的物理学都令他十分怀疑（参见上一章内容）.

⑥ Renn J. Albert Einstein-Chief Engineer of the Universe. One Hundred Authors for Einstein [M]. Weinheim: Wiley-VCH, 2005: 207.

维恩曾在 1918 年提名爱因斯坦获诺贝尔奖，他与劳厄都是因狭义相对论而提议爱因斯坦与洛伦兹分享奖项。劳厄在提名信中对狭义相对论的历史作了一番综述，强调了二人为建立相对论所做的工作。维恩的看法和劳厄相同，但他进一步提到，将洛伦兹变换推广至加速系统和引力问题使得这个理论更加重要，其中水星近日点进动的解释是一个重大的因素[①]。除此之外，没有更实质性的资料来反映这一时期维恩对广义相对论的态度。

二、这一时期德国物理学界态度的特点

从 1916 年至 1919 年的书信来看，与爱因斯坦就广义相对论进行过深入交流的人以哥廷根大学的数学家、莱顿大学的物理学家和天文学家以及维也纳大学的物理学家为主。这些资料也佐证了派恩森有关广义相对论的三个学圈（circle）论。

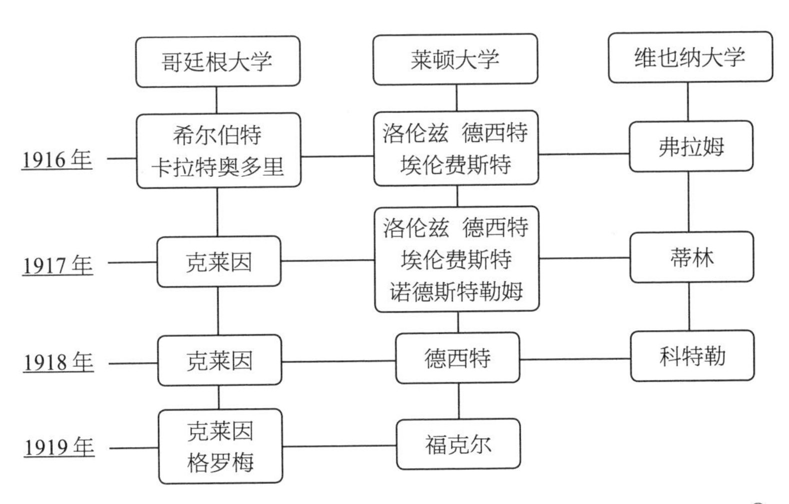

1916—1919 年与爱因斯坦就广义相对论在信中有深入讨论的科学家[②]

① Elzinga 2006: 104-106.

② 派恩森通过整理文献的数据，发现了莱顿大学学圈、维也纳大学学圈、哥廷根大学学圈（Pyenson 1974: 94-96）。派恩森对莱顿学圈和维也纳学圈的看法得到下列文献的进一步检验和补充：Kox A. General Relativity in the Netherlands, 1915-1920 [M]//Eisenstaedt J, et al. (eds.) Studies in the history of general relativity. Boston: Birkhäuser, 1992; Havas P. Einstein, Relativity and Gravitation Research in Vienna before 1938 [M]//Goenner H, et al. (eds.) The Expanding Worlds of General Relativity. Boston:Birkhäuser, 1999.

那时的爱因斯坦也同样认识到在这三个地方形成了广义相对论的研究团体：为了与莱顿的同事们更好地讨论广义相对论，他告诉艾尔莎“在1916年9月底去荷兰访问了两周。自己的理论在这里发展得生气勃勃，因为最好的理论家都在研究它。”

爱因斯坦写信给克莱因，提到很希望哥廷根和莱顿之间交流广义相对论方面的论文，这样可以节省很多思考的过程；1917年7月，维也纳大学的理论物理学助教蒂林（Hans Thirring，1888—1976）写信告诉爱因斯坦，包括弗拉姆（Ludwig Flamm，1885—1964）在内的年轻的维也纳学派正在仔细研究引力理论，他自己主要研究旋转运动的相对性问题[①]。

相比之下，这几年就广义相对论与爱因斯坦进行过书信讨论或者发表过相关文章的德国物理学家仅有玻恩、米、维歇特、格尔克和莱纳德。其中，只有玻恩接受了广义相对论，其余几人均持反对意见。在反对者中，米与后三人的不同在于，他对广义相对论怀有极大兴趣，认识到了它着力解决的问题的正当性，同时认同其构造理论的方式，但不认同其原理，他希望给出一套更好的理论体系。而后三人从根本上就无法接受广义相对论，也没有认清它背后的问题，对其毫无兴趣，却又未能给出任何具体可行的建设性方案。比起莱顿大学和维也纳大学的同行，德国物理学家在这一时期对广义相对论的态度有着明显的不同：他们并没有因为兴趣而形成一个广义相对论的研究团体，同时以实验物理学家为主的反对者居多。有趣的是，哥廷根大学的数学家们却形成了一个研究团体，弥补了这个空缺[②]。

① 关于汉斯·蒂林与维也纳大学对广义相对论的研究，请参见朱慧涓．兰斯－蒂林效应发现历史的再回顾[J]. 自然辩证法通讯，2022，44（7）：45-51。

② 派恩森提到了哥廷根学圈中的数学家和天文学家。数学家有克莱因、希尔伯特以及外尔，天文学家有史瓦西和弗洛因德里希，参见 Pyenson 1974: 394-398.

第二节　光线弯曲被证实之后：1920

一、1920 年德国物理学界的态度概述

通过对《爱因斯坦全集》（第九和第十卷中从 1919 年 11 月到 1920 年底）的书信内容、文献目录、关于诺贝尔奖的资料，以及对 1920 年出现的反相对论团体的活动以及巴特瑙海姆会议的资料的整理得出，在 1919 年日食实验结果公布之后到 1920 年底，以如下方式对广义相对论表态的德国物理学家分别有：[演讲（包括反相对论活动以及巴特瑙海姆会议）] 玻恩、劳厄、米、格雷博（L. Grebe，1883—1967）、莱纳德、格尔克；[出版物] 玻恩（1919、1920）、劳厄（1920）、米（1920）、索末菲（1920）、莱纳德（1920）、格尔克（1920）；[诺贝尔奖提名] 瓦尔堡、哈兹（Wilhelm von Waldeyer-Hartz，1836—1921）、普朗克。

在这一时期之前对广义相对论明确表示赞成的人有玻恩、普朗克、瓦尔堡，明确表示反对的人有米、维歇特、格尔克、莱纳德。而从 1920 年的文献来看，除了米的态度有些许变化之外，其余几人的立场均未改变。在"德国自然科学家保卫纯科学工作协会"（Arbeitsgemeinschaft deutscher Naturforscher zur Erhaltung reiner Wissenschaft e. V）举办的反对爱因斯坦及其相对论的活动中，格尔克发表了"对爱因斯坦相对论的批评"的演说，重复了他早期的观点。而在巴特瑙海姆会议有关相对论的专场演讲的讨论中，莱纳德与爱因斯坦有过交锋。根据残存的版本记录显示，莱纳德表示：最好停止宣布废除以太；相对性原理显然限制了引力原理；超光速对相对性原理造成了困难[①]。

① 爱因斯坦 2009b: 320.

而在此前的名单中并未出现过的哈兹、格雷博均可被视为广义相对论的支持者。普鲁士科学院秘书哈兹提名爱因斯坦获诺奖的理由很简短：因为相对论，没有其他的原因。格雷博是波恩大学的物理学家，他与同在波恩大学的同事巴赫姆（A.Bachem，1888—1957）因研究太阳光谱红移效应而获得1919年威廉皇帝物理研究所提供的研究资助。在1919年底，他们证明了广义相对论所要求的红移效应的存在，并分析出红移现象在一些情况下没有出现的原因仅仅是谱线的错误划分。在巴特瑙海姆会议上，格雷博就其测量结果做了相关演讲。

以下几人的态度值得剖析：劳厄在这一时期已经接受了广义相对论。在光线弯曲实验的结果传来之后，他向爱因斯坦请教关于移动物体的光学效应问题，此问题也许与他在巴特瑙海姆会议上的演讲“有关相对论的近期光学观测的理论评述”相关。这一举动说明他此时已经对广义相对论产生了兴趣。实际上，他在1921年写了一本介绍广义相对论的书，作为他1911年关于狭义相对论的书的补充。更进一步的证据来自他在反相对论活动中对爱因斯坦的声援：他不仅撰文反驳威兰德对爱因斯坦及其科学成就的恶意中伤，还与能斯特和鲁本斯发表了一个联合声明，批评这一活动，为爱因斯坦及广义相对论正名。

比起以前强烈地反对广义相对性原理，这一时期的米在态度上有一些变化。虽然他仍没有完全接受广义相对论，认为爱因斯坦理论“不能得到任何合理的世界函数”，不过他声称已经找到方法将一种合理的坐标系引入广义相对论，从而“排除了所有的纯虚构的引力场”[①]。

就在英国远征队关于光线弯曲实验的消息传入德国后不久，索末菲就写信告诉爱因斯坦，泡利正在根据外尔的理论计算光线和水星的路径，“这次，也许外尔的理论将会被驳倒”[②]。索末菲于1920年底写了一篇报刊文章介绍相

① 爱因斯坦 2009b: 318, 321.

② 爱因斯坦 2013: 222（爱因斯坦．爱因斯坦全集：第9卷 [M]. 方在庆，申文斌，主译．长沙：湖南科学技术出版社，2013）.

对论[1]。尽管如此，他对广义相对论仍有疑虑，一方面在于引力红移效应未能得到实验上的确证，另一方面在于爱因斯坦的理论对电子的阐述不能令人满意。第二点是泡利首先提出来的，他在巴特瑙海姆会后的讨论中也重申了这一点："迄今为止，还没有任何电子理论，包括爱因斯坦的理论，在满意地解决电的基本量子问题上取得成功。"[2] 在 1920 年底，索末菲还较为关心电子问题，并向爱因斯坦询问电子问题是否会在新的一年变得成熟，"这可能是相对论下一个最大的收获"[3]。

二、这一时期德国物理学界态度的特点

英国日食远征活动在 1919 年是德国物理学界颇为期待的一个事件。早在日食检验结果还未公布之前，就有人一直询问爱因斯坦结果，例如米。关于英国方面的消息最早是由洛伦兹告诉爱因斯坦的，他在 1919 年 9 月 22 日给爱因斯坦发电报称，爱丁顿的初步观测值是介于 0.9 与 1.8 之间。这一消息不胫而走，爱因斯坦收到了众多朋友的祝贺。光线弯曲的消息最终于 1919 年 11 月 6 日正式发布。不过，德国的报纸并没有立即出现类似英、美国家的井喷式报道，相反，他们显得相当冷静[4]。

在光线弯曲被证实的消息传来之后，德国物理学家对于广义相对论的关注度整体有所提高。前述的数据表明持支持态度的人数有所增加。在收到消息之后，劳厄与索末菲不约而同开始关注这一理论。目前看来，可能因光线弯曲效应的证实而转变态度的物理学家只有劳厄，索末菲仍持怀疑的态度。

引发索末菲怀疑的因素之一就是广义相对论的另一效应——引力红移效应。当时的观测结果都指向不存在这一效应，人们对这一效应能够得到验证的前景并不太乐观。虽然格雷博两人得到了正面的结论，但显然它并没有完

① Pyenson 1974: 532.

② 爱因斯坦 2009b: 317.

③ Einstein 2006: 549 (Einstein A. The Collected Papers of Albert Einstein, vol. 10. The Berlin Years: Correspondence, May-December 1920 and Supplementary Correspondence, 1909—1920 [M]. Princeton: Princeton University Press, 2006).

④ Elton L. Einstein, General Relativity, and the German Press, 1919—1920 [J]. Isis, 1986, 77 (1): 98.

全打消疑虑，至少爱丁顿对此结果仍持保留态度。广义相对论与红移观测结果之间的冲突令一些人试图寻找替代理论，而外尔的统一场论正好在这方面表现出良好的前景，索末菲和爱丁顿都曾表达过这一看法[①]。

对于通过实验观察证明相对论的引力红移这一预测的进展，爱因斯坦同样怀着极大的兴趣，他告诉朋友贝索（Besso），他很满意欧洲大陆一系列实验得出的有利的结论。也许使爱因斯坦感到更满意的是，以前持怀疑态度的英、美天文学家共同体正在朝着他的思维方式靠拢。美国公众和科学家对引力红移特别感兴趣，这是相对论的三个验证中唯一一个还没有通过实验证实的。太阳光谱学家们仍然怀疑，预测的效果是否一直存在于他们的数据库里。爱因斯坦1920年就已经感觉到了情形的变化，1921年间，形势的发展越来越有利于相对论。《纽约时报》9月8日报道，美国天文学家现在希望这个理论可以通过实验得到确证。

爱因斯坦与他的长期合作者、柏林天文学家埃德温·弗洛因德里希之间从1911年秋天开始通信，自那以后，他们就一直不断地探索可能的实验观测。为了证明新兴的引力相对论，他们研究经过太阳或木星边缘的星光里受引力影响的光线的偏折，或通过恒星引力透镜来研究光线的偏折。他们还合作考察被预测的引力红移。弗洛因德里希是第一位对这一验证表现出持久热情的专业天文学家。1920年期间，弗洛因德里希始终是爱因斯坦捐献基金的主要推动者，该基金最终支持建造了著名的爱因斯坦塔式望远镜，并且，天文学会1921年夏在波茨坦召开的年度会议期间进行了该望远镜的落成典礼。1921年6月，这两位科学家，作为友好的同事，在伦敦拜访哈尔顿勋爵（Lord Haldane）期间，与英国数学－哲学家阿尔弗雷德·怀特海（Alfred North Whitehead）进行了长时间的讨论。然而弗洛因德里希的工作早些时候遭到天文学家同事们的批评，爱因斯坦在写给埃伦菲斯特的信中开玩笑地猜测说，在弗洛因德里希来访期间莱顿的同事们可能“掐”了他一把，这样做可能“只是为他好”。在给天文学会的请愿书上，爱因斯坦和弗洛因德里希

① 爱因斯坦 2013: 115.

都签了名，要求天文学会支持对预测的行星近日点进动的实验验证，支持已经计划好的日食远征考察队，验证 1922 年 9 月 21 日日食期间引力中的光线弯曲。

在 1921 年和 1922 年，越来越多的物理学家提名爱因斯坦获得诺贝尔物理学奖。索末菲在 1922 年加入了这个行列，他称爱因斯坦为物理史上出色的思考者，1919 年的日食实验是广义相对论得到承认的决定因素，但是对于引力红移，他认为仍有怀疑的空间。然而，即使这个理论被证明是错误的，爱因斯坦的整体成就依旧很大，值得获奖①。

但是光线弯曲实验的结果并没有打动所有人，德国物理学界仍然存在一些广义相对论的坚定反对者，例如维歇特、格尔克和莱纳德。

此外，还有一个比较有趣的现象，那就是这一时期明显出现了很多从哲学的角度来思考广义相对论的信件与出版物。广义相对论并不是这段时期才获得哲学上的关注，石里克（Moritz Schlick，1882—1936）与赖欣巴哈此前都从哲学角度对广义相对论作过阐述。而在日食远征结果公布以后，这类信件增加了很多。来信的既有哲学界的专业人士、也有哲学业余爱好者。

在广义相对论的进一步发展中，爱因斯坦关注的一个核心问题涉及他的宇宙学解读。在 1922 年 6 月与 7 月的时候，爱因斯坦与莱比锡大学的物理学编外教授雅菲（George Cecil Jaffé，1880—1965）进行了信件交流，内容涉及的是爱因斯坦在 1917 年提出的为场方程增加一个宇宙项的建议。相反，雅菲提出了对史瓦西解的一个变型，相当于一个质量量度。他声称，如果按照这种理解，人们就能实现马赫的设想，即一个远离其他所有粒子的粒子将实际上拥有零质量。这与爱因斯坦在 1917 年的“宇宙学思考”似乎形成对照。爱因斯坦与雅菲之间的通信谈到了这个问题的不同方面，尤其是恰当表达经典动力学量（例如粒子的动量与能量）的问题②。

① Elzinga 2006: 140-141.

② Illy J. The Correspondence of Albert Einstein and Gustav Mie, 1917—1918 [M]// Eisenstaedt J, Kox A J. Studies in the History of General Relativity. Boston: Birkhäuser, 1992.

在1922年9月，爱因斯坦在《物理学杂志》(*Zeitschrift für Physik*)上发表了对俄国数学家亚历山大·弗里德曼(Alexander Alexandrowitsch Friedmann，1888—1925)的论文的一篇短评。这篇由弗里德曼撰写，在当年早些时候发表在同一杂志上的论文最后成为现代宇宙学的基础之作。在这篇论文中，弗里德曼表明爱因斯坦关于宇宙的广义相对论方程存在着非静态解。他也表明可能存在一个其曲率虽然在空间不变却随时间改变的一个宇宙。

但是，爱因斯坦确信这样的宇宙是不可能存在的，他相信自己已经在弗里德曼的数学论证中发现了错误，通过“关于弗里德曼论文‘关于空间的曲率’的评论”指出了这一问题。两个多月之后，弗里德曼在从一位朋友那里得知爱因斯坦的“评论”一文后，给爱因斯坦写了一封长信作为回应，指出爱因斯坦“评论”中的错误。爱因斯坦经过进一步的思考之后，最终于1923年5月31日发表了对之前“评论”的纠正。

从爱因斯坦发表的关于广义相对论的宇宙学诠释的通信中，可以看出他对马赫原理作用的看法，存在着微妙但决定性的转化。马赫原理不再是作为广义相对论的概念基础的构造性的启发原理，而是成为相同一组方程不同解的选择原理。

爱因斯坦发表两篇论文来尝试统一电磁场与引力场。第一篇论文在1922年1月10日被杂志社接收，并于1923年发表。这篇论文的基础，是雅可布·格罗梅(Jakob Grommer，1879—1933)所做并在一封写于1921年10月25日的信中传达给爱因斯坦的计算。发表这篇论文的直接目的是提高位于耶路撒冷的希伯来大学所发行的一份新的科学期刊的地位，而在那时希伯来大学还未正式成立。这篇论文很有可能也是为了协助格罗梅在这所尚在计划中的大学里获得一个职位。这篇论文与克鲁扎已于1919年告知爱因斯坦的想法也有联系，这个想法是说一个五维空间将通过它的第五个维度来纳入电磁场。论文旨在表明克鲁扎的理论并不允许在无穷远处的遵从某种边界条件的静态球面对称解。这个结果的重要性在于，这一类解本来能够被阐述为类似粒子的场的位型。

代表粒子的场位型必须是定域的，即它们的非零场值必须限制在类似空间维度之内的一个有限区域。至少对单粒子解而言它们应该是静态的。这种单粒子解的存在是爱因斯坦对真正的统一场理论的预想之中的一部分。

第三节　分析和回应

一、1916—1920 年德国物理学界态度的特点及原因分析

在 1916 年初至 1919 年光线弯曲实验结果公布之前，可以看到，比起荷兰和奥地利的物理学界，德国物理学界在这一时期的特点表现为：不够积极，没有出现一个类似莱顿学圈或维也纳学圈那样的物理学家研究团体，而且以实验物理学家为主的反对者居多。具体来说，德国并没有出现像洛伦兹、福克尔那样对广义相对论作出了贡献的物理学家。早期支持者如玻恩，也仅仅写了一些阐述广义相对论的文章或书籍。他的研究兴趣至迟在 1917 年就已经转移到了量子理论方面。下面将从三个角度来分析这一特点背后的原因：

1. 爱因斯坦的科学哲学思想和研究风格

爱因斯坦的科学才能是举世公认的。同时，他对许多哲学问题进行了深入的思考，提出了一些独特的见解，许多人认为爱因斯坦也是一位杰出的哲学家。在他的一生中，他的哲学观念是不断变化的。

早期，他接受的是一种带有批判意识的经验论。从 12 岁开始，爱因斯坦就开始阅读自然科学的入门书籍，其中自然科学原理的相关内容成为他打开科学之门的钥匙，打破了他当时的宗教信仰，从此之后，爱因斯坦的科学研究一直受到怀疑和批判精神的指引。在青年时期，爱因斯坦阅读了大量德国哲学家恩斯特・马赫（Ernst Mach，1838—1916）和英国哲学家休谟的著作，他从马赫的思想里汲取精华，看到了牛顿经典力学的矛盾之处，从而建立了狭义相对论。

爱因斯坦开始走向一种科学的理性论，他认为，科学中的一些基本概念和理论，是不能从经验中按照逻辑推导出来的。理论物理学十分抽象，它不

能像早期的经典物理学那样，可以尽量使用那些在我们日常生活中能获取到的事实和经验，而必须大量使用远离经验的概念。1933 年，爱因斯坦在牛津大学做了一场有关理论物理学的演讲，在这场演讲中明确地讲到了他的科学观点，他认为，理论物理学的理论基础可以被人自由地创造出来。他相信，大自然是最简单的数学观念的具体表现，只要通过数学架构，就能发现科学概念之间的规律，打开理解自然现象的大门。

就拿爱因斯坦的狭义相对论的创立过程来说，就有许多值得进行哲学思考的地方。促使爱因斯坦创立相对论的原因有很多，其中最广为人知的一个就是他在 16 岁时就在思考的“追光实验”，如果用光的速度追赶一束光，将会发生什么？在爱因斯坦的头脑里，这束光好像是在一个空间里震荡着的电磁场，可是这样的情况是不可能出现的，因为这与牛顿力学和麦克斯韦方程中的光速不变性之间存在着冲突，这个问题困扰了爱因斯坦十年之久。他提出了两条假设，第一条就是相对性原理，第二条是光速不变原理。在研究的过程中爱因斯坦遇到了很多的困难，一直到 1905 年，爱因斯坦才完成了那篇著名的论文《论动体的电动力学》。启发爱因斯坦的是关于时间的概念。他发现，没有一个绝对的时间定义，时间与信号速度之间有着密不可分的联系。简单来讲，一个人运动速度越快，他的时间就越慢，当一个物体的运动速度达到光速时，那么它的时间就是静止的。

1907 年，爱因斯坦坐在专利局的椅子上望向窗外，他产生了一个想法：当一个人从高空自由落下的时候，是感觉不到自己的重量的，这个想法让他大吃一惊，决定把相对论的适用领域扩大到加速运动中去。和“追光实验”一样，爱因斯坦十分擅长运用想象的力量，在头脑里进行“思想实验”，把想象力变成科学研究中的一个实在因素。终于，在 1915 年，爱因斯坦正式发表了广义相对论的数学方程。在牛顿力学的科学体系下，人们认为地球绕着太阳旋转是因为受到了太阳引力的作用，任何物体都遵从着力学定律运动。广义相对论推翻了这个看法，从此之后人们认识到，时间和空间不是彼此独立的，而是形成了一种时空交织的结构，在时空中的物质会弯曲空间，物体感受到的引力是通过遵循自然的曲率形成的，这是20世纪最伟大的科学发现。

爱因斯坦喜欢独自做研究，而不愿意指导或培养学生，否则以他自身的能力和影响力，也许能够在德国物理学界聚集一股研究广义相对论的力量。

在那篇广受传诵的《我的世界观》（*Mein Weltbild*，Querido Verlag，Amsterdam，1931，1953）中，他这样写道：

> 我是一个真正的“独行者”，从未全心全意地属于过我的国家、我的家乡、我的朋友，乃至我最亲近的家人。面对这些关系，我从未消除那种疏离感，以及对孤独的需求——这种感觉随着岁月的流逝与日俱增。一方面，它能让人清楚地意识到，这将使自己与他人的相互理解和支持受到限制，但我毫无遗憾。这样的人无疑要失去一些天真无邪和无忧无虑。但另一方面，这样的人才能在很大程度上独立于他人的意见、习惯和判断，避免让自己内心的平衡置于这样一些不稳固的基础之上。

这里的“独行者”，来自德文“Einspanner”，原意为“一匹马拉的车”。我们可以从多个层面来理解它。首先，可以用它来形容作为研究者的爱因斯坦的孤独；其次，也可以用它来描述爱因斯坦不受羁绊的独立人格，以及他看待问题和处理问题的独特方式。他有一句并没有引起人们太多注意的话：“我从未试图在任何场合取悦别人”，则更好地诠释了“独行者”的形象。

尽管爱因斯坦一生有不少朋友，但是作为一名研究者，他基本上是孤军奋战。这一点贯穿了他的一生。没有一个人从他那里获得博士学位，他也没有形成一个所谓的学派。他不喜欢上课，不是一位严格意义上的好老师，仅有的几次授课经历都不能说很成功。至于他在日本、美国、西班牙以及阿根廷等地的演讲受到空前欢迎一事，与他是否会讲课关系不大，听众更多是慕名而来。爱因斯坦曾多次抱怨没有几个听众能真正听懂他的演讲。

在评价一个人的学术贡献时，爱因斯坦将友谊与学术判断截然分开。学术上的独创性是爱因斯坦采用的唯一标准，尽管他的判断也会受学术偏好的影响。爱因斯坦与索末菲和玻恩在学术上交往甚多，后两者还分别将他们与爱因斯坦之间的通信结集出版。这些感情真挚的通信是他们友谊的见证。正是在索末菲的提议下，爱因斯坦才成为巴伐利亚科学院通讯院士。但他从没有提名索末菲和玻恩获诺贝尔物理学奖。相反，索末菲却在1922年提名爱因斯坦为诺贝尔物理学奖候选人。让人深思的是，尽管爱因斯坦并不喜欢海森伯（Werner Heisenberg，1901—1976）以及他背后的哲学，但承认他工作的有效性。1932年，爱因斯坦提名海森伯和薛定谔共获诺贝尔物理学奖。

然而通过一个例子我们可以一窥他的独行侠风格：布洛赫（Werner Bloch，1890—1973）曾听过爱因斯坦在柏林大学开设的相对论课程，他写的一本相对论导论获得了爱因斯坦的肯定[①]。然而，当谈到布洛赫希望进入威廉皇帝物理研究所工作时，爱因斯坦告诉艾尔莎，布洛赫的幻想是徒劳的，“我并不打算请人”[②]。而实际上，到1920年，威廉皇帝物理研究所除了他这个所长之外，也只有弗洛因德里希和德拜。

和平主义和超国家主义（世界政府）是爱因斯坦的两个基本政治理想。早在“一战”之初，爱因斯坦就公开宣扬和平理想。“一战”结束后，他支持全面裁军和建立统一的欧洲。“二战”结束后，他极力倡导“世界政府”的理想，主张和平利用，而且只能和平利用原子能。在他的晚年，“世界政府”仍然是他一次次以各种形式谈论的话题。他的建议有的也许不切实际，有的也许不太成熟，然而，可以肯定的是，它们都来自一个清晰的头脑和强烈的道德信念。

在科学与宗教的关系方面，爱因斯坦的看法非常独特。“没有宗教的科学是跛足的，没有科学的宗教是盲目的”。这句话常常让人产生误解，以为爱因斯坦说反了。之所以产生这种误解，是因为没有弄清科学与宗教在爱因斯坦心目中的不同地位。爱因斯坦从来不是在字面意义上谈“宗教”，他更多

① Einstein 2006: 94 (Einstein A. The Collected Papers of Albert Einstein, vol. 10. The Berlin Years: Correspondence, May-December 1920 and Supplementary Correspondence, 1909—1920 [M]. Princeton: Princeton University Press, 2006).

② Einstein 2006: 108 (Einstein A. The Collected Papers of Albert Einstein, vol. 10. The Berlin Years: Correspondence, May-December 1920 and Supplementary Correspondence, 1909—1920 [M]. Princeton: Princeton University Press, 2006).

是指“宗教性”或“虔诚态度”。“一个宗教信仰者的虔诚，在于他从不怀疑那些既不需要也不可能有理性基础的超越个人目的和目标的意义”。爱因斯坦不是通常意义上的信仰宗教的人。他从不祷告，也不做礼拜，但生活中却始终有一个坚定的信念——一个不可能有理性基础的信念：一定存在等待被发现的自然规律。这就是斯宾诺莎式的上帝观。他信仰“斯宾诺莎的那个在存在事物的有秩序的和谐中显示出来的上帝”，而不信仰那个“同人类的命运和行为有牵累的上帝”。他毕生追求的，就是去发现这些规律。

爱因斯坦虽然出身犹太家庭，但不信仰犹太教。他对犹太人命运的积极关注是从 1914 年到柏林后才开始的。当时的柏林，有大量来自东欧的贫穷的犹太人。他发现，那些早就定居在柏林的犹太人，对于自己的同胞明显表现出冷漠的态度。尽管他鄙视犹太族群中丧失个性的同化现象，但是由于总体上犹太民族处于受压迫状态，他同社会上一切形式的反犹主义做斗争。他同意为犹太复国主义奔波，最初是为在耶路撒冷建立大学筹款，他看到大量犹太青年因各种原因受到限制，无法接受大学教育，让他非常痛心。他并不是希望在巴勒斯坦建立一个以实体存在的以色列国。在他看来，一个能与阿拉伯人和平共处的犹太人定居点是最理想的，如果在这个定居点中，犹太青年能有机会接受教育，那么就有可能实现文化的犹太复国主义，进而达成犹太人对社会公义的理想。他甚至主张，所有在巴勒斯坦的犹太儿童都应当学习阿拉伯语。他还说：“如果我们不能够找到一个与阿拉伯人和平共处并且真诚合作的方法，那说明我们从过去 2000 年的苦难中什么都没有学会，命运对我们的惩罚是公平的。”

移居美国后，他又指责这个收留他的国度里严重的种族隔离政策，抨击麦卡锡主义对左翼知识分子的政治迫害，揭露核战争图谋，反对军方与企业的合谋。所有这些话题在当时都是异常沉重的，爱因斯坦也知道相应的后果，但他义无反顾。为此美国联邦调查局（FBI）曾把他视为眼中钉，欲除之而后快。

2. 量子理论的发展以及爱因斯坦的态度

从这一时期的书信来看，很多德国物理学家都在研究量子理论，比如普朗克、索末菲、劳厄、德拜、维恩、玻恩。爱因斯坦自己也对这一理论的发展有浓厚的兴趣，他在继续拓宽广义相对论研究的同时没有放弃对量子问题的思考，并且时刻关注着这一理论的最新进展。他在 1916 年就注意到索末菲关于光谱线的工作，而且对其有很高的评价。这一看法在接下来的两年都没有变[①]，他认为索末菲对光谱学更感兴趣是自然而然的事情[②]。这些资料说明德国物理学家更为量子理论所吸引。

而被量子理论吸引的不光有德国物理学家。从书信上来看，莱顿的洛伦兹和埃伦费斯特从1918年开始就不怎么与爱因斯坦交流广义相对论的问题了，维也纳大学在 1919 年也整体缺席广义相对论的讨论。他们的研究重心皆有所转移。爱因斯坦在 1919 年 11 月初结束对莱顿的访问回到德国后告诉埃伦费斯特，他正在研究洛伦兹 1919 年撰写的关于辐射理论和量子理论的讲稿，之后打算再重读玻尔的论文。爱因斯坦这股学习量子理论的热情与他在莱顿期间的交流有很大的关系。埃伦费斯特就曾向爱因斯坦夸奖过玻尔，莱顿的福克尔也在 1919 年向爱因斯坦提到自己正在完善 Jan Kroo 电子层理论，而维也纳的蒂林则在研究原子和晶体结构[③]。

尽管爱因斯坦对量子理论有诸多疑问以及未解决的困难，我们还是发现了他强调其重要性的论述。在信件与文章中他清晰地指出，鉴于其经验性的成功，量子理论是绝对必要的，尽管其概念基础还存在疑问。

爱因斯坦对玻尔与玻尔所做的先驱性工作表达了钦佩之情，表达的方式既包括正式的推荐（例如主张提名玻尔为普鲁士科学院的通讯会员）也包括私人通信往来。他认为玻尔是“当今物理学最伟大的天才”，不敢以琐碎的请求去打扰他。在一封写给埃伦费斯特的信中，爱因斯坦表达了他对玻尔的思维世界的高度欣赏：“他真是一个聪明人，世上有这样一个人是大家的幸运。我对他的一系列思想有完全的信心。对应原理以及玻尔应用它的方式应该是很有说服力的。”在爱因斯坦于 1922 年 8 月在日本期刊《改造》(*Kaizo*)

① Einstein 2006: 67.

② 爱因斯坦 2009a: 250, 327.

③ 爱因斯坦 2013: 214–215, 221, 243.

上发表的通俗文章《论理论物理学的当前危机》中的最后一段，他更加详细地表述了普朗克－玻尔－卢瑟福量子理论的产生的必然性。

在马克斯·玻恩（Max Born，1882—1970）致爱因斯坦的信件中，想要理解与完善量子理论的决心跃然纸上。在其中一封信里，玻恩报告了他的晶体理论的进展以及他与泡利在微扰理论方面的工作进展，而后者最终成为玻恩最著名的成就之一。在另一封信中，玻恩描述了他努力试图将分子进行量子化遇到的困难。这可能是关于玻恩在量子化学方面的工作的最初的报道，而量子化学在几年之后将变得非常重要。

3. 理论物理学的地位

几位反对爱因斯坦的德国物理学家，除维歇特外，都是实验物理学家。而广义相对论的研究更偏重于理论层面，更符合当时一个新兴群体——理论物理学家——的研究兴趣。但理论物理学这门新的学科从建制规模上来看还属于一个小众领域。据统计，在1910年，德国大学中拥有理论物理学教席的12人，仅约占同年德国大学物理学全部从业人数的10%[①]。理论物理学的边缘地位也是广义相对论在德国遇冷的可能因素之一。

从实验结果公布之后至1920年底，德国物理学界的态度又呈现如下的特点：光线弯曲实验结果的影响明显，支持广义相对论的人数增加，有立场转变者，也仍有坚定的反对者。另外，德国物理学界在广义相对论问题上的讨论不及哲学界或业余哲学爱好者热烈，仍没有形成一个研究团体。

造成第二个现象的原因之一仍然是量子理论的发展。前面已经提到很多德国物理学家都在研究量子理论。玻恩就曾向爱因斯坦坦承，他在科学上尝试了很多事情，但没有哪件事让他有高涨的热情。最吸引他的还是德拜曾经提出的晶体不可逆过程理论[②]。而爱因斯坦自己也开始在量子问题上做更多的思考。

① Forman P, Heilbron J L, Weart S. Physics circa 1900: Personnel, Funding, and Productivity of the Academic Establishments [J]. Historical Studies in the Physical Sciences, 1975, 5: 21, 31.

② Einstein 2006: 515–516 (Einstein A. The Collected Papers of Albert Einstein, vol. 10. The Berlin Years: Correspondence, May–December 1920 and Supplementary Correspondence, 1909—1920 [M]. Princeton: Princeton University Press, 2006).

另一个可能的原因是广义相对论的研究日趋完善，物理学家又被新的研究领域吸引。当爱因斯坦于 1920 年 10 月下旬到达莱顿准备就职仪式时，这里正在举办一个名叫“磁周”（Magnet-Woche）的活动。活动的参与者有埃伦费斯特、洛伦兹、欧纳斯、朗之万等人，目的主要是想促成有关低温凝聚态物理的实验问题和理论问题的讨论。而尽管广义相对论曾是洛伦兹、福克尔等莱顿物理学家十分感兴趣的研究内容，也为此作了颇多贡献，但是他们更希望爱因斯坦参与到这里的低温凝聚态物理的研究当中。也许在广义相对论方面，其他人也像爱因斯坦自己所讲的那样，“再也找不出什么新东西了”[①]。

二、对一些观点的回应

一些学者认为，数学的复杂性阻碍了部分物理学家对广义相对论的接受。艾森施泰特列举了物理学界的批判，其中有一条指责它太公式化、数学化、猜测性太强（too formal，too mathematical，too speculative）。还有一类“经济的（economic）”看法，认为广义相对论与牛顿的理论相比，投入产出比不高。桑切斯朗在分析英国物理学家对广义相对论的态度时，使用了更直接的证据来说明广义相对论采用的数学工具使得一些英国物理学家感到不适应[②]。

本文也提到德国物理学家格尔克批评过广义相对论的复杂性，但没有更多的证据显示德国物理学界在早期主要因数学上的困难而质疑或者反对该理论。不过，就德国物理学界并不积极的态度来看，这一因素仍可能存在。相比之下，德国数学界明显比物理学界对广义相对论更感兴趣，哥廷根大学的数学家（克莱因、希尔伯特、卡拉特奥多里、格罗梅）构成了早期的研究主力。

① 爱因斯坦 2009a: 38

② Sänchez R J. The Reception of General Relativity Among British Physicists and Mathematicians（1915—1930）[M]//Eisenstaedt J, Kox A J. Studies in the History of General Relativity. Boston: Birkhäuser, 1992: 72-73.

在探讨光线弯曲的实验结果对科学家态度的影响时，有一种常见的表述：因为1919年光线弯曲被证实了，所以广义相对论被广泛接受了。这样的表述甚至以一种直白简单的形式出现在科普读物或科学哲学著作中。科学哲学家认为光线弯曲之所以被科学家看作最强的证据，新颖事实准则在其中起了很大的作用。然而，这样的看法遭到了布拉什强有力的反驳：第一，在1919年的光线弯曲实验结果公布两三年之后，许多物理学家的著作都将它与水星近日点的进动视为同样重要的证据[①]，而进入20世纪中期以来，科学家们觉得水星近日点是更强有力的证据[②]；第二，当初确有一些物理学家表示，因为爱因斯坦提前预测了结果，所以广义相对论赢得了赞同。但是这些物理学家后来分别在不同场合又表达了相反的看法[③]。

本文的研究表明，在光线弯曲被证实之后，支持广义相对论的人数确实增加了。然而，虽然有态度上从反对转变为支持的德国物理学家（劳厄），但是仍有未完全接受的物理学家（米）以及坚定的反对者（维歇特、格尔克和莱纳德）。他们的反对至少在此时还是基于物理学的立场的[④]。而且，即使光线弯曲被证实了，广义相对论的另一效应——引力红移的实验验证情况也仍为物理学家所担忧。由于引力红移被证实的前景不佳，一些物理学家（索末菲）也试图寻找替代的理论。这些资料一方面补充了布拉什关于物理学家看重和采纳何种证据的说法，另一方面也可以支持他对于“新颖事实”的批评。

对应库恩的科学革命的概念框架，广义相对论接受史研究讨论的一个重要问题就是科学共同体在科学革命时期如何在新旧范式之间做选择。库恩认为科学家在几种竞争的范式中做选择时必然无法运用常规科学的标准，几种范式的支持者之间缺少可以沟通的原则，在辩论过程中就出现了各说各话的

① Brush S. Why was Relativity Accepted? [J]. Physics in Perspective, 1999, 1(2): 197.

② Brush S. Why was Relativity Accepted? [J]. Physics in Perspective, 1999, 1(2): 198-199.

③ 这些物理学家包括J. J. 汤姆孙、朗之万、玻恩、劳厄和洛伦兹。

④ 莱纳德与格尔克一直是广义相对论的批评者。按照戈纳的看法，莱纳德在1920年之后才成为爱因斯坦的宿敌。而弗尔辛也持同样看法，他指出，莱纳德在巴特瑙海姆会议之后才用反犹的思想标榜自己反对相对论。至于格尔克，他一直否认自己的攻击同政治有任何关系。

特色[①]。他将这一特点表述为“不可通约性”，并给出了三方面的具体表现：各范式的支持者对于所应解决问题的清单看法不同；对于某些相同的概念和操作有不同的理解和阐释；对于物理世界的看法常常不一样[②]。

广义相对论的案例确实反映了“不可通约性”的某些特点。在1916—1920年，德国物理学界对于广义相对论的几种态度（接受、质疑、反对）长期并存。几位坚定的反对者都基于以太的物理学框架去批评广义相对论。他们与爱因斯坦对于物理学亟待解决的问题有着根本不同的观点：前者认为引力理论不需要做大范围的调整，只需做小细节的改动以拯救现象；而后者认为物理学需要全新的引力理论。这一观念的不同造成了这几位反对者完全无法认同广义相对论，更谈不上接受这一理论。而几位质疑者的态度说明物理学家对于理论亦有不同的偏好，这种偏好对于他们接受某理论有直接的影响。物理学家在评价广义相对论和外尔的统一场论时起码存在两种不同的标准：一种强调清晰的物理直观性（如米）；另一种更看重实验的检验结果（如索末菲）。

第四节　结论

关于广义相对论接受史，以德国的科学共同体为对象的深入细致的研究只有派恩森对哥廷根大学的考察，而这类研究至今尚未扩大至整个德国物理学界。通过搜集、整理和归纳多方的资料和文献来说明德国物理学界早期对广义相对论的态度，能够在某种程度上弥补空白，也能在某种程度上说明德国物理学界对理论物理学中新理论的态度。整体上看，在1916—1920年，德国并没有出现一个类似莱顿学圈和维也纳学圈那样以物理学家为主的广义相对论研究团体，甚至也很少有爱因斯坦以外的德国物理学家从物理学的角度

① 库恩 2003: 100（库恩 . 科学革命的结构 [M]. 金吾伦，胡新和，译 . 北京：北京大学出版社，2003）.

② 库恩 2003: 133-136.

为这一理论的发展作出贡献。这背后可能有三方面的原因：爱因斯坦的研究风格、量子理论的发展以及理论物理学的地位。

就光线弯曲实验对德国物理学界的影响来看，在实验结果公布之后，虽然支持广义相对论的德国物理学家有所增加，但坚定的反对者依然存在。实验上关于引力红移效应的否定结果也令一些人试图寻找一种能够替代广义相对论的理论。这一发现表明，尽管光线弯曲是很多物理学家看重的一个经验证据，对于德国早期接受广义相对论也起到了正面的作用，但它并不是物理学家重视的唯一经验证据，物理学家还关注引力红移效应的检验。

针对一些学者提到的数学复杂性带来的影响，本文没有发现确切的相关证据表明数学复杂性对德国物理学家产生了重要的阻碍作用，但这一因素仍可能存在。相比之下，莱顿大学和维也纳大学的物理学家很积极地研究广义相对论并对其作出了理论上的贡献，可以说，上述数学复杂性问题在这两个地方并不适用。因此，值得进一步讨论的问题是，莱顿大学和维也纳大学的物理学家以及德国的同行是否真的存在这种差异，如果存在，那原因又是什么。

广义相对论的接受过程也表现出了库恩“不可通约性”概念的某些特征。对物理学基本问题的不同理解阻碍了反对者接受广义相对论。而质疑者也因为不同偏好对理论持保留态度。尽管支持广义相对论的人数在 1920 年之后不断增加，但很难说这些人都从物理学的角度真正接受了这一理论。有一个资料值得在这里引述。劳厄曾在一个自述中写道：“广义相对论对我同许多其他人一样，比狭义相对论要伤脑筋得多；实际上我在 1950 年前后才真正掌握了广义相对论。”[①] 这从侧面也反映出科学家要转变既有观念去接受一个新的理论确实是一件难事。

① 劳厄 . 物理学史 [M]. 范岱年，戴念祖，译 . 北京：商务印书馆，1978：132.

第九章

海森伯的独特贡献

德国理论物理学家维尔纳·海森伯（Werner Heisenberg，1901—1976）是量子力学创始人之一，“哥本哈根学派”的代表性人物。1932年，他因为“创立量子力学以及由此导致的氢的同素异形体的发现”而荣获诺贝尔物理学奖。他对物理学的主要贡献是给出了量子力学的矩阵形式（矩阵力学），提出了“不确定性原理”（又称“海森伯不确定性原理”）和S矩阵理论等。他的《量子论的物理学原理》（*The Physical Principles of the Quantum Theory*）是量子力学领域的一部经典著作。

长久以来，海森伯一直是史家研究的焦点之一。为何海森伯具有持久不衰的魅力？作为量子力学的奠基人之一，他的学术贡献毋庸置疑，但他在纳粹德国时期的所作所为，尤其是1941年秋天对被德国占领的哥本哈根的访问，却成为争议的焦点。海森伯在希特勒掌权之初曾一度被定义为“白色犹太人”，他接替自己导师索末菲教席之事一再受挫，他也一度想过以辞职来解脱这一切，但最终还是选择尽量不去公开反抗，利用体制来为自己和自己的行业服务。无论他当时在德国的处境是好是坏，他始终不离开德国，这更加深了关心他的人对他的误解。“二战”后，他一方面反对在德国部署核武器，另一方面又积极参与德国核能技术的民用化进程。在旁人看来，他的身上似乎总是充满了悖论。自英国剧作家迈克尔·弗赖恩（1933—　）的话剧

《哥本哈根》在1998年[1]问世后，本来就非议不断的海森伯再次成为风暴中心。众口铄金，海森伯对科学的贡献似乎已无关紧要，只留下他是纳粹帮凶，道德品质低下的德国科学家形象了。或许正是看到这一危险，卡西迪教授在1991出版了广受好评的《不确定性：维尔纳·海森伯的一生与科学》[2]后，又结合最新资料，在2009年出版了一部海森伯新传[3]，试图还原历史真相，公正地刻画海森伯的形象。

第一节　“天才物理学家”的形成

海森伯出身于书香门第，其父亲奥古斯特（Kaspar Ernst August Heisenberg，1869—1930）是慕尼黑大学教授，研究拜占庭语言学，曾于1913年当选巴伐利亚科学院院士。其外祖父威克莱恩（Nikolaus Wecklein，1842—1926）连续多年担任慕尼黑著名中学马克西米连文法中学的校长，对希腊悲剧颇有研究，并在巴伐利亚科学院任职长达54年，分别于1873和1887年当选为通讯院士和院士。限于当时的社会状况，海森伯的母亲安娜没有受过高等教育，但在她父亲的教育和影响下，也具有较高的文化水平。

一、中小学时期

在相对和平的环境中，海森伯度过了幼年和小学时期。1906年9月，海森伯在维尔茨堡入小学，在这儿读了4年。在小学一年级时，他没犯什么错

① 这部话剧1998年在伦敦首演，2000年4月11日在百老汇皇家剧院开演，共演出了326场。2002年英国广播公司（BBC）将它拍成电影，并在美国公共电视网（PBS）上播出，产生了广泛的社会影响。

② 英文标题为 *Uncertainty: The Life and Science of Werner Heisenberg*。中译本为《海森伯传》（上下册），大卫·C. 卡西第（原书译为卡西第）著，戈革译，北京：商务印书馆，2002。

③ 新传为 *Beyond Uncertainty: Heisenberg, Quantum Physics, and the Bomb*，直译《超越不确定性：海森伯，量子物理和原子弹》，中译本为《维尔纳·海森伯传》，卡西迪（新版译为卡西迪）著，方在庆主译，长沙：湖南科学技术出版社，2018。

误，一位老师却用教杖打肿了他的手，他感到十分委屈和痛苦，此后再也不理那位老师了。1910 年秋季，海森伯进入离家不远的伊丽莎白学校度过了小学最后一年。1911 年 9 月，他升入马克西米连中学读书。但在读中学的九年时间里，德国有四年多在打仗，无法进行正常教学，学生们经常停课，参加军训和农业劳动。战后初期，德国政局混乱，海森伯在慕尼黑积极参与过镇压巴伐利亚苏维埃共和国的活动。外界的乱局并未影响其学业，反而培养了他的自学能力。海森伯天赋很高，学习成绩优异。

那时，马克西米连中学是当地非常好的学校，绝大部分学生是上层阶级的子弟，校长就是海森伯的外祖父威克莱恩，普朗克也曾在该校读书和任教[①]。学校位于莫拉维兹街和卡尔·梯奥道尔街交叉路口，在海森伯家以北距离不远处。海森伯刚上中学时，因校址需要修建，临时占用了路德维希街上的女子学校。

当时巴伐利亚的中学教育虽然受到科学技术、工业和商业等发展的影响，但仍然强调古典人文主义教育。在九年制中学，共需要学习 263 个学分，其中包括拉丁文 63 分，希腊文 36 分，德文 31 分，数学 31 分，而当时物理学并不受重视，只有 6 学分[②]。海森伯在最后 3 学年（1917—1920）才学习到物理课程，每周 2 学时。3 学年的物理课，仅用到一本 500 页的教科书，内容包括今天普通物理学的绝大部分内容（力学、电磁学、热学、光学和原子物理学），还涉及其他物理相关科学（如天文学、地理学和气象学等），也有关于蒸汽机、电报和水泵等技术装置的说明。书中绘制了 700 幅插图，总体上是非常好的教材[③]。

虽然海森伯小时候就迷恋机械制作，但他起初对物理学并不感兴趣。据

① 卡西第 2002: 35（卡西第 . 海森伯传（上）[M]. 戈革，译 . 北京：商务印书馆，2002）.

② 卡西第 2002: 36 (Einstein A. The Collected Papers of Albert Einstein, vol. 10. The Berlin Years: Correspondence, May-December 1920 and Supplementary Correspondence, 1909—1920 [M]. Princeton: Princeton University Press, 2006).

③ 卡西第 2002: 61-62 (Einstein A. The Collected Papers of Albert Einstein, vol. 10. The Berlin Years: Correspondence, May-December 1920 and Supplementary Correspondence, 1909—1920 [M]. Princeton: Princeton University Press, 2006).

他自己回忆，两个“原子事件”和一次“柏拉图”辩论激发了他学习物理学的兴趣。一个事件是，当他看到物理课本中的插图用“钩和圈”把原子组成分子时，大为不解，认为这种画法太随意、太肤浅（有人考证：他的记忆可能有错，课本中并没有这种插图），从而引发了他对原子问题的思考。另一个事件是，1919 年 4 月、5 月，他在部队做勤务工作，住在教堂里。有一天早晨，他读了柏拉图《蒂迈欧篇》（*Timaeus*）中讨论物质最小粒子的段落，对其中把物质的最小粒子归化为正多面体的思想很着迷，这促使他以后进入了原子世界。那次辩论发生在 1920 年春天，参加者有库尔特·普吕盖尔（Kurt Pflügel）、罗伯特·杭塞尔（Robert Honsell）和海森伯，辩论的内容仍是“原子事件”中涉及的原子问题。

海森伯很喜欢数学及科学教师沃耳夫（Christoph Wolff）先生，这位老师让他解决一些特殊的数学问题，很好地培养了他的数学兴趣；特别是沃耳夫通过说明几何学和物理世界相对应，激发了他学习几何学的兴趣。此外，海森伯在 15 岁时，还读过爱因斯坦为中学生写的狭义相对论方面的科普读物。当时，他能够完全理解其中的数学知识，但对一些物理问题（如同时性问题）却感到费解，后来，在中学毕业前通过阅读外尔的《空间、时间和物质》（*Raum-Zeit-Materie*），才弄懂了相对论。不过，到此时，海森伯感兴趣的是数学，而不是物理学，据他回忆早在 1914—1915 学年曾学习过微积分，以便理解能够自制玩具的高深物理学。在 1918 年下半年 3 个月的时间里，他辅导 24 岁的大学生弗里斯（Paula Fries）学习微积分，准备博士考试。结果，弗里斯通过了数学考试。他也完全掌握了微积分，在期末考试中，还用微积分求解牛顿运动方程。老师认为他的数学和物理水平远超出学校所要求的程度。

为了让海森伯学好拉丁文和数学，父亲给他借了一些拉丁文数学著作，其中有克朗内克尔（Leopold Kronecker）的博士论文（1845）。海森伯研究了这篇论文，并尝试证明费玛大定理，但未获成功。此外，他还仔细研究过培耳（Pell）方程（$y^2-Dx^2=1$），并写了一篇关于该方程的短文准备发表，但被杂志拒稿了。1916 年，海森伯对机械制作的兴趣已减弱，开始把所有精力都用到了音乐和数论方面。他的藏书中，有巴赫曼（Paul Bachmann）所写的数论教科书的前两卷，但已弄皱。

1913 年 3 月，巴伐利亚摄政王路德维希参加为学校的新楼房举行的揭幕典礼。在这一仪式上，海森伯朗诵了他母亲为典礼写的一首诗，摄政王送给他一份官方证书和一对刻有王冠及 L 字母的袖扣，以表鼓励，这些东西成为他最珍爱的收藏品。

在他中学的第四学年，“一战”爆发，海森伯的父亲去服兵役，他的数学老师沃耳夫也上了战场，他只好自学数学。到该学年结束时，他的成绩上升到全班第一名，而且自此直到毕业，一直如此。在学校，他虽然不喜欢交际，却很受同学喜爱。

战争爆发不久，军队就征用了马克西米连中学的新楼，一直占用到 1920 年海森伯快要毕业时。其间，该校临时搬到市中心区玛丽广场附近的路德维希中学，两校轮流上半天课。因教舍短缺，就取消了选修课，而且还关闭了新的物理实验室，这让海森伯很伤心。

“一战”爆发后，德国民众的情绪普遍极为高涨，爱国热潮涌动，人们高呼“为了皇帝和祖国”。战争期间，中学也进行军事训练和爱国思想教育。1916—1918 年，海森伯参加了学校的预备军训组织，该组织的负责人是欧内斯特·克默尔（Ernest Kemmer）博士，他成立了青年冲锋队，海森伯也是队员。1916—1917 年的冬天，食物和煤非常短缺，被称为“萝卜冬”（因为主要食品是萝卜）。那时，许多人受冻挨饿，海森伯因饥饿非常衰弱，有一次骑自行车时，竟从车上掉到水沟里。1917 年初，兴登堡和鲁登道尔夫下令要求所有 17—60 岁未参军的男子都去登记做帮工；在海森伯的学校，有 32 名学生参加了帮工，其中有他的哥哥和同班的 8 位同学[①]。从 1918 年 5 月初到 9 月 5 日，他在一所学校［位于慕尼黑以南的米斯巴赫（Miesbach）附近］当帮工。做帮工的孩子们工作很辛苦，从早上 6：00 劳动到晚上 10：00，勉强能吃饱饭。其间，他还带了一些数学书、乐谱和康德的《纯粹理性批判》，

① 卡西第 2002: 49 (Einstein A. The Collected Papers of Albert Einstein, vol. 10. The Berlin Years: Correspondence, May-December 1920 and Supplementary Correspondence, 1909—1920 [M]. Princeton: Princeton University Press, 2006).

但因干活太累，晚上业余时间一般下棋，很少看书学习。

海森伯极为聪颖，虽然中学的学习环境并不理想，但他取得了优异成绩。中学最后几年的平均成绩为 1.22（成绩分为 1—4 分，最高为 1 分，最低为 4 分），其中数学、物理和宗教学最好，都得到了 1 分；希腊文和拉丁文也几乎全得了 1 分，只有一次得了 2 分；德文不甚好，在中学毕业考试科目中，得分最低；体育成绩也不理想，得过两次 3 分[①]。1920 年，海森伯通过了中学毕业考试，获得了大学入学资格。毕业考试分为笔试和口试两部分，他的笔试成绩非常好，可免于口试，但因他被推荐为马克西米连奖学金候选人，还是参加了口试。学校推荐的另一个候选人是施莱尔（Anton Scherer），他们要参加全巴伐利亚的竞赛。7 月 7 日上午，海森伯参加了毕业考试委员会的面试，时间为 2 小时 15 分。面试结果充分显示了他非凡的科学才能。但考试委员会对他的德文作文成绩不是非常满意，所以在推荐名单上把他排在施莱尔后面。最后，在基金会批准的入选人名单上，施莱尔排第 6，他位居第 11，即最后一名（当年基金会仅有 11 个奖学金名额）[②]。但海森伯谢绝了基金会的资助。

二、大学时期

海森伯中学毕业后，升入慕尼黑大学。慕尼黑大学历史悠久，创建于 1472 年，规模很大。1920 年秋，该大学共有学生 6 879 人，一年后，注册学生数上升到 9 659 人，其中半数以上的学生来自巴伐利亚州。

1920 年 7 月，在参加完大学入学考试后，海森伯与朋友去徒步旅行期间，感染了伤寒病。在养病期间，他读了德国著名数学家外尔（Hermann Weyl，1885—1955）的著作《空间、时间与物质》，更加坚定了他在大学攻读数学

① 卡西第 2002: 54 (Einstein A. The Collected Papers of Albert Einstein, vol. 10. The Berlin Years: Correspondence, May-December 1920 and Supplementary Correspondence, 1909—1920 [M]. Princeton: Princeton University Press, 2006).

② 卡西第 2002: 67-68 (Einstein A. The Collected Papers of Albert Einstein, vol. 10. The Berlin Years: Correspondence, May-December 1920 and Supplementary Correspondence, 1909—1920 [M]. Princeton: Princeton University Press, 2006).

的决心。但因为一些其他原因，最终他没有学习数学，转而跟随慕尼黑大学的理论物理学教授索末菲攻读物理学。

在大学三年期间，海森伯差不多有一年到哥廷根大学跟随玻恩和希尔伯特等人进行学习和研究。不论在慕尼黑还是在哥廷根，他的学习和研究都非常出色。在大学前两年，他就发表了四篇学术论文：一篇研究水力学，另外三篇研究原子光谱学。另外在 1922 年 6 月，他到哥廷根大学参加了“玻尔节”学术活动，并被玻尔邀请一起散步讨论。这对他一生的科学研究具有决定性影响。

在理论物理学王国畅游的同时，他积极参加青年运动，经常出游。此外，他还参加过 Volkshochschule（民众业余夜校）运动。在 1920 年和 1921 年，海森伯给工人们上了一门天文课，与一位女士一起指导关于德国歌剧的夜校班；他对自己参与镇压工人运动有负罪感，以求悔过，并肩负起对社会的责任。

海森伯本打算攻读纯数学专业。他父亲奥古斯特当时也在这所大学任教授。一进入大学，他就想立即参加高级研究讨论班，以便将来能够获得博士学位。当时，慕尼黑大学的数学－物理讨论班有四位教授：威廉·维恩（Wilhelm Wien，1864—1928）、林德曼（Ferdinand von Lindemann，1852—1939）、福斯（Aurel Voss）和索末菲（Arnold Sommerfeld，1868—1951）。通过父亲的联系，数学教授林德曼同意会见海森伯一次。林德曼同意会见可能仅是出于对奥古斯特的一种善意，对此没有认真对待。会见时，宠物小狗卧在桌子上狂吠，使教授听不清学生说了什么。会见的场面令海森伯十分沮丧和压抑，因而会见失败了。

在攻读数专业被拒绝后，海森伯同父亲商定试一试理论物理学，而且奥古斯特与理论物理学教授索末菲相当熟络。于是，海森伯就到了索末菲的办公室与其面谈，两人的谈话相当成功，未来的导师同意他暂时参加研究讨论班。这次与索末菲的谈话对海森伯有着极其深远的影响，老师要求注意细节的话使他很受震动。

海森伯决定学习理论物理学，使他父亲非常担忧。因为那时学习理论物理学的人就业很难，几乎只能到大学任教。而数学和实验物理学发展很好，这些领域的毕业生可到中学和工业界谋职。当时在德国获得博士学位者即可到中学授课，而想到大学任教，还必须获得大学授课资格。

由于索末菲同意海森伯参加物理学高级研究讨论班，海森伯就成为了物理系的学生。当时，慕尼黑大学物理系有两个教授，维恩和索末菲。实验物理学教授维恩是 1920 年离开维尔茨堡大学，来到这里接替伦琴主持物理系，负责实验物理学教学和研究。理论物理学教授索末菲，是州政府科学部门数学－物理分部的主持者，负责理论物理学教学和研究。

在海森伯上大学期间，德国物理学界大致分为两派。一派是实验物理学家，以勒纳德、斯塔克和维恩为代表，他们大多数不在柏林工作，年纪较大，占据主流地位，在政治上比较保守，一般反对魏玛共和国，而且也是反犹主义分子；在物理学上，怀疑甚至排斥量子论和相对论，他们的主要阵地是旧刊物《物理学纪事》(*Annalen der Physik*)。另一派是理论物理学家，如爱因斯坦、索末菲和玻恩，通常在柏林工作，或与柏林的同行有密切联系，年纪较轻，地位较低，在政治上比较进步，一般不支持反犹主义；在物理学上，他们大多研究量子论和相对论，理论阵地是 1919 年创刊的新刊物《物理学报》(*Zeitschrift für Physik*)。维恩和索末菲分属实验和理论物理这两个阵营，虽然当时的理论物理系很少，且不受重视，实验物理学占据主流地位，但在索末菲的带领下，该校的理论物理系成为研究量子理论的一流研究中心，而且是德国唯一研究理论量子光谱学的系。两人教育和培养学生的理念与方法差异也很大：维恩主张按部就班，系统教学，逐步走向研究；索末菲习惯于让学生及早进入研究，然后边研究边学习基础知识。由于这些原因，海森伯在实验课上遇到了不少麻烦，后来还差点影响到他的博士学位。

进入大学不久，海森伯和中提琴手莱顿(Rolf van Leyden)、大提琴手图赫曼(Walter Tuchmann)及图赫曼的母亲讨论他应该攻读古典音乐还是物理学，他决定学习物理学专业，这些人都不同意。在决定学习物理学后，他打算研究相对论。但泡利告诉他相对论领域中的研究机会不大，狭义相对论已是一种成熟的理论，广义相对论一直以来饱受攻击，而且数学推导非常繁琐；而原子物理学却是一片亟待开拓的新天地，在那里许多实验结果还不能得到解释，大家依然在迷雾中探索。玻恩对原子物理学当时发展状况的描述更精辟：“不仅物理假说之通常意义下的新假设将是必要的，而且整个物理学的概念体系也必须从头改造。”[①]

此外，海森伯还与泡利讨论过另外一个问题：对于学习理论物理学的人来说，实验技术应掌握到何种程度？对此，泡利认为要集中精力学习理论物理学，但也要有一点实验知识。

根据学校规定，物理学系的博士候选人必须修满三年（六个学期）的课程。因此，索末菲就用五个学期开设五门主课，讲授经典理论物理学；再用一学期，为高年级讲授研究前沿的非经典物理学。这样，三年完成一次教学循环。海森伯入学时，正赶上这一教学周期的开始。

在第一学期，因对学习物理学信心不足，海森伯并未选修理论物理学主课，只选了习题课和实验课，却选修了数学的主课和习题课，从而成为索末菲主课和讨论班的旁听生。这样，如果学习物理学不成功，还可以继续学习数学。事实证明，海森伯的担心是多余的，他很适合学习物理学。因此，从第二学期开始，他就选修了索末菲的全部课程。

年轻的海森伯

在索末菲的课堂上，每天上午 9 点到 10 点（周三除外）由他讲授理论物理课，课后大家进行讨论班研讨。这些讨论班进行高深研究，每学期处理一个前沿研究领域，学生能学到很多东西。索末菲每次上完课，都留作业。作业由助教批改，助教每周上一次习题课，与学生进行讨论，索末菲也常来旁听习题课。海森伯交过复杂而冗长的作业，遭到

① 卡西第 2002: 196 (Einstein A. The Collected Papers of Albert Einstein, vol. 10. The Berlin Years: Correspondence, May-December 1920 and Supplementary Correspondence, 1909—1920 [M]. Princeton: Princeton University Press, 2006).

助教抱怨。

索末菲每学期都举办一次两小时的特殊讲座，讲述自己正在研究的问题，以便和大家共同探讨。海森伯进入讨论班时，索末菲主要研究的是水力学和量子光谱学。因此，在海森伯随索末菲学习期间，就通过一些特殊的讲座来探索量子光谱学。

在物理系以外，对海森伯学习和研究影响较大的老师和同伴还有数学家罗森塔尔（Artur Rosenthal）、普林沙伊姆（Alfred Pringsheim）和佩纶（Oskar Perron），天文学家塞利格（Hugo von Seeliger），天文台助手汉斯·金勒（Hans Kienle）和数学家罗伯特·绍尔（Robert Sauer）等人。

在第一学期，索末菲就开始指导海森伯研究塞曼效应。1896 年，荷兰物理学家塞曼（Pieter Zeeman，1865—1943，曾获 1902 年诺贝尔物理学奖）发现了正常（简单）塞曼效应：光源放入磁场中后，原谱线分裂成 3 条线。这种效应既可用经典物理学解释，也可用量子理论来解释。不久，人们又发现了反常（复杂）塞曼效应：光源放入磁场中后，原谱线不是分裂成 3 条，而是更多。这种反常效应就无法用经典物理学而必须用量子理论来解释了。

1920 年秋天，索末菲收到了一组由蒂宾根的物理学家帕邢（Wilhelm Paschen）和巴克（Ernst Back）得到的塞曼光谱学数据，并让海森伯来分析。通过分析，海森伯发现：给每一定态指定半整数内部量子数，即可解释塞曼谱线。这一发现令海森伯十分困惑。巧合的是，法兰克福物理学家朗德（Alfred Landè）也独立得到海森伯的这一发现。海森伯带着这些成果，由家里出资，于 1921 年 9 月去耶拿参加了学术生涯的第一次物理学会议，见到了普朗克、劳厄和朗德等人，但未见到爱因斯坦。回到慕尼黑后，海森伯就开始与朗德频繁通信。到 1921 年 10 月底，为了解释塞曼效应，他提出原子心（Atomrumpf）模型：原子由原子心和价电子构成，原子心包含原子核和闭合壳层的内层电子，价电子绕原子心运行。原子心带有净正电荷，如同小磁铁，可从价电子取得半个单位的角动量，从而在价电子产生的磁场中形成空间量子化位置。

原子心模型在当时比较超前，绝大多数物理学家都不接受，玻尔认为该模型与量子理论的基本原理不相容，朗德也反对。因此，海森伯就和泡利、朗德继续探讨这一模型，最后索末菲也容忍了这一“异端邪说”，并同意发表。他于 12 月 17 日把论文寄到《物理学报》。

1922 年 9 月，海森伯参加了德国自然研究者和医生协会（Gesellschaft Deutscher Naturforscher und Ärzte，简称 GDNÄ）在莱比锡举办的会议。同月在因斯布鲁克（Innsbruck，蒂罗尔省省会）举行了一场水力学会议，他第一次应邀在会议上发表演讲。

德国自然研究者和医生协会每两年举行一次会议，1922 年正好是协会成立一百周年，因此莱比锡会议就成为一百周年纪念大会。索末菲在赴美前曾鼓励海森伯去参加会议，结识爱因斯坦。海森伯由家里资助，于 9 月 17 日到达莱比锡。为了节省开支，他住在贫民区的简易小旅店里。

为了加强科学家的团结，协会主席普朗克安排爱因斯坦在会议第一天（9 月 18 日）发表关于相对论的演讲。但是，在当时的德国物理学界，实验物理学家、诺贝尔奖得主勒纳德领导着反相对论和反犹主义的斗争。因此，自从 1922 年 6 月 24 日赞成共和的犹太外交部部长拉特瑙（Walther Rathenau）被暗杀后，爱因斯坦决定暂时不再公开露面。在这种情况下，爱因斯坦未出席会议，由劳厄（Max von Laue，1879—1960）代为发表演讲。海森伯对此并不知情。当他到达会议厅门口时，勒纳德的学生发给他一张传单，上面有 19 位教授和博士的署名，他们宣称，他们“不仅认为相对论是一种未被证实的假说，而且认为它是一种可耻地失败了的和逻辑上不能成立的编造”[①]。这种把狂热而扭曲的政治情绪带入科学的卑劣行径搞得海森伯晕头转向，无法集中注意力听讲，以致连演讲者是谁都未弄清。讲演一结束，他就离开了会场，忘记了索末菲叮嘱的把自己引见给爱因斯坦。

海森伯怀着十分沮丧的心情回到旅馆，结果发现行李全部被盗，真是祸不单行。他无法继续参加会议，更不能在会后到柏林去拜访青年运动的伙伴，

① 卡西第 2002: 179 (Einstein A. The Collected Papers of Albert Einstein, vol. 10. The Berlin Years: Correspondence, May-December 1920 and Supplementary Correspondence, 1909—1920 [M]. Princeton: Princeton University Press, 2006).

只好当夜乘火车返回慕尼黑。为了不让父母伤心，他没有回家，而是到城南郊的福斯滕里德（Forstenrieder）公园里当伐木工，以赚取一些钱来弥补损失。

索末菲于 1922 年 8 月动身去美国，在 1922—1923 学年，他到威斯康星大学任客座教授。1922 年 10 月下旬，海森伯到达哥廷根开始冬季学期的学习。海森伯通过泡利的推荐，跟随玻恩学习，并接替泡利担任玻恩的助教。

在哥廷根学习期间，海森伯租房住在瓦肯穆伦路 29 号，离物理系很近，房东是乌尔里希（Ulrich）太太。因通货膨胀，他 11 月与 12 月的生活费用达到 2 万马克。到了 1923 年 1 月，他当上玻恩的私人助教后，才有了 2 万马克的薪金，由美国慈善家高耳德曼（Henry Goldman）提供，这解决了他的生活问题[①]。而助教洪德（Friedrich Hund，1896—1997）的薪金则由国家提供。

在哥廷根大学，玻恩除了办好自己的教授讨论班外，还跟实验物理学家和数学家密切合作，常常举办各种形式的联合演讲会、讨论班（例如，与希尔伯特合作组织的“物质结构”讨论班，与弗兰克共同主持的“初学者讨论班”）和座谈会。海森伯参加了所有这些形式的研讨会。他来这儿不久，玻恩为了计算受激氦原子，每周一晚上在家中开设研读彭加勒著作的讨论班，参加者有高年级学生和助教。他在希尔伯特－玻恩讨论班上报告了与索末菲合写的论文；12 月，海森伯在物理座谈会上就自己的原子心模型发表演讲，数学系的希尔伯特、柯朗和隆格也来听讲，他的演讲受到玻恩及其同事赞赏。因为哥廷根大学特别注重物理与数学的结合，所以海森伯感觉到这儿的物理学研究太沉闷，太重视数学，而没有在物理学方面积极尝试新东西。

在哥廷根学习期间，海森伯长时间离开家和青年小组，感到非常孤独。因此，周末常常去柏林与海因里希·马尔威德等青年运动的朋友相聚，有时也去柏林大学看望在那儿求学的哥哥。

慕尼黑的物理学家提出了半整数氦模型，索末菲鼓励海森伯在哥廷根学习期间对其进行分析。海森伯在去哥廷根前，就尝试用玻恩－泡利的微扰方

---

① 卡西第 2002: 185 (Einstein A. The Collected Papers of Albert Einstein, vol. 10. The Berlin Years: Correspondence, May-December 1920 and Supplementary Correspondence, 1909—1920 [M]. Princeton: Princeton University Press, 2006).

法计算半整数氦模型。到达哥廷根后，在一位大学生的帮助下，他得出了详细计算结果，并把该结果寄给索末菲，索末菲对此非常满意，在美国的刊物上发表了这项研究成果。

1922 年 12 月，玻恩和海森伯得到的结果很好地支持了玻尔的组建原理（Building-up Principle）。但是，1923 年 2 月，他们计算出受激氦的里德伯（Rydberg）修正量，与观测值严重不符。受激氦计算利用新的量子行星力学，既坚持量子法则又坚持经典力学。进行受激氦计算是为了系统地检验玻尔－索末菲的原子量子理论，找出该理论的界限。因此，如果据此推导出的理论值与实验值根本不符，那么就证实这种原子量子理论并不自洽，需要或者提出新的量子法则，或者修改甚至放弃经典力学。对此，哥本哈根的玻尔和泡利认为经典力学在原子内部不再成立，应坚持原来的量子法则和原理（不接受半整数量子）。

玻恩和海森伯于 1923 年 5 月最终完成了关于受激氦的计算，其结果被广泛认可，他们就此合写的论文在 5 月 11 日被期刊接受。此后，玻恩总结原子心模型和受激氦计算结果，提出用“量子力学”来代替玻尔－索末菲的量子理论。海森伯在此基础上继续前进，他将创立新的量子力学。

1923 年 5 月，索末菲返回慕尼黑。随后，海森伯也回到这儿，继续完成他的博士学位论文。去美国威斯康星前，索末菲曾要求海森伯在其返德前研究湍流发生的条件，如果研究结果满意，可用其做博士论文。在大学第二学期，海森伯选修了索末菲的“流体力学和弹性学等”这门课程，并完成论文《卡尔曼（Kármán）涡旋运动的绝对维度》，索末菲对这篇文章非常满意。因此，海森伯进行这方面的研究已有较长时间，具有较好的基础。博士学位论文的核心内容是从水力学基本方程推导出雷诺数，撰写得很顺利。7 月 10 日，他就把定稿的论文《流体流动的稳定性和湍流》交到科学部（哲学二部）。维恩还同意在 1924 年的《物理学纪事》上发表该论文。

在毕业前的这段时间中，他除做博士论文外，还选修了索末菲的课程和维恩的实验课，并参加前者的讨论班。

慕尼黑大学当时规定，准备参加博士毕业的口试者首先要把学位论文交给分学部主任，由后者安排学生的指导教师进行评审，然后投票表决是否接受。被接受的论文要在分学部的全体人员中传阅，大家同意，学生才可参加口试。口试委员会由主课教授和两门副课教授组成，博士候选人的成绩（包括主课分、两门副课分和总分）完全根据论文和口试表现来评定，通过的成绩划为四等（优、良、中和通过）。

索末菲对他的学位论文给予较高评价："在现在这一问题的处理中，海森伯又一次显示了他的非凡才能：对数学技术的全面应用和大胆的物理洞察。"① 老师对学生的天赋赞不绝口，但也指出这方面的研究还有大量工作要做，提议接受该论文。维恩同意索末菲的提议，科学部的其他人员也都表示同意。这样，海森伯的最后口试于 1923 年 7 月 23 日（周一）下午 5 点开始，地点在理论物理学系的讨论班教室。口试委员会成员有维恩、索末菲、一位数学教授和一位天文学教授。

在口试过程中，海森伯很好地回答了数学和理论物理学方面的问题，成绩为"优"；回答天文学教授的问题，就不是天衣无缝，成绩为"良"；但在实验物理方面，表现非常糟糕，他推导不出法布里 - 泊罗（Fabry–Perot）干涉仪的分辨率，甚至不能计算望远镜的分辨率，更加惹恼维恩教授的是，他还搞不懂蓄电池的工作原理，因此成绩为"不及格"。海森伯平时在实验课上也是粗心大意，表现不尽如人意，惹得维恩教授很不高兴。例如，有一次与泡利一起上实验课，做音叉实验，他们绝大部分时间都在谈论感兴趣的原子理论。而这次口试的问题，都在实验课上学习过，他却回答不上来。所以，维恩认为海森伯的知识欠缺太大，不应授予博士学位。两位物理学教授对此进行了争论和商议，结果给出的主课物理成绩为"中"（cum laude）。综合各种成绩和表现，其总分为"中"，这是一个很差的总成绩。据此，维恩有一段时间认为海森伯物理知识不全面，不能在学术界"生存"下去。可对于海森伯，要成为一名理论物理学家，学术界又是唯一的谋生之地。

---

① 卡西第 2002: 198 (Einstein A. The Collected Papers of Albert Einstein, vol. 10. The Berlin Years: Correspondence, May–December 1920 and Supplementary Correspondence, 1909—1920 [M]. Princeton: Princeton University Press, 2006).

对这样的成绩，索末菲觉得不可思议，海森伯更是难以接受，灰心丧气。当晚，他没有心情参加完导师为他举行的庆祝会，就踏上了去哥廷根的火车，第二天早晨就出现在玻恩的办公室。

第二节　攀登量子力学高峰

海森伯在博士论文答辩后，就立刻启程来到哥廷根。他突然出现在玻恩面前，让后者很吃惊。因为海森伯原打算冬季学期开始时，再到哥廷根。两人研究了海森伯口试失败的原因，认为维恩的问题相当捉弄人。玻恩履行了以前的诺言，同意海森伯毕业后继续被聘为助教，并让其参加哥廷根大学的授课资格考试。几天后，海森伯与青年运动的朋友去了芬兰，直到 9 月才返回哥廷根。

在德国，索末菲的学生，一般是先到哥廷根玻恩那里深造，然后到哥本哈根玻尔那里“朝圣”。泡利和海森伯都是如此。对于自己的科学成长，海森伯曾说：“在索末菲那里学会了物理学，在哥廷根那里学了数学，在玻尔那里学了哲学。”[①]

从大学毕业到任莱比锡大学教授的那段时间，是海森伯科学生命力最旺盛的时期。他在哥廷根和哥本哈根跟随玻恩和玻尔进行物理学研究，创立量子矩阵力学，提出著名的测不准原理，这是他一生中最伟大的科学发现。海森伯像爱因斯坦一样，超越传统物理学，勇闯未知的新物理学领域，是科学中的“哥伦布”。

此后，海森伯在莱比锡大学任教授长达 15 年。从 1927 年 10 月的第五届索尔维会议到 1933 年 1 月希特勒上台的五年，是原子物理学发展的黄金时代。原子壳层的量子力学已得到科学界广泛接受，海森伯带领学生积极探索如何

① 参见王自华，桂起权．海森伯与慕尼黑 - 哥廷根 - 哥本哈根三个科学共同体 [J]. 华南师范大学学报（社会科学版），2000（03）: 3-9. 该文对海森伯成长的三个阶段进行了总结，认为海森伯从索末菲那里学到了物理学，从玻恩那里学到了数学，从玻尔那里学到了哲学。

将这种新原子物理学推广到其他领域，不遗余力地研究和宣传哥本哈根学派的思想。

一、“海森伯生了一个大量子蛋”

海森伯在哥本哈根访学期间的研究，主要捍卫了玻尔的对应原理和虚振子。1924 年 11 月 30 日，《 物理学报 》收到海森伯论述对应原理及其精细化应用的论文。1925 年 1 月 5 日，克拉默斯和海森伯把合作研究色散理论的论文寄给了《 物理学报 》。这篇论文虽然没有放弃符号性的原子力学模型，但强调了可观察量（ 原子辐射的频率和强度 ），成为海森伯向量子力学突破的基础。论文主要由前者完成，海森伯后来参与了研究，他们就研究内容和著作权问题进行了激烈争论，后经玻尔判定同意海森伯的科学结论，并把论文定为二人的共同成果。

1924 年 9 月在因斯布鲁克的德国自然研究者和医生协会会议后，泡利公开反对哥本哈根的 BKS 理论，并研究了海森伯原子心模型的相对论效应。泡利的研究论文于 12 月 2 日寄到《 物理学报 》，他提出了著名的不相容原理，后来于 1945 年获得诺贝尔物理学奖。应玻尔邀请，泡利于 1925 年 3 月中旬到达哥本哈根访问。此时，吕德尔（ Wolfgang Rüdel ）也正在哥本哈根访问，于 3 月底离去。泡利在此一个月的访问，成为海森伯走向量子矩阵力学的征途的一个转折点。在 4 月 7 日动身返回哥廷根前，海森伯已写成关于二重性的论文。随着泡利访问结束，哥本哈根的 BKS 理论的失败已成定论，其避免光量子的研究方向是错误的，实验表明光确实由光量子组成。

1924 年 7 月 28 日，海森伯发表大学授课资格演讲，演讲很成功，通过了大学授课资格考试；10 月，他获得哥廷根大学物理学授课资格证书。

1925 年 4 月 24 日，海森伯回到哥廷根，讲授夏季课程。这时，他开始研究简单的问题。起初，对最简单的氢原子进行细致的力学分析，但到 5 月中旬，遇到关于贝塞尔函数的数学障碍。这促使海森伯决定放弃研究原子内部的电子轨道问题，转向研究原子谱线的频率和强度这些可观察量。这些研究为创立量子矩阵力学的工作取得突破性进展。

1925 年 6 月 5 日，海森伯给正在哥本哈根访问的美籍荷兰物理学家克朗尼希（Ralph Kronig）写信介绍其最新研究成果。此时，他已完成利用可观察量再诠释的大部分工作，得到量子矩阵乘法规则。

在 5 月底患严重的枯草热病后，海森伯向玻恩请了 14 天假，于 6 月 7—19 日到北海的赫尔戈兰岛（Helgoland）疗养。其间，他除散步、游泳和读歌德诗歌外，就反复思考量子力学问题。几天后，海森伯就消除了数学障碍，得出了简单的数学公式。然后在一天晚上，他在量子力学研究上取得突破，他把新的量子乘法规则应用于对应的经典表述式而导出量子定态的能量，直到凌晨 3 点才计算完毕，计算结果与观测值一致。科学上的成功使他非常兴奋，彻夜未眠，黎明时向海岛南端走去，登上伸向大海的一块岩石，迎接太阳的升起。在返回哥廷根的途中，他到汉堡拜访泡利，交流最新研究成果，泡利鼓励他继续进行深入研究。海森伯于 7 月初把这些成果写成论文，把一份稿子交给玻恩审阅，以决定是否值得发表。玻恩对文中的乘法规则深感迷惑，他觉得似曾相识，最后搞清它正是矩阵乘法规则。到 7 月底，玻恩就把论文寄给编辑部。把另一份稿子寄给泡利，泡利对此评价非常高。

1925 年 9 月，海森伯在《物理学报》上发表了标志量子力学突破的论文《论运动学和力学关系的量子理论新诠释》。该论文奠定了“量子矩阵力学”的基础，将形成关于原子及其相互作用的新物理学。

1925 年 7 月下旬，海森伯到剑桥大学做了关于光谱学的演讲，当时狄拉克（Paul Adrien Maurice Dirac，1902—1984）也是听众之一。然后，海森伯到哥本哈根继续完成他的访学任务。其间，玻恩及其助教约尔丹（Pascual Jordan，1902—1980）把海森伯的矩阵计算方法应用到量子物理学中，发展成一种“量子力学的系统理论”；1925 年 9 月，两人合作发表论文《论量子力学》，第一次给出量子矩阵力学的严格表述形式。此后，玻恩、海森伯和约尔丹继续合作研究，在 11 月完成著名的三人论文《论量子力学 II》，把以前的结果推广到多自由度和有简并的情形，研究了本征值、定态微扰和塞曼效应等问题，推导出强度公式、选择定则和守恒定律，奠定了量子矩阵力学的基础。同时，狄拉克和泡利也对发展量子矩阵力学作出了很大贡献。爱因斯坦对他的朋友埃伦费斯特说，“海森伯生了一个大量子蛋”。

1925 年冬天至 1926 年 4 月，玻恩到麻省理工学院任访问教授。其间，海森伯代理了玻恩的工作。

1924 年 12 月，泡利完成了关于不相容原理的论文。此时，正在哥本哈根访问的美籍荷兰物理学家克朗尼希（Ralph Kronig）研究了泡利的论文，提出电子自旋，但遭到泡利的强烈反对，其主要理由有二：首先，电子自旋使得电子赤道上一点的速度大于光速；其次，电子自旋使电子成为实在粒子，这在经典物理学中都是令人头痛的问题，而且泡利不希望在量子力学中保留任何经典物学概念。这时，海森伯也不接受这一概念。

1925 年秋天，荷兰著名物理学家埃伦费斯特（Paul Ehrenfest，1880—1933）的两个学生高德斯密特（Samuel Goudsmit，1902—1977）和乌伦贝克（George Uhlenbeck，1900—1988）在《自然》杂志发表论文，重新提出电子自旋假设。海森伯看到论文后，纵然存在因子 2 的困难，但立刻给作者写信，表示赞许，并把电子自旋假设与矩阵力学结合起来进行研究。在 1926 年 3 月 16 日，海森伯和约尔丹从哥廷根寄出论文《量子力学对反常塞曼效应问题的解释》。然而，此前不久，泡利仍然反对电子自旋概念。1926 年初，在哥本哈根研究所工作的英国物理学家托马斯（L.H.Thomas）解决了因子 2 的困难。这样，物理学界普遍接受了电子自旋的概念。泡利承认了计算错误但仍不承认电子自旋，他在怀着“沉重的心”于 1926 年 3 月 12 日“投降”以前还坚持了一段时间[①]。到 1926 年 7 月底，海森伯和约尔丹利用电子自旋和矩阵力学推导出原子产生光谱线的精细结构，计算了仲氦和正氦的谱项系的裂矩。

1926 年 1–6 月，薛定谔连续发表 4 篇题为《量子化就是本征值问题》论文，提出著名的薛定谔波动方程，系统阐述了量子波动力学；同年 5 月，发表论文《论海森伯、玻恩和约尔丹与我的量子力学之间的关系》，证明矩阵力学与波动力学是等价的，都以微观粒子的波粒二象性为基础，二者在数学

① 卡西第 2002: 271 (Einstein A. The Collected Papers of Albert Einstein, vol. 10. The Berlin Years: Correspondence, May–December 1920 and Supplementary Correspondence, 1909—1920 [M]. Princeton: Princeton University Press, 2006).

上完全等同，可通过数学变换相互转换。量子波动力学采用人们熟悉的偏微分方程形式，简单明了；而且量子化成为薛定谔方程的自然结果，而不再需要像玻尔和索末菲那样人为规定某些量子化条件。因此，它受到物理学家（甚至包括量子矩阵力学家）的普遍欢迎。如索末菲就在汉堡的一次演讲中说："虽然矩阵力学的真实性是不容置疑的，但是它的运用却是极其复杂的和惊人抽象的。薛定谔现在已经救了我们。"[①] 玻恩虽然确信矩阵力学完成了量子力学的逻辑结构，但也赞赏波动力学，他说："我将认为［波动力学］是量子规律的最深入的形式。"[②]

矩阵力学用矩阵代替经典的连续变量，强调量子跳跃和不连续性，理论思想抽象。而波动力学建立在连续场的基础上，把原子中的电子看作一种驻波，两个同时激发的驻波相互干涉而发射光谱，它强调直觉性，否定不连续性，理论思想比较直观具体。二者的数学等价性很快得到公认，其分歧和争论在于物理学解释。

薛定谔认为近似直观的波动力学是量子物理学的未来发展方向。在论述等价性的论文中，他为波动力学的优越性辩护，并宣称：波动力学受到德布罗意和爱因斯坦的启示，和海森伯的矩阵力学没有任何种属关系；而且海森伯的超级代数学理论缺乏直观性，很难理解，他对此感到失望，且不说是感到厌恶。

从一开始，海森伯就认为波动力学只是具有数学简单性，在物理学方面并不比矩阵力学更优越；而矩阵力学主要是一种物理学，而不是数学。在薛定谔的等价性论文发表后不久，海森伯及其同伴就公开地嘲弄波动力学，争论超出了学术和理智的范围，掺入更多的感情和名利因素。如海森伯在给泡利的信中写道："我越考虑薛定谔理论的物理部分，就越觉得它使我感到厌恶……薛定谔所写的关于他的理论直观性的那些话'或许是不十分对的'［这是引用的

① 卡西第 2002: 275 (Einstein A. The Collected Papers of Albert Einstein, vol. 10. The Berlin Years: Correspondence, May–December 1920 and Supplementary Correspondence, 1909—1920 [M]. Princeton: Princeton University Press, 2006).

② 卡西第 2002: 276 (Einstein A. The Collected Papers of Albert Einstein, vol. 10. The Berlin Years: Correspondence, May–December 1920 and Supplementary Correspondence, 1909—1920 [M]. Princeton: Princeton University Press, 2006).

玻尔的话］，换句话说，那是胡扯。”[1] 海森伯甚至公开表示，波动力学的唯一优点就在于使人能够简单地算出原子跃迁几率，来排到矩阵力学的矩阵中去。

1926 年 6 月，海森伯在一篇研究氦的论文中指出，矩阵力学确实概括了自旋电子，而波动力学却不能这样。

1926 年 7 月，薛定谔在柏林演讲结束后，应慕尼黑大学校长维恩和理论物理学教授索末菲邀请到达慕尼黑，在 23 日和 24 日发表两次关于波动力学的演讲。为了出席演讲会，海森伯从哥本哈根返回慕尼黑。在 24 日，薛定谔演讲结束后，海森伯从听众座位上站起来发言，论证波动力学因排斥不连续性和量子跃迁，而无法解释普朗克辐射公式和康普顿效应等一些基本的量子现象。大家并不赞同海森伯的发言，特别是维恩很生气，用手势示意海森伯坐下不要再讲了，照维恩看来，海森伯的物理学，“连同量子跳跃之类的一切胡言乱语都已经‘完结了’”[2]。当时，几乎没有任何人相信海森伯的观点，甚至他的老师索末菲也不例外。面对这种境遇，海森伯灰心丧气，然后与青年小组去山区度假了。

1926 年 9 月，德国自然研究者和医生协会在杜塞尔多夫举行两年一度的大会，海森伯在大会上发表演讲。在演讲中，他没有论证波动观念和粒子观念孰优孰劣，而是提出要把二者平等对待，波动力学和矩阵力学可分别用来解释不同的现象；但是，他仍强调不连续性，特别指出薛定谔的波动力学不能很好地解释涨落现象。由此引发了主要是关于涨落现象的辩论。随后，海森伯把论文《量子力学中的涨落现象》投给《物理学报》。在论文中，他证明量子矩阵力学体系很自然地包含了连续性，对涨落现象做出了解释。

1926 年 10 月初，薛定谔应邀到哥本哈根访问，并住在玻尔家里。刚一到达，玻尔、薛定谔和海森伯等就开始紧张的科学讨论，几乎不分白天黑夜，

---

① 卡西第 2002: 278 (Einstein A. The Collected Papers of Albert Einstein, vol. 10. The Berlin Years: Correspondence, May–December 1920 and Supplementary Correspondence, 1909—1920 [M]. Princeton: Princeton University Press, 2006).

② 卡西第 2002: 286 (Einstein A. The Collected Papers of Albert Einstein, vol. 10. The Berlin Years: Correspondence, May–December 1920 and Supplementary Correspondence, 1909—1920 [M]. Princeton: Princeton University Press, 2006).

结果很快就把薛定谔累病了，甚至在病床旁继续讨论，但问题并没有完全解决，主要症结在于分立定态之间的量子跃迁问题。薛定谔认为电子是波动，所以是连续的，以前在原子物理中因不连续而产生的矛盾就一去不复返了，对原子内部过程可以进行直观的时空描写。薛定谔坚决拒绝量子跃迁，以致对玻尔说："如果确实存在那个该死的量子跃迁，那么我就会对自己被永远卷入到量子理论而感到遗憾。"但玻尔支持玻恩关于定态间量子跃迁的统计诠释，认为原子物理学中存在不连续性，对原子内部过程进行直观的时空描写是不可能的。现在的关键问题是，如何对量子力学进行物理诠释。

二、测不准原理和哥本哈根诠释

在提出测不准原理前的几个月中，海森伯注意到矩阵力学方面的出版物在减少，而同时波动力学方面的出版物却在增多，有些物理学家甚至用波动力学的方法来改写旧的矩阵力学论文。这促使海森伯进一步深入研究矩阵力学。

1927 年 3 月 22 日，海森伯把《论量子理论的运动学和力学的直观内容》投寄给《物理学报》，文中提出了著名的测不准原理。这篇论文使他进一步成为 20 世纪伟大的物理学家。两星期后，他发表面向普通读者的第一篇非专业性文章《论量子力学的基本原理》，更通俗地阐释了测不准原理。该原理表述了微观世界的测量界限。例如，要想知道一个电子在某一时刻的位置和动量值，就必须进行测量：为了精确测量电子位置，就必须用波长很短的光波，而光波波长越短，光子的频率就越高，能量越大，对电子动量的改变就越大，因而电子动量的测量值就越不精确；反之，为了精确测量电子的动量，就必须用能量很小的光子，而光子的能量越小，频率就越低，光波波长越长，结果电子位置的测量值就越不精确。总之，不能同时精确测量电子的位置和动量，二者的不准度之间存在反比关系。这种反比关系对于其他共轭变量（如能量和时间）也成立，这就是海森伯提出的测不准关系，可用数学公式表示如下：

$$\Delta q\Delta p \geqslant \frac{h}{4\pi}$$（q 代表位置，p 代表动量）

$$\Delta t\Delta E \geqslant \frac{h}{4\pi}$$（t 代表时间，E 代表能量）

海森伯还指出，测不准原理的存在，使得严格决定的因果律在微观领域失效了，该领域中的因果律只能是概率性的：因为无法精确知道电子目前的位置和动量，就不能精确地预见其未来的运动状态，只能计算其将来在一定位置范围内被检测到的几率。

海森伯提出测不准原理，亲密同道们的作用不可忽视。如狄拉克和约尔丹提出抽象的“变换理论”，把量子跃迁的不连续性纳入其中，使矩阵力学和波动力学统一起来，完成了量子力学的统一表述形式，这成为海森伯推导测不准关系式的基础。特别是，泡利的功劳更大，1926 年 10 月 19 日，泡利从汉堡给海森伯写信指出：当电子相距甚远时，确定其位置和动量不会有困难；而当电子相互碰撞或在原子中相互接近时，就会表现出量子性能，并显示为一个“暗点”，因此，不能谈论粒子的确切“路程”。海森伯对这封来信表现出很大的兴趣和热情，特别是泡利提到的“暗点”成为他以后几个月的思想焦点。海森伯的同事们也争相传阅了这封信。1927 年 2 月 23 日，海森伯给泡利回了一封长信，概述了测不准原理的基本内容。而在 2 月初，约尔丹的哥廷根大学授课资格演讲论文《现代物理学中的因果性和统计方法》付印，该论文对海森伯因果性思想的形成有很大的启发作用。

海森伯在回忆录中指出，1926 年 4 月底与爱因斯坦的谈话对他提出测不准原理起着最重要的作用。玻恩、海森伯和约尔丹的量子力学理论主要研究原子辐射频率和强度这些可实验观察的量，虽然也假设原子中存在电子，但根本没有试图描述电子的轨道运动，因为原子中的电子轨道是不可观察量。海森伯认为好的理论应该只包含可观察量，不可观察量不应进入其中。爱因斯坦并不赞同这种主张，因此，他在那次谈话中反问海森伯道：“但是你并不认真相信除了可观察量以外什么东西都不能出现在物理理论中吧？”海森伯试着举出爱因斯坦对狭义相对论的表述来为自己辩护，爱因斯坦曾经排除了绝对空间和绝对时间之类的概念，因为它们是不可观察的[①]。

① 卡西第 2002: 309 (Einstein A. The Collected Papers of Albert Einstein, vol. 10. The Berlin Years: Correspondence, May-December 1920 and Supplementary Correspondence, 1909—1920 [M]. Princeton: Princeton University Press, 2006).

在探索测不准原理的那段时间，有一天晚上，海森伯突然想起与爱因斯坦的这次谈话，特别是爱因斯坦说的“是理论决定我们能够观察到的东西”。这使海森伯茅塞顿开，认识到电子的轨道运动可用不精确的位置和动量来描述，从而最终提出了测不准关系。

海森伯晚年回忆到，在哥廷根大学读书时，与一位同学讨论过用显微镜测量电子的问题。他提出测不准原理还受到这次讨论的启发。

在薛定谔于 1926 年 10 月访问哥本哈根后，量子力学的物理诠释就成为玻尔、海森伯及其同事们最主要的研究问题。玻尔主张波粒二象性，而海森伯却倾向于粒子、不连续性和测量仪器的干扰。两人观点不同，发生了争论，到 1927 年 2 月，玻尔感觉到争论得精疲力竭，就去挪威滑雪了。海森伯则留在哥本哈根，在玻尔去挪威之后几天，他给泡利写了那封概述测不准原理的长信，可能在玻尔回来之前，他已把关于测不准原理的论文寄出。玻尔回来后，很快就邀请泡利到哥本哈根，一起探讨测不准性的根源问题。但是，很遗憾，泡利不能过来。玻尔和海森伯辩论得很激烈，前者坚持认为在实验中同时应用波动和粒子符号及诠释，成为任何量子实验的一种本质，也构成测不准性的一种本质起源；而海森伯却不同意玻尔的观点，主张只应用粒子符号及诠释。两人各不相让，玻尔甚至让海森伯撤回论文，但后者坚决反对。这时，正在哥本哈根访问的瑞典物理学家克莱恩（Oskar Klein）加入辩论，他支持玻尔。但在海森伯看来，这种支持不是出于科学上的理由，而是因为克莱恩与玻尔的友谊，以及海森伯因过分批评克莱恩的著作而得罪了他。因此，在激烈争论中，海森伯有一次竟伤心地流泪，而且对玻尔语言不敬。争论一直持续到 5 月份，最后海森伯书面认输，接受玻尔的观点：量子过程显示一些矛盾的互补性质（如波粒二象性），测不准性只是互补性的特例，后者为前者提供了普遍构架；实验测量时，选择波粒二象性的一个方面就会干扰体系，从而导致测不准关系。另外，海森伯接受克莱恩的建议，在论文校样上添加附录，补充了曾经忽略的若干要点。

争论结束后，玻尔为科莫（Como）湖会议做准备，撰写关于互补性的论文。1927 年 9 月 11—20 日，为纪念电池发明者伏打诞辰一百周年，在意大利科莫湖畔举行了一次科学会议。玻尔和海森伯参加了这次会议，前者在会上做了“量子假说和原子学说的新发展”的报告，阐述互补原理，后者对此表示完全赞许。于是哥本哈根诠释诞生了，这种量子力学诠释包括：玻尔的互补原理、海森伯的测不准关系和薛定谔波函数的玻恩统计解释。科莫湖会议后，海森伯完全同意了玻尔的观点，努力消除他和玻尔以前争论造成的误解；甚至，永远挑剔的泡利也宣称非常同意玻尔的科莫会议论文。这样，哥本哈根学派形成了，玻尔无疑是学派的掌门人，而海森伯就是一员大将。

三、持续攀登新高峰

1927 年 10 月，海森伯被任命为莱比锡大学的理论物理学教授。1928 年 2 月 1 日，他在莱比锡大学发表就职演讲，那时他刚满 26 岁，是德国最年轻的教授。

在参加完第五届索尔维会议后，海森伯于 1927 年 11 月上旬正式来到莱比锡大学物理系。在他到来时，德拜（Peter Debye，1884—1966）刚接替维纳（Otto Wiener）成为物理学系主任，文策尔（Gregor Wentzel）稍早于 1926 年任理论物理学副教授。在德拜和海森伯到来之前，因考德列（Theodor Des Coudres）和维纳年老多病，莱比锡大学物理系已经很落后于时代了，相对论和量子力学方面的研究和教学几乎等于零，而且只有一个毫无物理才能的商人注册博士学位，那时商人攻读博士学位是司空见惯的事。

1928 年夏季，海森伯开始讲授经典力学和高等原子物理学课程，选课的学生非常多，他与文策尔共同主持高级研究讨论班，有 12 名参加者。另外，他还从索末菲那儿得到了助教贝克（Guido Beck）①。

海森伯以慕尼黑和哥廷根为蓝本来重建莱比锡的物理学系，把理论物理学副教授文策尔（1929 年春季，洪德接替文策尔）提升为正教授。他与德拜共同主持每周一次的物理学座谈会，邀请当地科学家报告最新研究，和文策

① 卡西第 2002: 349 (Einstein A. The Collected Papers of Albert Einstein, vol. 10. The Berlin Years: Correspondence, May–December 1920 and Supplementary Correspondence, 1909—1920 [M]. Princeton: Princeton University Press, 2006).

尔（后来是洪德）联合主持理论物理讨论班，每学期指定讨论一个题目。此外，他自己主持每周1学时的特殊讨论班，讨论高深的前沿问题。海森伯主要讲授理论物理学课程，如经典力学、热力学和电动力学，到20世纪30年代初期，他开始正式讲授量子力学和原子物理学课程。德拜和海森伯还在莱比锡大学组织每年一度的物理学前沿讨论会，即著名的“莱比锡大学周”。1928年6月18—23日，举办了第一个“莱比锡大学周”，狄拉克讲演了相对论电子方程，伦敦（Fritz London）报告了化学键理论。为了使量子力学建立在坚实的数学基础上，海森伯也与数学家密切合作，起初主要是利席滕斯坦（Leon Lichtenstein）及其学生温特（Aurel Winter），后来主要是范德瓦尔登（Bartel Leendert van der Waerden, 1903—1996）[①]。莱比锡大学物理系与玻尔的哥本哈根理论物理研究所，以及泡利的苏黎世联邦理工学院物理系都有密切的科研交流和人员往来，成为新的量子力学研究中心。

海森伯和洪德（Friedrich Hund，1896—1997）每周二下午3点到5点主持理论物理讨论班，参加者10人左右，如特勒（Edward Teller，1908—2003）、贝特（Hans Bethe，1906—2005）、布洛赫（Felix Bloch，1905—1983）、魏斯科普夫（Victor Weisskopf，1908—2002）和魏茨扎克（Carl Friedrich von Weiszäcker，1912—2007）都曾参加过讨论班。范德瓦尔登教授于1932年加入莱比锡的物理学研究后，每次必到。他们讨论结束后吃的茶点都是由海森伯出钱来买。

在莱比锡大学物理学系，实验物理学组和理论物理学组间的关系并不密切，交往也不多。海森伯和洪德及其学生经常一起去旅行或进行其他体育活动，但德拜及其学生从不参加。而且，德拜和洪德的关系还比较紧张，前者认为后者只能是二流的理论物理学家，而后者认为前者“虽聪明却懒惰”。但洪德一直留在莱比锡，1942年海森伯去了柏林后，洪德当了物理系主任。

业余时间，海森伯经常弹钢琴，到托马斯教堂和文化馆大厅听音乐，还参加莱比锡上流社会家庭举办的音乐晚会，其中，他拜访最多的音乐东道主

① 荷兰人，对发展量子力学中的群论方法有重要贡献，著有《量子力学史料》和《群论和量子力学》，1931年到莱比锡大学任数学教授。

是密特尔施泰特（Otto Mittelstaedt），其孙子彼得（Peter）后来成为海森伯的学生。1930 年 6 月，海森伯正式当选为萨克森科学院数学 – 物理学部院士。此后，海森伯与其他几个院士加入“冠冕社”（Coronella，一个教授俱乐部），成员有 10 个左右，不定期地举行学术座谈会和音乐晚会。

以玻尔、玻恩和海森伯为代表的一批物理学家提出量子力学的哥本哈根诠释，形成了对 20 世纪物理学和哲学有重大影响的学派，即著名的哥本哈根学派。但爱因斯坦和薛定谔等人并不赞同哥本哈根学派提出的互补原理、测不准原理和波函数的概率解释。双方展开了长达半个世纪的大论战，许多物理学家和哲学家也参加了论战。可双方争论的问题直到今天仍未完全解决。

爱因斯坦虽然承认量子力学和哥本哈根诠释共同形成了关于统计事件的逻辑严密而自洽的完备理论，但当这种理论应用于个体事件时却是不完备的，必须加以补充。他确信“上帝不掷骰子”，而哥本哈根学派却认为量子力学可以在测不准关系的限度内完备地描述单个过程，相信“上帝也掷骰子”。

1927 年 10 月 24—29 日，在布鲁塞尔举行了第五届索尔维会议。索尔维会议是由比利时化学家和工业家索尔维（Ernest Solvay，1838—1922）资助的不定期会议，参会者都是顶尖的一流物理学家，他们在会议上讨论物理学基本问题方面的最前沿研究。第五届索尔维会议的主题是“电子和光子”，组织者是洛伦兹（Hendrik Antoon Lorentz，1853—1928），会议邀请了 29 位与会者，其中重要的量子物理学家（如普朗克、玻尔、爱因斯坦、玻恩、海森伯、德布罗意、薛定谔、克拉默斯、泡利和狄拉克）都在被邀请之列。在会议上，海森伯虽然没有单独作报告，但他和玻恩合作撰写了会议论文《量子力学》，由玻恩发言介绍波函数的统计解释和测不准原理，玻尔则阐述了互补原理。而且，他们主张：量子力学是一种完备的理论，其基本物理假说和数学假设不能被进一步修改。爱因斯坦用一个简单的思想实验（电子穿过小孔在半球面形照相胶片上的衍射）反驳哥本哈根诠释，双方进行了公开论战，其他与会者也参与了热烈的讨论，会议本来的主题是“电子和光子”，却变成了关于量子力学诠释的全面讨论会。

爱因斯坦、玻尔和海森伯等不仅在会议上讨论，而且在用餐时也展开了

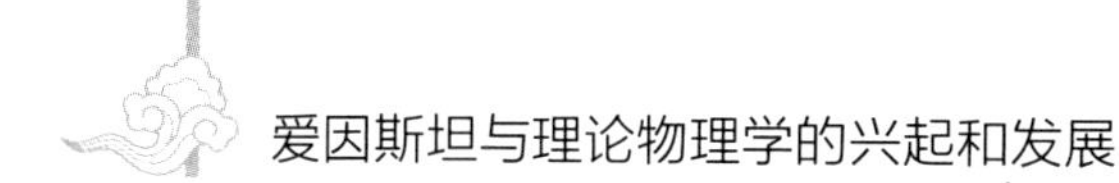

更多的激烈争论。爱因斯坦通常在早餐时提出否定测不准原理的思想实验，开始一天的争论。然后，玻尔和海森伯经过一天的讨论和思考，到晚饭时，就驳倒了爱因斯坦的思想实验。第二天，爱因斯坦提出更复杂的思想实验，结果又被玻尔和海森伯驳倒。这样连续几天，经过辩论，玻尔和海森伯等驳倒了爱因斯坦，保卫了哥本哈根诠释。在这种情况下，爱因斯坦的朋友荷兰物理学家埃伦费斯特（Paul Ehrenfest）当众对他说："爱因斯坦，我为你感到惭愧，你现在反对新量子论，正如你的敌人那时反对你的相对论一样。"在会议的最后一天，海森伯兴高采烈地给家里写信，报告论战胜利的喜讯。但爱因斯坦并没有就此认输，他反对量子力学的统计本性。

1930 年 10 月，在比利时布鲁塞尔举行了第六届索尔维会议。在会议上，爱因斯坦主动出击，用"光子箱"思想实验反驳测不准原理。玻尔在海森伯和泡利的协助下，经过一夜的紧张思考，给予有力的回应，使爱因斯坦不得不承认海森伯的测不准原理是合理的，量子力学理论是自洽的，这给海森伯留下了深刻印象。此后，爱因斯坦就转而论证量子力学理论的不完备性。

1935 年，爱因斯坦、玻多尔斯基（Boris Podolsky）和罗森（Nathan Rosen）三人合作，联名在美国最重要的物理学刊物《物理评论》上发表论文《能认为量子力学对物理实在的描述是完备的吗？》。该论文主张量子力学对物理实在的描述是不完备的，并确信会有比量子力学更充分的描述。哥本哈根学派认为，EPR 论文不是严肃的反驳论文。因此，玻尔立即向《物理评论》寄去同一题目的文章，反驳 EPR 论文。泡利压根就瞧不起该论文，他说："假如一个学生在低年级时向我提出这样的反对意见，我会认为他是有头脑的和有希望的。"[①] 泡利催促海森伯立即在《物理评论》上进行反驳，所以海森伯就写了一篇答复论文，从论文的语气来看，其意并不在辩护，而在于对批评者进行指教。他把论文寄给了泡利、爱因斯坦和玻尔，玻尔发现论文的逻辑性不够严密，结果该论文就没有公开发表。

① 卡西第 2002: 336 (Einstein A. The Collected Papers of Albert Einstein, vol. 10. The Berlin Years: Correspondence, May-December 1920 and Supplementary Correspondence, 1909—1920 [M]. Princeton: Princeton University Press, 2006).

爱因斯坦在晚年仍坚信“上帝不掷骰子”，认为量子力学理论是不完备的。对此，玻尔则针锋相对地说：“指挥上帝该如何主宰世界，那也不是我们的职责。”直到今天，该争论仍没有得出结论。

尽管有爱因斯坦和薛定谔等人的反对，量子力学及其哥本哈根诠释还是成为物理学主流意识形态，并对人类的认识观念产生巨大影响。之所以如此，至少有两方面的原因：首先，反对者并没有提出取代量子力学的更好的理论，在科学中，如果不能创立更好的新理论，旧理论就不会被抛弃。其次，反对者人数较少，且年纪偏大。而哥本哈根学派人数较多，且年轻人居多，如海森伯和泡利比爱因斯坦小 20 多岁，他们占据了大学讲坛，不遗余力地传播量子力学知识及其观念，并积极地把这种物理学扩展到哲学等其他领域。一种理论的信仰人数及宣传力度，是决定其能否流传并占据主流地位的不可忽视的因素。

在海森伯成为莱比锡大学教授后，他发表了一系列关于量子力学哲学的演讲：《现代物理学中的认识论问题》（最早的一篇，听众是莱比锡的哲学家）；《因果性和量子力学》（1930 年，在 GDNÄ 的柯尼斯堡会议和维也纳学派的集会上宣读，冯·诺依曼是听众之一，后来在维也纳学派的刊物《认识》上发表）；1931 年，对《柏林日报》的读者发表演讲；1933 年，在萨克森科学院和慕尼黑大学发表演讲；1934 年，在哥廷根大学和 GDNÄ 的汉诺威会议；1935 年，在维也纳大学。海森伯这些哲学演讲主要讨论因果性问题，否定微观因果性，批判康德的认识论。海森伯的这些哲学思想发展，得益于与魏茨扎克和赫尔曼（Crete Hermann）的讨论，他们都是海森伯的学生，赫尔曼于 1932 年来到莱比锡，专门研究量子非因果性。1935 年，海森伯出版物理学哲学著作《自然科学基础的变化》（英文版改名为《原子核科学的哲学问题》。1955—1956 年冬季，海森伯在苏格兰的圣安德鲁斯（St. Andrews）大学的吉福德（Gifford）讲座发表了一系列演讲，对哥本哈根诠释进行了系统的哲学论述。这些演讲整理后出版，书名为《物理学和哲学》。

四、相对论量子场论

在任莱比锡大学教授前，海森伯及其亲密的同道们就开始研究相对论量

子电动力学，这种理论把实体物质和电磁辐射量子化，说明二者的关系，并给出相对论性方程。

1927 年 2 月，狄拉克向伦敦皇家学会提交了两篇关于量子电动力学的论文。泡利对狄拉克的论文极感兴趣，立即给海森伯写信，提出把狄拉克理论扩充成完全的量子电动力学的程序。1927 年的大部分时间，海森伯和泡利都在进行这方面的研究。1927 年底，泡利和约尔丹发现电磁场的一种相对论量子理论。1928 年 1 月，狄拉克向伦敦皇家学会提出著名的狄拉克方程，这是一个适用于电子的相对论性运动方程；同年，约尔丹和魏格纳（Eugene Wigner）证明泡利不相容原理如何表示成电子波函数的一种反对易关系式，建立了量子场论的基本理论。至此，仍有三个难题困扰着相对论量子场论。第一个难题是电子（或本征场中的任何粒子）的自身能量无限大问题，它困扰了理论界 20 年之久，至今仍未完全解决。第二个难题涉及非共轭变量的对易关系式，与光子的零静止质量有关。第三个难题是狄拉克方程有负能解。面对这些难题，海森伯和泡利都退缩了。1928 年 6 月，狄拉克在德拜组织的莱比锡大学演讲周讲座上做了关于狄拉克方程的演讲。此后，海森伯就转向研究非相对论量子力学的应用，与他的学生布洛赫和佩尔斯（Rudolf Peierls，1907—1995）创立了固体量子力学（例如，运用量子力学来解释铁磁现象）。

1928 年底，海森伯偶然巧思妙想解决了困扰相对论量子场论的第二个难题。1929 年 1 月，泡利从苏黎世来到莱比锡，参加物理学会议。会议期间，海森伯和泡利商定合作撰写一篇论文，在海森伯于 3 月份去美国前完成。同年，他们还合作完成了第二篇论文。他们虽然长期共同合作研究，但仅联名发表了这两篇论文。就是这两篇论文为相对论量子场论奠定了基础，并提供了全部数学工具。1929 年 11 月，海森伯从美国返回莱比锡后，提出“格子世界”理论来解决电子自身能量无限大的问题。1930 年复活节，海森伯到哥本哈根访问，与玻尔讨论这种理论，玻尔予以否定，海森伯就放弃了他的“格子世界”理论。

玻尔、海森伯与泡利在一起

1932 年，美国物理学家安德森（Carl David Anderson，1905—1991）发现正电子；1933 年，英国物理学家布莱克特（Patrick Stuart Blackett，1897—1974）和奥恰里尼（Gluseppe Occhialini）发现宇宙射线簇射。1933 年 10 月，在布鲁塞尔举行第七届索尔维会议，玻尔、海森伯、泡利和狄拉克等出席。在会上，狄拉克做了关于空穴理论的报告。这些事件促使海森伯与泡利和魏斯科普夫（Victor Weisskopf，1908—2002）合作研究相对论量子电动力学中的高能相互作用。1934 年下半年，海森伯开始带领学生奥伊勒（Hans Euler）和康克尔（Bernhard Kockel）研究光子 - 光子散射问题，到 1936 年初，他们发表了研究结果。

1932 年 3 月，英国物理学家查德威克（James Chadwick，1891—1974）发现中子。海森伯在此基础上研究中子 - 质子核模型，提出一种关于核的量子力学。6 月 30 日，他给玻尔写信，信中附寄了论文《论原子核构造》的初稿。这篇经典性论文奠定了现代核物理学的基础，论文共分 3 个部分，第 3 部分于当年 12 月最后完稿。

海森伯的中子 - 质子核模型打开了通往原子核的大门，促进了量子场论的发展。1933 年 10 月，他参加了在布鲁塞尔举行的第七届索尔维会议，并发表了关于原子核模型的演讲。此后，虽然玻尔继续研究原子核结构，但海森伯转回去研究量子场论，两人的研究兴趣和方向不同，导致彼此的合作和通信减少。可另一方面，海森伯与泡利的合作及通信增加了。

第三节　海森伯与纳粹德国

在德国，纳粹执政后，开始迫害犹太人，犹太教授被解雇，德国科学和文化遭受重创。海森伯本人也受到德意志物理学家斯塔克等人的攻击，被扣上“白色犹太人”的帽子，处境极其危险，正常的科研和教学无法进行。但值得欣慰的是 1933 年，他获得诺贝尔物理学奖；1937 年，与伊丽莎白结为夫妻，建立了自己的家庭。

一、效忠于德国

海森伯在接任莱比锡大学教授职位之前，校方允诺他到美国讲学一年。1929 年 2 月，海森伯动身去美国讲学。他在麻省理工学院、哥伦比亚大学和芝加哥大学发表演讲后，继续去华盛顿、帕萨迪纳和科罗拉多大峡谷等地讲学和旅行，于 6 月返回芝加哥。8 月中旬，与狄拉克一起去夏威夷和日本演讲，直到 9 月中旬。然后，海森伯来到中国和印度讲学，在中国时路过上海，当时在上海的中央研究院及其他科研单位共同接待了海森伯，并聘请他为名誉物理研究员。他在印度时游览了喜马拉雅山，于 11 月返回莱比锡。在美停留期间，普林斯顿大学极力邀请他到那儿任教授，但海森伯坚持要返回德国。在美国讲学的基础上，海森伯写成《量子论的物理原理》一书。1932 年，海森伯再次应邀到美国讲学。

到 1929 年底，美国各大学至少邀请了 8 位欧洲一流的物理学家讲演量子力学，与海森伯同时在美国讲学的还有索末菲、狄拉克和洪德。在这次访美期间，海森伯为了自己能够继续旅行，曾命令洪德先返回莱比锡，对此洪德很长时间都耿耿于怀。

1933年11月3日，海森伯在德国物理学会全体会议上获得普朗克奖。11月9日，他又获悉自己将获得1932年诺贝尔物理学奖这一激动人心的消息。同时，他拒绝了参加一场由国家社会主义教师同盟于11月11日在莱比锡举行的一场盛大的群众大会，大会组织者是斯塔克，包括著名哲学家海德格尔在内的多位大学校长和教授参加。斯塔克存心报复，对莱比锡大学学生说海森伯拒绝参加"教授们对希特勒的致谢"的大会。学生们陷入混乱之中，他们既因海森伯获得著名的奖项而高兴，又因他没有公开支持群众的呼声而生气。为了庆祝他获奖，莱比锡大学的学生举行了盛大的火炬游行，同时也有人要存心在海森伯的课堂上捣乱，由于更多的学生支持海森伯而未得逞。后来，为了消除纳粹学生的敌意，海森伯把学生代表请到家中，学生代表正式否认海森伯对"领袖和国家"有任何根本性反对。①

1933年12月，海森伯和母亲乘火车先到哥本哈根，拜访玻尔，然后到斯德哥尔摩领奖。他抵达斯德哥尔摩火车站时，薛定谔和狄拉克（他们共同获得1933年诺贝尔物理学奖，也前来领奖）前来迎接。海森伯发表了《量子力学的发展》的获奖演说。

对于独自获得1932年诺贝尔物理学奖，海森伯觉得过分抬高了自己对量子力学的贡献，而轻视了玻恩、玻尔、约尔丹、泡利、薛定谔和狄拉克等人的贡献。为此，1933年11月25日，他给玻恩写信，表示歉意。11月27日，又给玻尔写信说："关于诺贝尔奖，我觉得很对不起薛定谔、狄拉克和玻恩。薛定谔和狄拉克至少都像我一样配得一份整个的奖，而我很愿意和玻恩共同获奖，因为我们也曾经一起工作过。"② 对于获得诺贝尔奖，海森伯体现了非常谦逊和高尚的道德品质，害怕自己得到过多的名利，而贬低其他人的成就。正因为有这样高贵的人格，后来，海森伯与玻恩、薛定谔保持了真诚的友谊。

---

① 卡西第 2002: 417-418 (Einstein A. The Collected Papers of Albert Einstein, vol. 10. The Berlin Years: Correspondence, May-December 1920 and Supplementary Correspondence, 1909—1920 [M]. Princeton: Princeton University Press, 2006).

② 卡西第 2002: 419 (Einstein A. The Collected Papers of Albert Einstein, vol. 10. The Berlin Years: Correspondence, May-December 1920 and Supplementary Correspondence, 1909—1920 [M]. Princeton: Princeton University Press, 2006).

1936 年夏，海森伯在巴伐利亚州的梅明根（Memmingen）接受了 8 周的军训。这次军训使他取消了到美国参加安娜堡物理学暑期学校和哈佛大学 300 周年校庆的计划。

1938 年 3 月，海森伯去英国讲学两周，与英国物理学家就宇宙射线簇射理论进行了热烈讨论，于 4 月初返回莱比锡。几个月后在华沙召开了物理学会议，海森伯虽然递交了会议论文，但因纳粹的战争利益，帝国教育部拒绝让其出席。

1939 年夏天，海森伯到芝加哥、印第安纳、安娜堡（Ann Arbor）和纽约访问讲学一个月，与美国物理学家讨论了其新的爆炸簇射理论。在芝加哥召开的物理学会议上，他的报告引起热烈讨论，特别是他与奥本海默（Robert Oppenheimer，1904—1967）进行了激烈的争论。在芝加哥，他到费米家拜访，二人专门讨论了原子弹制造和海森伯的移民问题。7 月中旬，他参加安娜堡物理学暑期学校，住在该活动的组织者高德斯密特（Samuel Goudsmit，1902—1978）的家中。7 月末，他回到纽约，在哥伦比亚大学发表演讲，并拜访了他的叔叔和婶婶。同时，哥伦比亚大学物理系主任皮格勒姆教授（George Pegram，1876—1958）最后劝说他留下来，但海森伯还是义无反顾地于 8 月初登上回国的轮船。在这次访问中，美国同行对他的科学理论和政治态度都不赞同，认为美国的实验家和理论家已证明其爆炸簇射理论是错误的，但生活在理论物理学已衰落的德国的海森伯却固执己见。在政治方面，美国物理学家极力想让他离开德国，到美国就职，可他谢绝了一切邀请，坚持回国。

海森伯坚持回到德国，并在“二战”期间参加了纳粹的铀俱乐部，其中的原因是什么？答案众说纷纭。为了让海森伯离开德国，美国的物理学家可谓用心良苦。1937 年 7 月，海森伯受到斯塔克的公开攻击时，美国物理学会会长康普顿（Arthur Compton，1892—1962，获 1927 年诺贝尔物理学奖）的儿子正在德国。康普顿得知海森伯的情况后，认为海森伯有可能愿意离开德国，就让他儿子去把海森伯邀请到芝加哥大学，并满足被邀请者的一切要求，但海森伯不为所动。与此同时，哥伦比亚大学和海森伯也秘密商谈，许诺了非常好的待遇，而且在他访美期间一直劝说其留下来，但他仍然选择回国。

此外，澳大利亚也想聘请他到大学担任教授，他更是不屑一顾。

1938 年 11 月 9 日的“水晶夜”之后，海森伯夫妇意识到局势混乱会进一步加剧，因而决定到慕尼黑南边乌尔费尔德 [Urfeld，位于瓦尔兴湖（Walchensee）旁] 的乡村购买一套住房。到 1939 年春天，房子已买好。从美国讲学归来后，海森伯花了半个月的时间收拾房子，然后就把他的家搬迁到这儿。在美国同行看来，他的这些行为只能用其对纳粹的忠心来解释。而海森伯却一再宣称：他不离开德国，是为了保卫德国的科学和文化，是为了保护青年人和同道，是为了阻止灾难；而离开德国意味着逃避责任，躲避与邪恶和灾难做斗争，必然成为叛国者和卖国贼。如果像费米、布洛赫和特勒等在国外参与制造原子弹，并用来屠杀德国人民，那更是罪大恶极，而且别的国家不需要他，那儿其他人会做得更好。

二、德意志（雅利安）物理学

德意志物理学的最主要的鼓吹者是勒纳德和斯塔克，他们都是实验物理学家，都获得过诺贝尔物理学奖。在实验物理学主导德国物理学的年代，他们享受过荣誉，并占据了非常重要的地位。但是，第一次世界大战后，随着相对论和量子力学的发展，理论物理学逐渐占据了德国物理学的主流地位，他们在德国物理学界的控制力和影响力逐渐减弱，个人的荣誉和地位也今非昔比。斯塔克 1922 年放弃教职后，就再也没有找到合适的教授职位。1928 年，慕尼黑大学的实验物理学家维恩去世，他想继任这一职位，但以理论物理学家索末菲为首的委员会拒绝把他列入候选人名单。由于这些原因，他们对魏玛共和国与理论物理学心生不满，从而成为希特勒的追随者、德意志物理学的鼓吹者和反犹主义者。

勒纳德（Philip Lenard，1862—1947），1862 年 6 月 7 日生于匈牙利的布拉迪斯拉发（Bratislava，现在属斯洛伐克），在匈牙利和德国受教育。1896—1898 年，任海德堡大学物理学教授；1898—1907 年，在基尔（Kiel）大学任教；1907 年，再度到海德堡大学工作，直到 1931 年退休。1905 年，因研究阴极射线而获得诺贝尔物理学奖。1936 年，出版四卷本的物理学教科

书《德意志物理学》，鼓吹物理学的种族主义思想。1937 年，加入纳粹党。1947 年 5 月 20 日去世。

斯塔克（Johannes Stark，1874—1957），1874 年 4 月 15 日生于巴伐利亚州的施肯多夫（Schickendorf），曾在慕尼黑大学求学。1913 年，他发现斯塔克效应；1919 年，因为此发现获得诺贝尔物理学奖；1920 年，到维尔茨堡大学接替维恩任教授；1922 年，放弃维尔茨堡大学的教授职位，违犯诺贝尔奖委员会的规定，用奖金购买一家瓷器工厂，并建立私人实验室；1930 年，他加入纳粹党，极力支持希特勒；1933—1939 年任帝国物理技术研究所所长；1934—1936 年任德国研究协会（Deutsche Forschungsgemeinschaft，简称 DFG）会长；1947 年，由于反犹活动和亲希特勒的著作，被纽伦堡法庭判刑 4 年，1957 年 6 月 21 日逝世。

勒纳德和斯塔克不遗余力地鼓吹种族物理学，编造对立的德意志物理学与犹太物理学，根本不是出于科学考虑，甚至也不是为了某种学术信仰，而主要是为了他们自私的个人利益。他们投靠纳粹，卖身求荣，请求纳粹的意识形态负责人罗森伯（Alfred Rosenberg，1893—1946）做他们的保护人。1933 年，已退休的勒纳德向希特勒建议：大学中的一切人事问题，都应该征求他的意见。在纳粹时代，斯塔克可谓飞黄腾达，呼风唤雨，当上了帝国物理技术研究所所长和德意志研究会会长后，还想成为德国物理学会主席和普鲁士科学院院士，妄想控制整个德国科学界，幸亏劳厄等人坚决反对，他的美梦才化为泡影。

1934 年初，为了捍卫理论物理学，海森伯在杜塞尔多夫召开的德国矿业工程协会年会做了《科学和技术的进步》的演讲，演讲稿在该协会的刊物《钢与铁》发表。

1934 年 8 月 2 日，德国总统兴登堡去世。不久，希特勒宣布将德国总统和总理的职位合二为一，由他就任“国家元首”兼政府总理，拥有武装力量的最高统帅权。纳粹计划于 8 月 19 日就此举行公民投票。斯塔克给德国的诺贝尔奖获得者发电报，邀请他们参加发表一份支持希特勒的公开宣言。普朗克、劳厄、海森伯和能斯特（Walther Hermann Nernst，1864—1941）拒绝参加，其理由是科学与政治应该分开。对此，斯塔克非常不满，认为他们拒绝赞美元首，而又替爱因斯坦说话，这本身就是一种政治态度。而劳厄勇敢地反对斯塔克，告诉他以后不要再来信。

1934 年，斯塔克发表一本小册子《民族社会主义和科学》，恶毒攻击现代自然科学。同年 9 月，在汉诺威召开的德国自然研究者和医生协会会议上，海森伯发表主题演讲《近年来自然科学基础的变化》，捍卫现代理论物理学，为犹太物理学辩护。在演讲中，海森伯指出，相对论和量子理论是以实验和经典物理学为基础的，并不是纯粹思辨的产物。海森伯的演讲得到与会者的赞同，很快刊登在《自然科学》杂志上，并被广泛转载。这次演讲受到纳粹分子的反对，海森伯还收到一份申斥文件。

1934 年冬季，海森伯讲课中仍出现爱因斯坦的名字和理论。到 1936 年，犹太科学家的名字仍未加解释地出现在海森伯及其学生的德文出版物中。

1934 年 5 月，希特勒把普鲁士文化部扩充为帝国科学与教育部，目的是控制文化教育行业。1935 年 1 月，帝国科学与教育部部长鲁斯特（Bernhard Rust）宣布一项由希特勒签署的法令，规定大学教师在年满 65 周岁的那个学期结束时退休。当时，索末菲已超过退休年龄，他毫不犹豫地选择海森伯作为接班人。1935 年夏初，慕尼黑大学由格拉赫（Walther Gerlach）、索末菲、化学家维兰德（Heinrich Wieland，1877—1957）和数学家卡拉特奥多里（Constantin Caratheodory，1873—1950）组成的聘任委员会把海森伯作为唯一候选人的名单呈报上级部门。9 月，帝国教育部 W–I（学术）办公室的巴赫尔（Frartz Bacher）想让海森伯到哥廷根接替玻恩，就驳回慕尼黑大学的申报，并要求提供包括 3 名以上候选人的名单。11 月，慕尼黑大学又呈报了新的候选人名单：海森伯、洪德、文策尔、克朗尼希和约尔丹等。然而，W–II（军方研究）办公室的门策尔（Rudolf Menzel）已经给哥廷根找好了候选人。在这种情况下，帝国教育部倾向于批准慕尼黑大学的申报。但勒纳德和斯塔克并不甘心，极力阻挠海森伯成为索末菲的继任者。

1935 年 12 月，海德堡大学成立新的勒纳德物理学研究所，在落成典礼上，斯塔克不仅大肆攻击犹太物理学家，而且辱骂研究和讲授相对论和量子理论的其他物理学家。他说："现在，爱因斯坦已经在德国消失，但不幸的是，他的德国朋友和支持者仍继续按照他的精神在活动。"而且别有用心地给海森伯戴了顶大帽子——"理论形式主义者海森伯，爱因斯坦精神的幽灵，甚至现在还要得到一次教授召唤的奖励"[①]。如果海森伯真的戴上这顶大帽子，那么他就将成为纳粹的敌人，处境非常险恶。

1936 年 2 月，斯塔克的演讲稿在纳粹的党刊《民族社会党月刊》上发表。而此前同年 1 月，纳粹的党报《民族观察家》发表题为《德意志物理学和犹太物理学》的文章，赞美德意志物理学，攻击相对论和量子理论，要求在德国所有大学讲授德意志物理学。作者是柏林技术学院的纳粹物理学生门策尔（Willi Menzel），但明显受人指使，文中大量引用斯塔克的演讲稿和勒纳德《德意志物理学》的前言，而这些作品当时还未公开出版。

这两篇文章的发表，使得海森伯到慕尼黑大学工作的任命被搁浅，其处境更是雪上加霜，他不得不进行反击。他向上级部门申诉，最后上级同意海森伯在纳粹党报上发表一篇答辩文章。1936 年 2 月 28 日，《民族观察家》刊登了海森伯的文章，引起很大反响，被大洋彼岸的《纽约时报》引述。在文章中，海森伯再次论述了理论物理学的重要性，但没敢提到犹太物理学家的名字。

在海森伯的反击过程中，受到莱比锡大学科学院院长鲁道夫（Rudolf）竭尽全力的保护，他给萨克森州负责大学事务的纳粹官员斯徒登考夫斯基（Werner Studentkowski）写信请求支持海森伯。斯徒登考夫斯基会见帝国纳粹官员罗森伯和门策尔，决定使海森伯继续留在莱比锡；还请求萨克森州议会的议长充当海森伯的"保护伞"，使其在莱比锡工作期间，不再受到攻击。斯徒登考夫斯基还说服门策尔在 1936 年 4 月初会见了海森伯。会见后不久，海森伯、维恩（Marx Wien，1866—1938）和盖革（Hans Geiger，1882—1945）联名给全德国物理学教授写了一封正式信件，请求在为理论物理学请命的备忘录上签字。他们把信和备忘录一起寄了出去，并要求在 5 月 19 日前

① 卡西第 2002: 450 (Einstein A. The Collected Papers of Albert Einstein, vol. 10. The Berlin Years: Correspondence, May-December 1920 and Supplementary Correspondence, 1909—1920 [M]. Princeton: Princeton University Press, 2006).

把备忘录寄给海森伯。结果，绝大多数德国物理学教授（75 位）签了名。这对海森伯及理论物理学是极大的支持。10 月，科学与教育部部长鲁斯特收到这份备忘录。11 月，德国研究协会会长斯塔克因根据神话幻想错误资助开采黄金而被迫下台，科学与教育部官员门策尔继任会长。至此，海森伯与勒纳德和斯塔克的斗争取得了胜利，但也没有成为索末菲的继任者。

1937 年 3 月，海森伯接到帝国科学与教育部的电话说：如果他愿意，科学与教育部就准备任命他接替索末菲。但海森伯谢绝了，因为他全力以赴准备婚礼，没有时间备课，要求推迟在 8 月 1 日接受任命，教育部同意了他的意见。海森伯夫妇在慕尼黑伊萨尔（Isar）河谷地区购买了很好的新房，准备在夏季学期结束后，立即从莱比锡迁到慕尼黑。

三、“白色犹太人”

斯塔克听说科学与教育部打算任命海森伯接替索末菲的消息后，就去找慕尼黑大学的校长克尔布尔（Leopold Kölbl），表示反对，扬言要向上级部门反映。1937 年 6 月初，克尔布尔把这一情况告诉了海森伯，但海森伯并不担心。7 月 15 日，海森伯携同夫人回到慕尼黑老家，准备接替索末菲。而就在当天的党卫队周报《黑衫队》上刊登了斯塔克的文章《科学中的“白色犹太人”》，来攻击海森伯及其科学。

《科学中的“白色犹太人”》这篇文章包括三个部分。虽然仅最后一部分的署名作者是斯塔克，但整篇文章都是他策划和主使撰写的，并得到一些党卫队官员的帮助，如斯塔克在技术物理研究所的左右手比尤特（Hermann Biuter）博士、勒纳德的学生外什（Ludwig Wesch）博士和《黑衫队》的编辑达尔科文（Gunter d’Alquen），特别是比尤特帮他搜集资料和撰写文章。文中指出：白色犹太人就是传播犹太精神的非犹太德国人，如普朗克、索末菲、劳厄和海森伯，他们和犹太科学家（如爱因斯坦）沆瀣一气，比犹太人更危险。文章虽然攻击了许多其他大学教授，但重点目标是海森伯，以阻止他成为索末菲的继任者。其中，列举了海森伯的大量罪行，例如，传播相对论等犹太物理学，拒绝参加公开支持希特勒的活动，任用犹太人而辞退德国人。

文章恶毒地攻击海森伯为“白色犹太人”“灰色理论的独裁者”“爱因斯坦幽灵的代表”和“物理学中的奥西埃茨基”（Carl von Ossietzky，1889—1938，德国新闻记者、和平主义者，因反对纳粹而被两次监禁，获1935年诺贝尔和平奖，1938年受纳粹迫害而牺牲），并指出：“1933年，海森伯与爱因斯坦的门徒薛定谔和狄拉克同时获得诺贝尔奖——这是受犹太影响的诺贝尔奖委员会对纳粹德国的一次示威行动，这个行动与‘嘉奖’奥西埃茨基如出一辙。1934年8月，海森伯通过拒绝在德国诺贝尔奖得主表示赞同领袖和国家元首的呼吁书上签名，来表达他（对诺贝尔奖委员会）的致谢……他在外国出名，是由他同国外犹太人和犹太伙伴合作而吹出来的一个结果。”①

这篇文章对海森伯和其他科学家的攻击，在德国物理学家中间产生了很大反响。许多物理学家向上级部门反映，对这种攻击表示抗议或不满。索末菲给慕尼黑大学校长科尔布尔写信要求制止斯塔克的肆意诽谤，克尔布尔把索末菲的信转交给巴伐利亚文化部，并附上自己的意见，认为在报纸上这样肆无忌惮地公开攻击公职人员，真是无法无天。洪德给莱比锡大学校长和教育部长写信，抗议斯塔克的攻击。德拜也写了申诉信。此外，为了支持海森伯，同行们随后选举他为哥廷根科学院通讯院士和萨克森科学院数学－物理学部的秘书长。

对于海森伯来说，斯塔克的这种攻击是致命的。如果所列“罪名”成立，那么，不仅他的科研和教学无法进行，而且可能被监禁甚至处死。因此，海森伯立即写了一封公函，连同斯塔克的文章寄给莱比锡大学的朋友贝尔夫，请求转呈教育部。贝尔夫很快就把信转给莱比锡大学校长，然后转送给萨克森文化部，最后呈送到帝国科学与教育部。在这封信中，海森伯请求科学与教育部做出答复：如果科学与教育部认为《黑衫队》的立场正确，那么他将请求辞职；如果科学与教育部不同意这种攻击，那么他请求恢复名誉，而且保证今后不再受到诽谤。帝国科学与教育部接到海森伯的信后，W–I（学术）

① 卡西第 2002: 489-490 (Einstein A. The Collected Papers of Albert Einstein, vol. 10. The Berlin Years: Correspondence, May-December 1920 and Supplementary Correspondence, 1909—1920 [M]. Princeton: Princeton University Press, 2006).

办公室的主任瓦克（Otto Wacker）立即给予回复，要求海森伯提供反驳斯塔克指责的辩护证据。随即，海森伯按要求向科学与教育部呈报了一份详细的书面反驳，科学与教育部立即就此事展开调查。

在向科学与教育部反映情况的同时，海森伯还给纳粹警察头子希姆莱（Heinrich Himmler，1900—1945）写了一封信，其内容与写给科学与教育部的信的大致相同，请求给予同样的答复。因担心通过一般的邮寄方式，信不能到达希姆莱的手中，所以，海森伯的母亲就亲自去拜访希姆莱的母亲。海森伯的外祖父和希姆莱的父亲（于 1936 年去世）经常一起参加户外体育活动，比较熟识，这样海森伯的母亲就通过这种关系认识了希姆莱的母亲，她们现在都住在慕尼黑。这次拜访获得成功，希姆莱的母亲答应把信转交给儿子。希姆莱接到信后进行了调查，并于 1937 年 11 月 4 日回复海森伯，要求他提供针对斯塔克指责的反驳证据。海森伯立即把反驳书（与提供给科学与教育部的几乎完全相同）呈送上去。不久，希姆莱下令进行深入调查，该调查持续了 8 个多月，内容集中在两个方面：海森伯的个人品格和政治倾向，及其在科学中的意识形态立场。

1937 年 10 月，海森伯听说科学与教育部的调查有了结论，结论有利于他，而不利于斯塔克。但希姆莱的调查才刚刚开始。在这次调查中，海森伯多次去柏林，而且到过党卫队的总部。他接受了长时间的令人筋疲力尽的询问，受到特务和盖世太保的监视，对其身心造成巨大伤害，特别是造成的心理创伤终生都未痊愈。例如，一位党卫队官员指控海森伯为同性恋，其匆忙结婚是为了掩盖这种罪行。按当时的法律规定，如果被判为男性同性恋罪，罪犯就立即被送往集中营。幸亏经过调查，没有找到支持指控的证据。

1938 年春，萨克森州批准海森伯担任萨克森科学院数学 – 物理学部秘书长，科学与教育部批准海森伯于 3 月到英国讲学两周，纳粹政府的这两个举动暗示海森伯是无罪的。1938 年 7 月 21 日，希姆莱给海森伯来信，他不同意《黑衫队》文章中的攻击，并禁止以后再发生对海森伯的攻击；邀请海森伯在 11 月或 12 月到柏林与他会见；劝告海森伯今后要把科学家与其科学研究区分开，不要再公开提到犹太科学家的名字。就在同一天，希姆莱还给党卫队安全机构头目海德里希（Reinhard Heydrich，1904—1942）发去一份备忘录，命令立即停止对海森伯攻击，并允许他在纳粹大学生同盟的机关刊物《自然科学大全杂志》发表文章，而且特别强调海森伯是清白的。接到希姆莱的信后，海森伯很快回信表示感谢。但是，直到 1942 年，海森伯才在纳粹大学生同盟的机关刊物上发表了文章《现代理论物理学的意义》。

党卫队调查得出的基本结论为：海森伯是不问政治的学者，其个人品格高尚，他在政治和科学上是清白的，不是斯塔克所攻击的“白色犹太人”，不反对民族社会主义。得到这样的结论，海森伯和同道尽了很大努力，并得到一些调查人员的支持。为了争取物理学同行的更大支持，海森伯从 1937 年夏季到 1938 年春季在弗莱堡、斯图加特、法兰克福、德累斯登、蒙斯特和博洛尼亚（Bologna）等地发表巡回演讲。哥廷根大学的应用力学家普朗特（Ludwig Prandtl）于 1938 年 3 月 1 日与希姆莱共同参加庆祝宴会，他趁机在希姆莱面前为理论物理学和海森伯说好话；7 月 12 日，他又寄给希姆莱一份备忘录，为海森伯及其理论物理学辩护。劳厄的学生尤勒斯（Mathias Jules）是负责调查海森伯案件的党卫队官员之一，后来成为海森伯的极力支持者。

为了阻止海森伯到慕尼黑接替索末菲，除斯塔克和勒纳德外，其他纳粹物理学家也积极活动，如纳粹大学生同盟海德堡分部的首脑外什博士、奥地利物理学家和科学哲学家丁格勒（Hugo Dingler）、大学教师同盟慕尼黑分部的头子菲勒尔（Wilhelm Führer）、教师同盟慕尼黑大学的代表蒂灵（Bruno Thüring）和纳粹大学生科学部头目库巴赫（Fritz Kubach）。他们对海森伯的攻击和陷害最终没有得到纳粹政府的支持，从而使得海森伯可继续留在德国工作。然而，海森伯在此过程中付出了沉重的代价，向纳粹体制作了巨大让步，他接替索末菲的希望也落空了。

在希姆莱为他洗刷了罪名后，海森伯很快就在巴伐利亚州的宋特霍芬（Sonthofen）参加了军训。由于苏台德危机，他的服役期限延长到 10 月，而且差点上了战场。

1938 年秋，70 岁的索末菲很想退休，并希望海森伯来接替他的职位，因此他和格拉赫（Walther Gerlach，1889—1979）提出继任者名单：海森伯、魏茨扎克和贝克尔（Richard Becker）。而教师同盟的大学代表蒂灵却提出完全不同的名单，继任者是3位应用物理学家。哲学学院院长法伯（Friedrich von Faber）支持教师同盟，就把蒂灵的名单报送到教育部，并写信极力支持。围绕海森伯的继任，以索末菲和海森伯为代表的理论物理学家、纳粹党、科学与教育部和党卫队各方展开激烈斗争。1938年11月，科学与教育部决定从蒂灵的名单中选择索末菲的继任者，但为了平衡各方利益，决定把海森伯任命到维也纳。

为了阻止海森伯的新任命，纳粹党的第二号人物赫斯（Rudolf Hess，1894—1987）给科学与教育部长鲁斯特写过两封信，说海森伯不应该被任命为任何教授。党卫队的头目希姆莱立即给鲁斯特写信，为海森伯说好话，极力支持海森伯到维也纳任教授；另外，为了支持海森伯，希姆莱还在慕尼黑分别会见了赫斯和教师同盟首脑舒尔策（Walter Schultze），但效果不佳。科学与教育部从蒂灵的名单中选择了最差的候选人缪勒（Wilhelm Müller），他是纳粹党员，不懂现代物理学，反对相对论。哥廷根大学的普朗特教授这样评价缪勒："缪勒先生没有给理论物理学带来什么东西，所带来的只是以挑衅的方式发表了一个工作计划，而这个计划只能看作对一个为技术的继续发展所不可缺少的专业进行的阴谋破坏。"

缪勒于1939年秋正式接替索末菲，而海森伯到维也纳的任命却泡汤了。到1939年末，有6位德意志物理学的支持者被任命为教授。

由于纳粹物理学家和纳粹政府对海森伯及其理论物理学的打击，海森伯未能成为索末菲的继任者，使海森伯和慕尼黑大学蒙受巨大损失。格拉赫对此非常愤怒，宣称慕尼黑大学的理论物理学已经死亡。从全德国范围来看，理论物理学的衰落也非常明显，在60位大学理论物理教师中，至少有26人流亡，有才华的教授不断离开德国，招生人数持续下降。如海森伯在莱比锡大学的15年中共培养了18名博士，而受到攻击后的6年间仅培养了4名①。

① 卡西第 2002: 513 (Einstein A. The Collected Papers of Albert Einstein, vol. 10. The Berlin Years: Correspondence, May-December 1920 and Supplementary Correspondence, 1909—1920 [M]. Princeton: Princeton University Press, 2006).

科学与教育部长鲁斯特注意到这种现象后，不是力图设法振兴理论物理学，而是命令下属研究如何减少理论物理学的教授职位。

四、“铀俱乐部”

1936 年 6 月，海森伯提出关于高能宇宙射线簇射产生的一种解释，认为宇宙射线簇射是由一次瞬时爆发形成的，这种解释被称为爆炸簇射理论。与此同时，安德森、奥本海默和海特勒（Walter Heitler，1904—1981）等人发展了“级联”簇射理论，认为宇宙射线簇射是由一系列个体事件形成的。

刚开始，海森伯自己对爆炸簇射理论有较高评价，认为有可能引发物理学革命，从而发现一种新的基本粒子理论，但大部分物理学家倾向于“级联”簇射理论。到 1937 年初，级联簇射理论几乎能够说明全部的相关观测数据。海森伯期望的物理学革命一直没有发生。

1938 年 4 月，海森伯从英国讲学回到莱比锡后，用介子理论的临界长度代替费米理论的临界长度，来修改他的爆炸簇射理论。5 月，他把论文《现有量子理论的适用性界限》寄给玻尔，文中提出“新的不确定原理”。之后，为给爆炸簇射理论寻找支持证据，海森伯及其助教奥伊勒（Hans Euler）全面分析了有关宇宙射线的数据。在 1938 年冬季，他在汉堡、莱比锡和慕尼黑宣讲这些新成果，认为在小于基本粒子尺度（基本长度，约 10^{-15} 米）的范围内，量子力学就不适用了，因此就要求新的物理学革命，正如十几年前，经典力学在原子尺度范围内失效，引发量子力学革命。但英国和美国的物理学家对其新的理论发展基本上持否定观点。

1939 年 9 月 1 日，德国突袭波兰，英法对德宣战，第二次世界大战全面爆发。战争期间，海森伯把主要精力投入德国的核计划中，得到纳粹政权的信任，1942 被任命为威廉皇帝物理研究所所长。他多次到欧洲各地讲学，为纳粹宣传德意志文化服务。在非原子能的科学研究方面，写了 4 篇关于基本粒子的论文，受到广泛研究。

因为海森伯是德国重要的核专家，所以，在战争结束前，他成为“一号目标”，被美军抓捕，然后被押送到英国，在那里过了 6 个月的“囚徒”

生活。

早在1936年，卢瑟福、玻尔和海森伯在哥本哈根相聚时，谈到原子能，还认为技术上利用核能简直就是天方夜谭。然而，到1938年，哈恩和斯特拉斯曼（Fritz Strassmann，1902—1980）就发现重核裂变，接着迈特纳和弗里施（Otto Frisch，1904—1979）解释了发生这种现象的物理原理。1939年上半年，玻尔和惠勒（John Wheeler，1911—2008）提出一种完备的核裂变理论。同时，法国物理学家约里奥－居里夫妇证实了中子倍增现象，从而证明有可能发生链式反应。这些为制造核反应堆和核武器奠定了基础。因此，战争爆发后，纳粹军方很快实施核裂变计划，在世界上最早开展核研制工作。海森伯作为理论物理学家，参加了德国军队的核计划。

1939年9月16日，军械局召集一些实验物理学家开会，研究如何把核裂变应用于军事领域。博特、盖革、哈特克、霍夫曼、弗吕格（Siegfried Flügge）与军方核物理学家狄布纳（Kurt Diebner，1905—1964）及其助手巴格（Erich Bagge，1912—1996）等参加了会议。在会上，巴格建议请他的老师海森伯教授加入“铀俱乐部”。巴格的建议得到批准，他于9月25日到达莱比锡，通知海森伯第二天到柏林军械局参加铀俱乐部的会议。海森伯连夜赶到柏林，9月26日，海森伯出席了铀俱乐部的第二次会议，参加会议的还有哈恩、德佩尔（Robert Döpel，1895—1982）和魏茨扎克等人。

海森伯在夏天访美期间，就与费米和皮格勒姆深入讨论过核爆炸物。加入铀俱乐部后，他立即投入到紧张的核研究工作中。1939年10月，海森伯提交给军械局一篇论述如何获得核能的文章。12月6日，他完成秘密理论报告《在技术上从铀裂变中获得能量的可能性》的第一部分，交给军械局。他的这部分报告分析了铀的链式反应、减速剂的应用、反应堆的形状和结构等基本问题，指出同位素富化是制成核发动机的唯一途径，同位素分离是生产核炸药的唯一方法，而且核炸药比普通炸药的威力大得多。这为纳粹的核研制工作指明了方向和途径，而且也使海森伯成为德国最重要的核裂变方面的专家。1940年2月10日，海森伯写出报告的第二部分，完成了整个核研制理论的秘密报告。在第二部分报告中，海森伯分析了核研制工作面临的困难：德国缺乏足够的技术来富化和分离同位素；铀矿石的提炼和加工技术低下；没有足够的重水来建造临界反应堆。因计算问题，海森伯错误地认为纯碳不宜作为减速剂。后来，柏林的魏茨扎克研制组和海德堡的博特（Walter Bothe，1891—1957）研制组都支持这种错误结论。因此，直到1944年底，德国都没有用碳作减速剂。这些困难阻碍着德国核计划的实施。

1940年初，海森伯向狄布纳申请1 000千克纯氧化铀，汉堡的哈特克（Paul Harteck，1902—1985）也申请300千克，而那时全德国一共才有150千克纯氧化铀。由于缺乏重水，海森伯的两个研制组研究用石蜡和普通水作减速剂。1940年5月，德国占领挪威的琉坎（Ryukan）重水工厂，到1943年被迫停产时，纳粹掠夺的重水大约只有2 000千克，仅够用来建造一个反应堆。德国还通过占领控制了两部回旋加速器，一部在哥本哈根的玻尔研究所，另一部在巴黎的约里奥－居里（Frédéric Joliot-Curie，1900—1958，居里夫人女儿的丈夫）实验室。

参加铀俱乐部的科学家共有71位，其中纳粹党员占到56%。而且，这71位科学家绝大多数为核物理学家，只有极少数是化学家和工程师，他们被分为9个研制组，分别是威廉皇帝物理研究所（位于Berlin-Dahlem，起初由狄布纳领导，后来由海森伯领导），威廉皇帝化学研究所（位于柏林，由哈恩领导），军械局研究所（位于Gottow或Kummersdorf），威廉皇帝医学研究所物理学部（位于海德堡，由博特领导），汉堡大学物理化学研究所（由哈特克领导）和莱比锡大学物理学系（由海森伯领导）。

海森伯在莱比锡大学物理学系的研制组和柏林威廉皇帝物理研究所的研制组都工作过。莱比锡研制组的主要成员有海森伯、德佩尔（Robert Döpel，1895—1982）、克拉拉（Klara Döpel）、帕邢（Wilhelm Paschen）和邦赫费尔（Karl-Friedrich Bonhoeffer，1899—1957），他们研究L系列的球形反应堆模型。军方接管威廉皇帝物理研究所后，狄布纳任临时所长，但德拜的原班人马都没有走，他们认为狄布纳的科学才能低下，无法领导工作，因此就请海森伯在物理研究所、柏林大学和柏林高等工业学校担任顾问，并希望他将来到柏林取代狄布纳成为正式所长。柏林研制组的主要成员有：魏茨扎克、维尔茨（Karl Wirtz，1910—1994，原来在莱比锡大学，随德拜一起到柏林）、费舍尔（Erich Fischer）、玻普（Fritz Popp）和格雷什默尔。为了保密，该研制组于 1940 年 10 月在威廉皇帝生物研究所的地盘上建成“病毒室”，在此研究 B 系列的柱状反应堆模型。刚开始，海森伯主要领导莱比锡的研制工作。1940 年 10 月后，他就几乎把一半时间用在柏林，只给莱比锡留下另一半时间。1942 年春，海森伯的莱比锡研制组成功完成了中子倍增的实验。

1941 年 8 月，阿登内（Manfred von Ardenne）的柏林研究所的豪特曼斯（Fritz Houtermans，1903—1966）证实了另一种核武器制造方法：铀 –238 吸收一个中子后，衰变成镎，镎不稳定，在几天内衰变成高度可裂变的元素钚（“二战”爆发后不久，美国科学家和德国的哈恩和魏茨扎克就已发现了这种方法）。钚和铀的化学性质差别很大，二者很容易分离。因此，用钚制造原子弹是可行的。美国在“二战”中制成的两枚原子弹，一枚用铀 –235，另一枚用钚。

德国核科学家在 1942 年 2 月呈送给军械局首脑雷布（Emil Leeb）将军的报告中对核计划的进展和前景都给予乐观评价，认为核反应堆很快就会被制成，而且影响核反应堆研制的不是技术低下，而是材料缺乏（军方极易解决材料问题）；而制造核武器取决于同位素分离技术的发展和能否在反应堆中生产出钚。

1942 年 2 月 26—28 日，在威廉皇帝物理所召开的会议上，海森伯发表演讲《从铀裂变获得能量的理论基础》。在演讲中，他指出：纯度高的铀 –235 即可制成威力无比的爆炸物，但当时的分离技术不足以提取高纯度的铀 –235。核反应堆马上就能建成，可用来作为军舰和潜艇的动力，而且还可用来生产易被分离的爆炸性物质钚。在会议快结束时，海森伯和博特被问到：在 3 个季度内，能否制成决定战争胜负的核武器？他们二位的回答都是否定的。

1942 年初，希特勒任命施佩尔（Albert Speer，1905—1981）为军备部长（受空军司令戈林领导），负责四年计划中的军事生产。然后，施佩尔说服希特勒任命戈林担任帝国研究委员会（Reichsforschungsrat，简称 RFR）首脑。1942 年 6 月 4 日，海森伯和其他核科学家在威廉皇帝学会的哈纳克（Adolf von Harnack）府中向施佩尔和空军元帅米尔西（Erhard Milch）等军方首脑汇报了核武器的研制工作。在报告中，海森伯提到“可以期待，在铀炉里能为原子弹制造炸药”，这引起全场轰动。海森伯做完报告后，米尔西（Milch）提问：“一个能摧毁整个伦敦的原子弹该要多大？”海森伯的回答道：“大概像一个菠萝那样大。”① 汇报会结束后，海森伯带施佩尔到物理研究所参观。

这次会议的结果是军方把核计划的控制权转交给国家研究委员会。德国因战场上的不利，军械局大幅度削减核研制经费，仅支持和领导柏林的狄布纳实验室、汉堡大学物理系和慕尼黑大学物理系的核研究，放弃了核计划的控制权，把威廉皇帝物理研究所归还给学会。此后，国家研究委员会、军械局和威廉皇帝学会共同领导德国的核计划。直到战争结束，德国对核研制工作只给予了中等程度的支持，只是按过去的规模继续进行，而对火箭的研制和生产却给予最大程度的支持。

1941 年 12 月，莱比锡的反应堆实验着火，烧伤了帕邢的手。半年后的 1942 年 6 月下旬，反应堆实验再次发生爆炸。

1942 年底，戈林任命门策尔和埃扫（Abraham Esau）分别负责国家研究委员会的管理委员会和物理部，并指派埃扫负责管理除军械局外的全部核研究，因而威廉皇帝物理研究所的核研制就受埃扫领导，海森伯对此极为不满。1943 年 3 月，军械局把狄布纳的核研究所转交给国家技术物理所，该所同样受埃扫领导。在这种情况下，海森伯劝说施佩尔让埃扫下台，而施佩尔又去找戈林和门策尔，结果在 1943 年底，格拉赫就取代埃扫成为管理德国核计划的全权代表，这是海森伯想要的结果。

为了使纳粹在严峻的战争条件下继续稳定地支持核研制工作，1943 年 5 月 6 日，海森伯在空气动力学科学院发表演讲《从核裂变中获得能量》，指出制造铀动力机和炸弹的可能性，核研究具有很大的实用价值，但也强调仍有许多技术困难和实际困难需要克服。此后不久，埃扫根据科学家们的论文

① 王福山 1986: 43（王福山，主编. 近代物理学史研究（二）[M]. 上海：复旦大学出版社，1986）.

和演讲撰写了一份关于核研制工作的报告，送给门策尔和戈林，其中指出盟国在核研究进展方面不可能超越德国。

五、最后的“疯狂”——海格洛赫的核研制[①]

为躲避盟军空袭，到 1943 年底，海森伯把研究所的约 1/3 人员疏散到德国南部巴登 – 符滕堡州的黑兴根（Hechingen）城。包括海森伯和维尔茨在内的其余人员继续坚持在柏林进行核研究，直到 1945 年 1 月才迁到黑兴根。1945 年 1 月，格拉赫命令把海森伯和狄布纳两个研制组的装置拆卸后运到南方的黑兴根，以免使人员、资料和设备落入苏联人手中。但是，当运送核研制设备的卡车到达图林根州的施塔蒂尔姆（Stadtilm）时，格拉赫突然决定停下来，把狄布纳的实验室就搬迁到这儿。维尔茨在施塔蒂尔姆给海森伯打电话告诉了情况，海森伯就让巴格带领车队来运送其研究所的设备和材料，最后于 2 月底才到达黑兴根，路上花费了 4 周的时间。

海森伯研制组把设备和材料运到与黑兴根相距 15 千米的海格洛赫（Haigerloch），在那里乡村的一个山洞里建成实验室，为得到自持的链式反应拼命工作，以使德国的核研究更加领先于盟国，从而保证德国科学的成功，并为其和盟国的投降谈判增加筹码。但事与愿违，他们只得到 60% ~ 70% 的增生率，海森伯很快就计算出大约还需要 50% 或更多的铀和重水才能制成反应堆，但没有更多的时间来研制了。美国部队已进入图林根州，到 4 月初，离狄布纳所在的施塔蒂尔姆仅有几公里了。4 月 8 日，狄布纳就逃到慕尼黑去见上级格拉赫。

对海森伯和魏茨扎克等人为什么参加纳粹的核计划，他们在战后一再说明：他们加入铀俱乐部是为了给将来保存德国青年科学家；同时也是为了控制核研制过程，免得其他更不慎重的科学家（如狄布纳、埃扫和舒曼）为希特勒制造出原子弹；而且他们的核研究工作只是为了制造核动力机，而不是

① 参见卡西迪 2018: 400–413（卡西迪 . 维尔纳 · 海森伯传 [M]. 长沙：湖南科学技术出版社，2018），第 27 章“最后一搏”。

为了研制原子弹，德国在1942年秋就放弃了原子弹的整个计划。例如，“二战”后，海森伯在给他的学生，复旦大学王福山教授的亲笔信中写道：“我在这里要特别强调指出，我们是搞原子能在工业上的应用，而不是研究制造原子弹。”①

但反对者不同意这种辩解，认为海森伯及其同事参加核计划，是因为爱国和效忠于德国，是支持纳粹德国的军队。他们的目的就是制造原子弹，而研制失败，并不是由于主观故意拖延，而是客观条件使然。

六、威廉皇帝物理研所所长

1934年，德拜到柏林筹建威廉皇帝物理学研究所并担任所长，莱比锡大学的实验物理学教授职位一直空缺。直到1937年4月1日，霍夫曼（Gerhard Hoffmann，狄布纳的老师）到莱比锡大学接替德拜的职务。“二战”爆发后，德国军械局因核计划而接管了该研究所。德拜是荷兰人，又拒绝加入德国国籍，因而被迫离开公职。后来，德拜又移民到美国，1940—1950年在康奈尔大学任化学系主任。德拜离开后，狄布纳担任研究所临时所长。

1942年4月，海森伯接到召唤，要他去柏林担任威廉皇帝物理研究所所长，同时任柏林大学的理论物理学教授。7月1日，他就任研究所所长。由于海森伯在德国核研制工作中的重要地位，以及纳粹政府的支持，这时德意志物理学的反对力量已比较微弱，因此，1943年2月他被帝国科学与教育部任命为柏林大学理论物理学教授。不久，洪德接替海森伯就任莱比锡大学的理论物理学教授。

海森伯到柏林任职成功，不仅是他个人的胜利，而且是现代物理学对德意志物理学的胜利。他到柏林后，立即投入反应堆研究工作中，不久就指导物理研究所把核研究中的铀金属粉末换成铀金属板，准备开展大规模实验。实验需要3吨铀金属板和1吨半重水，但由于战时生产条件所限，直到1944年1月，海森伯才得到所需要的金属板。经过约一年研究，到1944年12月

① 王福山 1986: 27.

仍不能得到链式反应，海森伯就采用狄布纳实验室的方法，把金属板换成立方金属锭。

除核研制工作外，他在还研究所主持宇宙辐射方面的系列讲座（演讲内容编印成专著《宇宙射线》于1943年6月出版，以庆祝索末菲75岁生日），在柏林大学讲授理论物理学课程。同时，各种荣誉接踵而来，1942年3月，海森伯受邀在纳粹党报《人民观察家报》上发表庆祝普朗克85岁寿辰的文章；1942年9月1日，空军司令戈林请他当选德国空气动力学研究科学院通讯院士；1942年10月，戈林向希特勒推荐他应得一级战功十字勋章；1943年4月，帝国科学与教育部批准他当选为普鲁士科学院院士；1943年10月，在希姆莱的极力帮助下，海森伯终于在纳粹大学生同盟的机关刊物《自然科学大全杂志》上发表了两年多以前就已写好的文章《现代理论物理学的评价》，该文认为即使没有爱因斯坦相对论也会诞生；1943年和1944年，普朗克和海森伯成为戈培尔宣传报纸《帝国》的头版人物。

七、星期三联谊会

星期三联谊会是柏林的社会精英人士的社交俱乐部，其历史可追溯到威廉皇帝时期。会员都是柏林行政、军事、文化和学术等领域内有地位的人物，他们星期三在某个会员家中聚会，时间间隔为几周不等。聚会时，东道主要准备茶点，做关于其工作的演讲。1942年，联谊会有28位会员，其中包括普鲁士财政部部长波皮茨（Johaness Popitz，1884—1944）、陆军总参谋长贝克（Ludwig Beck，1880—1944）、大使哈塞尔（Ulrich von Hassel，1881—1944）、外科医生绍尔布鲁赫（Ferdinand von Sauerbruch，1875—1951）、文化哲学家施普朗格教授（Edward Spranger，1882—1963，曾经是莱比锡教授俱乐部成员，和海森伯很熟悉）、植物学家迪尔斯教授（Ludwig Diels，1874—1945）、耶森教授（Jens Jessen）和沙德瓦尔特教授（Wolfgang Schadewaldt）。大多数会员都反对希特勒和纳粹统治。1944年7月20日，一些会员实施了刺杀希特勒的计划，但计划失败了。

海森伯从1942年11月开始参加星期三联谊会的聚会后坚持参加了大多

数聚会，而且做过两次东道主。1943 年冬天，波皮茨邀请海森伯到他家做客，他们交谈过暴力颠覆纳粹政权的话题。1944 年 7 月 18 日，该联谊会在威廉皇帝学会的哈纳克宫（Harnackhaus Berlin–Dahlem）中举行最后一次聚会，有 10 位会员参加，其中包括参与刺杀希特勒计划的贝克、迪尔斯、耶森和绍尔布鲁赫等。海森伯作为东道主发表了关于星体构造的演讲。7 月 19 日，他离开柏林，第二天到达乌尔费尔德。在回家的路途中，他听说了刺杀希特勒的事变。

刺杀希特勒失败后，星期三联谊会的多数会员（如贝克、波皮茨和哈塞尔）被杀害，有的会员（如施普朗格）即使对这次密谋刺杀活动毫不知情，也被逮捕。因这次事件，普朗克的次子埃尔温（Erwin Planck，1893—1945）被纳粹囚禁，于 1945 年 1 月 23 日被处以绞刑。但海森伯却安然无恙，甚至都没有被传讯，这可能是由于希姆莱和施佩尔等纳粹高级官员的保护。

据海森伯夫人回忆：海森伯从未被星期三联谊会直接要求参加这次密谋刺杀希特勒的活动；然而，在 1944 年初夏，青年运动的一个朋友赖希魏因（Adolf Reichwein，1898—1944）来研究所请海森伯参加刺杀希特勒的政变，但他谢绝了。几周后，7 月 4 日，赖希魏因和其他几个同谋者被捕，然后被判谋反罪而遭处决。

八、散射矩阵理论

1942—1945 年，海森伯完成 4 篇关于基本粒子的散射矩阵论文，受到广泛研究。1942 年 9 月初，他把第一篇论文《基本粒子理论中的“可观察量”》寄给《物理学报》，并把它献给盖革。在这篇论文中，他提出：当两个粒子未碰撞时，它们的动量和能量是可观察的；而在碰撞过程中，两个粒子的距离小于其基本长度，它们的动量和能量就成为不可观察量。从而，他把碰撞表示成碰撞前后的平面波的矩阵变换。10 月底，他完成第二篇论文，其中论证了宇宙射线的爆炸簇射。

1943 年 10 月，海森伯在访问荷兰时，与克拉默斯讨论了他的基本粒子理论，克拉默斯提出了很有见解的想法。此后，海森伯多次邀请克拉默斯合作研究撰写论文，但后者谢绝了。这样，海森伯于1944年3月单独完成第三篇散射矩阵论文。他的第四篇关于基本粒子的论文，不仅探讨了两个粒子的碰撞问题，而且还研究了多个粒子的相互作用现象。这篇论文虽然完成于1944年底，但在战争结束前并未发表。

“二战”后，海森伯总结散射矩阵理论，于1946年写成论文《波动场量子理论的数学框架》。1946年9月，泡利写信告诉海森伯：其在普林斯顿的学生马仕俊（S.T. Ma）发现散射矩阵理论存在严重问题。后来，泡利的助手杨斯特（Rest Jost）还验证了马仕俊发现的那个问题。在1946至1948年，海森伯和泡利经常讨论该理论，虽然海森伯对其充满信心，但泡利却持否定态度。特别是“二战”后，随着重正化方法的发展，量子场论能够适用于很高的能量和远小于基本长度的范围，因此，海森伯的散射矩阵理论受到冷落。

第四节　关于哥本哈根的“会面”①

1940年4月，德军占领丹麦。在此后的一段时间，玻尔及其研究所还能够正常工作。1941年3月，为了宣传德国文化，魏茨扎克和一组德国科学家到丹麦发表演讲。其间，魏茨扎克带哥本哈根的德国文化研究所所长去拜见玻尔，这让玻尔非常生气，因为玻尔非常讨厌那位所长。

1941年9月18—24日，在哥本哈根的德国文化研究所召开天体物理学会议。9月15日，海森伯、魏茨扎克及其他德国科学家动身去哥本哈根参加会议。会议期间，海森伯和魏茨扎克在德国文化研究所发表演讲，并邀请玻尔和其他丹麦科学家来听讲，这使玻尔感到受辱，坚决拒绝出席演讲会。

玻尔没有来德国文化研究所听讲，这令海森伯感到失望。于是，他当场宣布对玻尔不来出席演讲会感到非常“遗憾”。玻尔听说以后，就邀请海森伯到玻尔研究所。玻尔、海森伯、魏茨扎克和罗森塔尔（Stefan Rozental）等

① 参见卡西迪2018: 346-361，第23章“哥本哈根之行”。

人在研究所共进了午餐。玻尔和海森伯单独会面的时间可能是9月16日晚。根据海森伯的回忆，会面的地点是在玻尔研究所后的大众公园。但一些人认为这不可能，他们推测师徒二人之间的谈话应在玻尔的书房中。他们谈到核研制工作，可关于谈话的具体内容和细节，当时没有任何文字记录。战后，玻尔、海森伯和其他人都有过回忆描述这次谈话，但并不一致，引起了争论。

“二战”后，海森伯在写给范德瓦尔登的信中暗示：海森伯想让玻尔把德国在战争结束前不可能制成原子弹这一信息传递给同盟国，从而阻止同盟国研制和应用核武器。1957年，海森伯给容克写了一份关于这次会见的备忘录。这份备忘录出现在容克的《比一千个太阳还亮》中，玻尔看到后非常生气，他认为与事实严重不符。1961年5月，玻尔访问苏联时，私下透露了一些他与海森伯的密谈内容：海森伯劝他要屈从于德国占领者，因为希特勒“肯定取得胜利”。1964年，玻尔的儿子埃格（Aage Bohr，1922—2009）发表文章《战争年代与原子武器预示的前景》，讨论了这次会见。1969年，海森伯在出版的回忆录《部分与整体》中指出：他本想向玻尔请教是否该继续研制原子弹，但玻尔对此话题感到震惊，谈话很快就结束了。玻尔夫人玛格丽特（Margrethe Bohr，1890—1984）始终坚持认为，海森伯的哥本哈根之行是一次敌对的访问。

海森伯的这次哥本哈根之行严重伤害了玻尔，他们间的友谊和信任从此大不如前，魏斯科普夫曾对此说：“一个伟大的友谊和一个有创造力的人类结合就此告吹。”[①] 这令海森伯十分痛苦。

除了1941年的哥本哈根之行外，海森伯在“二战”期间还访问过欧洲许多国家。1941年4月，他到匈牙利的布达佩斯访问，发表了关于“歌德的颜色理论”的演讲；1942年11月，到瑞士访问，在苏黎世大学发表关于“自然科学的世界观”的演讲；1942年11—12月，他与普朗克和魏茨扎克一起

① 王福山 1986: 62（王福山，主编.近代物理学史研究(二)[M].上海：复旦大学出版社，1986）.

再度访问布达佩斯；1943 年 3—4 月，访问斯洛伐克的布拉迪斯拉发；1943 年 10 月 18—26 日，海森伯到荷兰的卡末林－昂内斯（Kamerlingh-Onnes）实验室、阿姆斯特丹大学和乌德勒支大学等机构访问讲学，见到了克拉默斯、卡斯米尔（Hendrik Casimir，1909—2000）和罗森菲尔德（Léon Rosenfeld，1904—1974）等科学家，并到占领军总部会见司令赛斯－因夸特（Artur Seyss-Inquart，“二战”后，在纽伦堡审判中被判死刑）。

1943 年 12 月，海森伯应被占领的波兰地区总首领弗兰克（Hans Frank）邀请，到哈尔科夫的德意志文化宣传研究所发表演讲，并作为贵宾在弗兰克所住的宫殿中下榻。玻尔离开丹麦后，德军于 1943 年 12 月 6 日占据了他的研究所，监禁和审讯留守的工作人员。海森伯得知消息后，与狄布纳于 1944 年 1 月 24 日到达哥本哈根，经过协商，德军于 2 月 3 日退出玻尔研究所。1944 年 4 月，海森伯又访问哥本哈根，并应邀在哥本哈根的德意志文化研究所发表演讲，还与德军司令贝斯特（Werner Best）一起出席宴会。1944 年 12 月，他再次访问瑞士。

海森伯在访问期间，通常会到当地的德国文化研究所发表演讲，以宣传德意志文化。这引起被占领国人民的反感，因而一些人把被邀请到德国文化研究所听海森伯演讲视为一种侮辱。对于海森伯来说，这意味着与纳粹合作，以保证其政治地位；而对于纳粹政权来说，这是在利用海森伯，为德国的侵略和占领服务。海森伯愿意为罪大恶极的纳粹政权服务，体现了其狭隘愚忠的爱国精神。他不希望德国战败，进而盼望希特勒能够征服和统治欧洲乃至全世界。因为他想当然地认为民主制度没有能力来管理欧洲，故最好采用独裁体制，而在当时欧洲的两大独裁体系纳粹德国和共产主义苏联中，德国比苏联还要正义一些。因此，在“二战”末期，海森伯因害怕落入苏联军队之手，而决定移居美国（后来没有成行）。然而，海森伯在纳粹统治下生活了 12 年，虽有许多人劝其移民，但他坚决拒绝离开德国。可见，海森伯的爱国具有狂热性和盲目性。

当海森伯被关押在英国“农庄馆”时，玻尔与他保持通信联系。1947 年，海森伯到哥本哈根拜访玻尔。后来，玻尔也来到哥廷根，到海森伯家做客，

而且两家还于1953年一起去希腊旅游。1961年，在海森伯60岁生日时，玻尔写了贺文《量子力学的创立》和热情洋溢的祝寿信，高度赞扬海森伯的成就，而海森伯也回信表示感谢。由此看来，“二战”后，他们还是保持经常联系。纵然如此，因害怕伤害感情或引起痛苦回忆，双方并没有直接澄清1941年的哥本哈根会见，从而留下永不消散的“迷雾”。

关于海森伯和玻尔在1941年的哥本哈根会见，海森伯在容克的书和自己的回忆录中都公开讲过。但玻尔却从未公开说过此事，他儿子阿格（Aage Niels Bohr，1922—2009）和同事罗森塔尔等人的回忆就成为史学家所依据的材料。

1957年，海森伯写给容克一篇关于在1941年哥本哈根之行中与玻尔会见的备忘录。这篇备忘录出现在容克那部书的丹麦文版中，玻尔看到后非常气愤，于是就给海森伯写了一封信，表示不同意。但为了避免伤害海森伯的感情，这封信并未寄出。玻尔于1962年去世后，家人把这封信放到文献馆，准备50年后再公开。于是，这次会见由于当时没有文字记录，事后双方当事人和其他人的回忆又不一致，就成为一桩历史“悬案”，引发人们的争议。

1998年5月，英国剧作家弗雷恩（Michael Frayn）创作的话剧《哥本哈根——海森伯与玻尔的一次会面》在英国伦敦皇家剧院首次上演，随后在哥本哈根、纽约和伯尔尼等地上演，引起轰动。2001年9月，在玻尔文献馆举行讨论该话剧的座谈会，玻尔家族在会上宣布决定提前公开这封信。为了澄清事实，2002年2月6日，玻尔家族决定将存放在尼尔斯·玻尔档案馆中所有11份有关文件（包括那封信）提前解密，在互联网上公布。2007年8月，我国研究玻尔的专家戈革教授把这些文件翻译成中文；2008年，《科学文化评论》第5期发表了这些中译文①。

这些文件公布后，学术界反应不一，“哥本哈根迷雾”并没有就此消散。在写给海森伯那封未寄出的信中，玻尔写道，海森伯的哥本哈根之行给他留

① 芬·奥瑟若德. 2002年初公布的关于玻尔与海森伯会面的文件 [J]. 科学文化评论，2008 (05): 30-45；亦可参见戈革. 玻尔－海森伯1941年会晤档案文献选 [J]. 物理，2008 (12): 879-881.

下两个深刻的印象：一个是海森伯认为德国必将胜利，因而他们仍然抱着战争会有另一种结果的希望并拒绝和德国合作是愚蠢的；另一个是，在海森伯的领导下，德国正在为发展原子武器做一些事情。在其他一些文件中，玻尔否认海森伯曾暗示过德国科学家们正在阻止德国制造原子武器，而且还指出海森伯说过：如果战争持续的时间足够长久，那么胜负最终由原子武器来决定。这些文件基本上都表明，海森伯写给容克的那篇备忘录与事实严重不符。由此看来，玻尔的回忆与海森伯的大相径庭，由此引发的争论并不会消失，历史“悬案”仍将是“悬案”。持不同观点的人，总能从相同的材料中找到不同的证据。对此，《海森伯传》译者戈革先生也有精彩点评，他入木三分地分析了海森伯等德国科学家开始自信满满，认为自己造不出来的，盟国也造不出来。及至听到原子弹爆炸的消息后，不信和震惊之余，又声明自己其实压根没打算制造原子弹，转身就站在了道德制高点上，实在让人叹为观止[①]。

第五节　农庄报告[②]

“二战”后期，美国派遣“阿尔索斯”（Alsos）科学情报部队到欧洲搜寻核科学家和相关目标，该部队由帕什（Boris Pash）上校领导，高德斯密特是科学部的负责人。海森伯成为“阿尔索斯”部队的第一号追击目标[③]。

1944 年下半年，美国战略情报局的伯格（Morris Berg，精通 7 国语言，曾是华盛顿参议员棒球队和波士顿美国联赛棒球队的接球手）冒充瑞士大学生，到瑞士搜集欧洲的核情报，他很快就搞清楚海森伯在黑兴根的地址，并把这一情报告诉了高德斯密特。苏黎世联邦理工学院的实验物理学教授舍

① 戈革，《海森伯传》译者引言，亦见物理，第 12 期，2004：923-928.

② 参见卡西迪 2018:414-425，第 28 章“对铀计划的解释：农庄馆”。

③ 关于海森伯和高德斯密特的关系，两人关于德国科学家在德国战时核计划中的作用上的分歧，可以进一步参见：肖明．海森伯、戈德斯密特和德国原子弹 [J]. 世界科学，1995 (04): 40-44.

雷尔（Paul Scherer，1890—1969）是坚定的反纳粹人士，他尽一切努力帮助伯格。在伯格的劝说下，舍雷尔邀请海森伯到苏黎世讲学。海森伯接受了邀请，于 1944 年 12 月在魏茨扎克的陪同下到达苏黎世，在舍雷尔的物理学系讲演 S 矩阵理论，只字不提政治。但在舍雷尔家中的私人宴会上，海森伯谈到德国在战争中正在失败。纳粹间谍把海森伯的失败主义言论报告给盖世太保，党卫队策划对海森伯和魏茨扎克进行全面审查。多亏格拉赫极力保护，他才幸免于难。因为在当时条件下，发表失败主义言论是叛国罪，可被处死。

海森伯没有因访学中的失败主义言论遭纳粹惩罚，这是幸运的。而更为幸运的是，伯格也没有暗杀他。他这次到苏黎世访学，本来就是由伯格策划的。目的是只要发现任何证据能够证明海森伯在制造原子弹，那么伯格就立即把他击毙。伯格可谓用心良苦，舍雷尔家的宴会结束后，伯格亲自送海森伯回旅馆。但令伯格失望的是，他没能发现任何蛛丝马迹。几年后，伯格寄给海森伯一本书《伯格：体育家、学者、密探》。

在海森伯的苏黎世之行后不久，格拉赫命令把所有的核研究撤出柏林。1945 年 2 月底，海森伯研究所的设备和材料终于被运到黑兴根，紧接着就进行了紧张的最后的核试验。与此同时，阿尔索斯部队随美国军队在 2 月跨过莱茵河，3 月初到达海德堡，抓获了博特（Walter Bothe，1891—1957）和根特纳（Wolfgang Gentner，1906—1980）。4 月 23 日，帕什上校带领战斗小分队到达海格洛赫和黑兴根，逮捕了劳厄、魏茨扎克、维尔茨、科尔兴（Horst Korsching，1912—1998）和巴格，没收了实验材料、设备和文件，拆卸了反应堆。然后，把铀和重水运到巴黎的阿尔索斯总部，把科学家和文件送到海德堡。此外，还去泰尔芬根（Tailfingen）抓捕了哈恩。

可是，阿尔索斯战斗小分队并没有抓到海森伯。他和同事把剩余的铀和重水埋藏好后，于 4 月 19 日午夜 3 点骑自行车离开黑兴根，奔向乌尔费尔德。为了躲避盟军的飞机和德军，海森伯晓宿夜行，长途跋涉，骑着自行车 3 天就赶到了家中，行程约 250 千米。途中，他差点被党卫队的哨兵抓起来吊死，幸亏急中生智，贿赂了那位哨兵一包美国香烟，才侥幸逃脱。到家后，海森伯设法把母亲从米滕瓦尔德接到乌尔费尔德。当得知希特勒自杀的消息时，他们全家都极为高兴。

4 月 30 日，美军派出两个小分队搜捕海森伯、格拉赫和狄布纳。帕什上校带着他的小分队于 5 月 1 日到达科赫尔，这儿与乌尔费尔德隔山相望。5 月 2 日，因一座桥被炸毁，帕什上校带着突击队步行到乌尔费尔德侦查。工兵连夜把那座桥修好。于是，5 月 3 日上午，帕什上校带领全队人马到海森伯家抓捕，海森伯坐上美军的装甲车，随帕什上校返回科赫尔。5 月 4 日，海森伯被美军押往海德堡。三天后，德国无条件投降，战争结束了。

海森伯到达海德堡后，立即受到高德斯密特的审讯。高德斯密特问他此时是否愿到美国工作，海森伯谢绝了。海森伯问高德斯密特美国原子弹制造情况，后者回答说美国没有制造原子弹的计划。到此时，海森伯等德国核科学家仍认为他们的核研制进程超过了盟国，至少也不落后，他们猜想美军抓捕他们是为了获取先进的核研究成果。所以他提出要向美国人传授核裂变知识，但高德斯密特谢绝了。

在海德堡受审之后，海森伯被押送到巴黎。在这儿首先与劳厄、哈恩、格拉赫、狄布纳、魏茨扎克、维尔茨、巴格和科尔兴相聚，过几天又来了汉堡的哈特克。阿尔索斯部队共抓获了 14 位重要的德国核科学家，其中 4 人被送往美国。在巴黎，这 10 位核科学家被士兵严密看守，犹如战犯，不得与外界联系，过着非常简朴的生活。不久，他们又被押送到比利时的一个乡村里。

英国空军参谋部的情报负责人琼斯（R. K. Jones）教授听说美国的一位将军打算枪毙这 10 位德国核科学家后，积极活动周旋。他不希望这些科学家被送往美国，更不希望他们在欧洲落入法国人和苏联人之手。这样，7 月初，他们就从比利时被运送到英格兰剑桥附近的高德曼彻斯特村庄，被关押在一处占地面积很大的农场主住宅里。虽是囚禁，但生活条件相当好，有专人给他们打扫卫生和提供令人满意的衣食，还可读书看报，进行娱乐和体育活动。这些科学家每天举行科学讨论活动。可仍不能与外界联系，而且住处还安装了秘密窃听器。

拘禁德国科学家的“农庄馆”

1945年8月6日晚，他们获悉美国向日本投掷了原子弹，一开始多数人并不相信。海森伯认为根本不可能是原子弹，而是一种用氢或氧原子等类似东西制造的新式炸药，他一直把制造原子弹的困难想象得太大了。但狄布纳则认为这非常可能是一个真正的原子弹。确定消息无误后，他们的德国核研究领先的幻想破灭了，多数人十分痛苦。魏茨扎克则说，德国没有制成原子弹，是因为德国核物理学家原则上根本不想制造它。巴格当即指出，魏茨扎克的这种说法太荒谬。哈恩也不相信魏茨扎克的这种说法，并庆幸德国没有制成原子弹，但因自己的科学发现已导致大量无辜平民死亡，遭受极大的打击和痛苦，以致海森伯、劳厄和巴格等人害怕哈恩自杀。但具有讽刺意味的是，同年11月16日，瑞典宣布哈恩因为发现核分裂而获得1944年诺贝尔化学奖。

8月7日，不许德国核科学家与外界联系的禁令取消了，他们就核研制工作展开了激烈争论，特别是海森伯和魏茨扎克长时间讨论了科学家的责任问题。在格拉赫和维尔茨的协助下，海森伯起草了一份关于纳粹时期核研究工作的声明。8月8日，他们都在这份声明的定稿上签了名，并把它呈交给英国管理者。同一天，海森伯还在农庄馆做了关于原子弹的报告。

在英国被关押期间，海森伯和哈恩由于是英国皇家学会会员，受邀于1945年底参加了英国皇家学会的两次会议。在会议上，海森伯与英国物理学家布莱克特（Patrick Blackett，1897—1974）交谈，后者又问他是否愿意到美国，海森伯同样谢绝了，因为他想留在德国，为祖国的战后重建出力。

关押这10位德国核科学家的主要目的是以免他们落入法国人或苏联人手中。这种监禁缺乏一种司法权，法律规定不得超过6个月。因此，半年之后，他们又被押送回德国。

第六节　“二战”后的社会活动[①]

1946年1月3日，10位德国核科学家从英国被押送到德国北部吕贝克（Lübeck）附近的阿耳斯威德（Alswede）小镇，在这儿白天可自由活动，但晚上必须回到住处。2月初，海森伯到达哥廷根，三个多月后，他的夫人费尽周折、行程万里终于与他相见。占领当局不允许海森伯到美、苏、法三个占领区，要求他在英占区的哥廷根重建威廉皇帝物理研究所。

战后，海森伯除继续进行湍流、超导理论、宇宙射线爆炸簇射理论和统一场论等科学研究外，还积极参与科学组织和社会政治活动，对公众有很大的影响力。他负责重建马普学会物理研究所，担任德国研究委员会主席和洪堡基金会主席，积极推进核能的和平利用，坚决反对联邦德国研制核武器，不遗余力地推动联邦德国的复兴。此外，海森伯在纳粹时期的所作所为引发很大争论，他不得不通过写文章和接受采访等形式参与争论，这令其十分痛苦。

美英决定让这些被俘的科学家在英占领区永久定居，并以哥廷根为中心，重振德国的科学和技术，从而达到复兴德国的经济和政治的目标。1946年2月初，海森伯和哈恩最先到达哥廷根，劳厄、魏茨扎克和巴格等被拘者随

① 参见卡西迪 2018:438-460，第30章“晚年岁月”。

后到达。但是，格拉赫去了波恩，后来仍回到慕尼黑大学任实验物理学教授，狄布纳和哈特克回到汉堡大学，哈特克后来又移民到了美国。

威廉皇帝学会主席弗格勒博士（Albert Vögler，1877—1945）在战争结束时去世，因此，有些人建议解散学会。但学会的秘书长特尔绍博士（Ernst Telschow，1889—1988）积极采取措施拯救和改组学会，在战争快结束时，他把学会的总部从柏林迁到哥廷根，并把“不动基金”发放给各研究所来救急。1945 年 6 月 4 日，美军把普朗克夫妇送到哥廷根。普朗克成了特尔绍的大救星，在后者的恳切请求下，他再度出任学会主席。1945 年 7 月 24 日，普朗克向所有能联系上的所长和学会管理委员会的委员寄发一份通函，建议推选仍被关押在英国的哈恩为学会的新主席。1946 年 4 月 1 日，哈恩接管学会的领导事务。1946 年 9 月，举行新学会成立大会，哈恩被正式任命为主席。在学会改组过程中，威廉皇帝学会改名为马克斯·普朗克学会（简称马普学会）。1960 年，布特南特（Adolf Butenandt，1903—1995，曾获 1939 年诺贝尔化学奖）接替哈恩成为马普学会主席。

英国占领当局安排海森伯和哈恩分别负责重建威廉皇帝物理学研究所和化学研究所。但海森伯的研究所在黑兴根，哈恩的研究所在泰尔芬根，都在法国占领区。法国占领当局控制着这两个研究所的原有仪器和工作人员，不肯交给英国人；而在哥廷根，气体动力学研究所的大风洞被拆下来，运到了英国，其他器材也被运走了，几乎没有剩下什么东西了。因此，重建工作并不顺利。而且战后的哥廷根，人满为患，没有住处，物品短缺，海森伯就睡在一个稻草袋上。世界各地的朋友给海森伯寄来食物等生活用品。在这种情况下，索末菲又提出让海森伯接替他的职位，海森伯表示愿意接受。

然而，到 1946 年夏季，海森伯好运来临，英国军队把气体动力学研究所的房屋交付海森伯使用。又过了几个月，海森伯夫人穿越 3 个占领区把家当用卡车搬到这儿，一家人终于团聚，研究所也从黑兴根迁到哥廷根。因研究所发展和家庭团聚，海森伯就没有到慕尼黑接替索末菲的工作。1947 年，曾是海森伯柏林核研制组成员的玻普接替了索末菲，他也是索末菲的学生。

1948 年，威廉皇帝物理研究所更名为马普学会物理研究所。在大家的努力下，海森伯的研究所获得新生。海森伯、魏茨扎克、豪特曼斯（Fritz Houtermans，1903—1966）和比尔曼（Ludwig Biermann，1907—1986）等成为中坚力量，新一代物理学家吕斯特（Reimar Lüst）、哈克塞尔（Otto Haxel）、科佩（Heinz Walter Koppe）、黑费勒（Wolfgang Häfele）、施吕特（Arnulf Schlüter）、戈特斯坦（Klaus Gottstein）和迪尔（Hans Peter Dürr）等成长起来了。其间，海森伯使基本粒子物理学和天体物理学成为研究所的研究领域。

哥廷根重建和德国科技的振兴使海森伯感到无比欣慰，以致他去世前不久说出这样的话："哥廷根这一时期是我生活中最幸福的时期。"

早在 1937 年 12 月，海森伯就当选为哥廷根科学协会（后来更名为哥廷根科学院）数学 - 物理学部通讯会员。但在"二战"前，他参加哥廷根科学院的活动并不多。战后，他在哥廷根定居 12 年之久，情形发生根本改变。其间，他几乎出席了科学院的所有会议。1946 年 3 月 8 日，他第一次参加哥廷根科学院的正式会议。1948 年 11 月 12 日，当选院士。同年 12 月 10 日，被选为科学院主席，任期为 1949—1952 年。在担任科学院主席期间，1951 年 11 月，举办活动纪念哥廷根科学院成立 200 周年，在庆祝大会上，海森伯做了冷静而客观的报告《研究与教学的统一》，玻尔和豪斯（Theodor Heuss）等到会致辞祝贺。

1949 年 6 月 24 日，海森伯当选巴伐利亚科学院通讯院士。其家庭与该科学院的缘分很深：他的父亲曾于 1911 年当选非正式院士，1913 年当选哲学 - 历史学部院士；他的外祖父在该科学院任职长达 54 年，分别于 1872 年、1873 年和 1887 年当选非正式院士、通讯院士和院士。

海森伯的当选并不顺利。索末菲、吕查特（Eduard Rüchardt，1888—1962）、迈斯讷（Walther Meissner，1882—1974）、罗梅斯（Benno Romeis，1888—1971）和策内克（Jonathan Zenneck，1871—1959）都提名海森伯为通讯院士。在 1949 年 2 月 4 日召开的数学 - 自然科学学部预选会议上，该提议被一致通过，但被提名的 5 个国外候选人（其中包括当时在都柏林的薛定谔）却未能获得所要求的 2/3 多数票。这 5 个候选人被拒绝，不是由于他们的科学成就或个人品行，而是因为科学院考虑此时进行这样的选举是否合适：战

争结束刚 4 年，能否选举外国人（其中有被纳粹驱逐的学者）成为通讯院士引起激烈争论。鉴于此，索末菲收回了海森伯的提名申请。3 月 18 日，召开全体院士大会，仅选举了院士，通讯院士的选举被推迟。6 月 24 日，再度召开全体院士大会，选举 8 位国内学者和 13 位国外学者为通讯院士，其中包括海森伯和薛定谔。

1958 年 9 月，海森伯迁往慕尼黑后，不久便当选巴伐利亚科学院院士。以迈尔 – 莱布尼茨（Heinz Maier–Leibnitz）为首的 14 位院士提名通讯院士海森伯为院士，1959 年 1 月 9 日，数学 – 自然科学学部举行预选会议，该提议被通过。随后，在 2 月 20 日召开的全体院士大会上，海森伯全票当选院士。在担任该院院士的 16 年中，他参加了 41 次会议，因各种原因缺席了 124 次会议。经海森伯举荐，天体物理学家比尔曼（Ludwig Biermann，1907—1986）于 1961 年当选院士。

当选巴伐利亚科学院院士后，海森伯多次到该院数学 – 自然科学学部演讲：1961 年 3 月 3 日，报告与迪尔的合作研究工作“关于奇异粒子的理论”；1961 年 10 月 6 日，进一步介绍前面那项研究工作的结果；1964 年 11 月 6 日，报告与达尔（Dhar）和迪尔等人合作研究的“基本粒子的统一场论”方面的成果；1967 年 1 月 13 日，演讲题目为“关于轻子质量的理论”。

1965—1968 年，海森伯加入《索末菲文集》编辑委员会。该编委会共有 17 名成员，科学院主席担任编委会主任，玻普（Fritz Popp）任常务秘书。到索末菲 100 周年诞辰时，已经完成《索末菲文集》的编辑出版任务，然后，编委会于 1968 年 11 月 8 日解散。在泡利、薛定谔和玻尔去世后，海森伯撰写的悼词分别被收入巴伐利亚科学院 1959 年、1961 年和 1963 年年鉴。

1933 年 11 月，海森伯曾当选莱奥波迪纳（Leopoldina）德意志科学院（哈勒）院士。1952 年 2 月，该科学院举行了成立 300 周年庆典。此后，海森伯与科学院保持密切联系。1967 年 10 月 20 日，科学院召开年会，主席莫特斯（Kurt Mothes）先生宣布海森伯成为名誉院士；11 月 25 日，在萨克森科学院召开的会议上，海森伯发表演讲，就此机会，向他颁发了莱奥波迪纳德意志科学院名誉院士证书。

在洪德 70 岁生日之际，海森伯与玻恩前往祝贺

莱奥波迪纳德意志科学院曾多次邀请海森伯到该院演讲，但因病或因时间关系没有成行，如 1975 年 10 月，为纪念量子论诞生 75 周年和量子力学诞生 50 周年，科学院举行庆祝活动，海森伯本来计划应邀前来发表演讲，但由于身体原因，却未能如愿。1982 年，为纪念海森伯 80 周年诞辰，科学院在主席贝特格先生（Heinz Bethge）主持下编辑出版了纪念文集，其中除海森伯本人的自传外，还有洪德、迪尔、魏茨扎克、玻普（Fritz Popp）和贝特格撰写的哲学或科学纪念文章。在海森伯 100 周年诞辰之际，科学院继续举行纪念活动。

如果说普朗克是老一代的德国科学家和德国科学的代言人，那么海森伯就是普朗克之后新一代的德国科学家和德国科学的代表。人们对他有些失望，实际上更多地折射出人们对德国科学家的普遍失望。他的缺点在聚光灯下，显得异常突出，人们用更高的道德标准来要求他，对他的过分苛求，也反映了我们内心深处在科学英雄缺位时对他们的渴望：一个伟大的科学家必须同时也是一位高尚的人。《海森伯传》的早期译者戈革先生也提到，对比 20 世纪 3 位最伟大的理论物理学家和思想家——爱因斯坦、玻尔、海森伯，前两位无可置疑，爱因斯坦性情坦率坚毅，是非分明，疾恶如仇，可谓“豪侠”

甚至“圣贤”；玻尔性情平静温和，谦谦如玉，中规中矩，可谓典范的“世界公民”；而海森伯作为有争议又不遑多让的第三位，其性情大异其趣，争强好胜又委曲求全，客观上为了捍卫德国物理学主要是理论物理学进行了斗争，但这种斗争又不够彻底，甚至有和纳粹同流合污之嫌。我们不能苛求海森伯也成为爱因斯坦和玻尔那样的人，这也凸显了个体在时代潮流下的身不由己。无论如何，在纳粹上台以及倒台后，德国的理论物理学也不可避免地从高峰走向了衰落[①]。那个像海森伯这样的物理学奇才辈出的20世纪20年代的理论物理学的黄金时期，已经一去不复返了[②]。

① 戈革,《海森伯传》译者引言，亦见物理，第12期，2004：923-928.

② 埃克特．阿诺尔德·索末菲传[M]. 方在庆，何钧，主译．长沙：湖南科学技术出版社，2018: 470.

附录

爱因斯坦关于理论物理学有过多次论述。涉及理论物理学的原理、基础和方法等诸方面，鉴于这些论述的重要性，本书按照年代顺序，将它们作为附录放在这里。从这些论文中可以看出爱因斯坦思想的变化。

《理论物理学的原理》

本文是1914年爱因斯坦在普鲁士皇家科学院发表的就职演说，首次发表于《普鲁士皇家科学院会议报告》(*Sitzungsberichte der Königlich Preußischen Akademie der Wissenschaften*)，1914年，第二部，739—742页。

非常尊敬的各位同事：

首先，我必须由衷地感谢你们给我提供了一个像我这样的人所能得到的最大帮助。你们通过推选我进入你们的科学院，使我能够全身心地投身于科学研究，把我从对现实职业生活的烦心和担忧中解放出来。即使当我的努力没有达到你们的高度期许时，也恳请你们继续相信我的感激之情和我的勤奋。

请允许我对我的工作领域，也就是理论物理学对于实验物理学的关系做一些一般性的评论。前几天我的一位数学家朋友半开玩笑地对我说："数学家能做许多事情，但肯定不是人们此刻想让他做的事情。"当实验物理学家找理论物理学家征求建议时，通常会遇到非常相似的情形。究竟是什么原因导致这种适应力尤为欠缺呢?

理论家的方法涉及使用作为基础的普遍前提，即所谓的“原理”，从中可以推断出结论。于是，他的工作分为两部分：首先，他必须发现原理；其次，他要从这些原理中推出结论。对于第二项任务，他在学校已经受到了极好的训练。因此，如果他的任务中的第一项已经在某个领域或者在一个复合的相关现象中得以解决，那么只要他足够勤奋和聪颖，就一定会成功。可是这些任务的第一项，即确立原理，用它来充当推导的基础，却有着完全不同的性质。这里并没有可以学习和系统应用的方法以便达到目标。研究人员必须在错综复杂的经验事实中察觉到能用精密的公式来表示的普遍特征，借此探索自然的普遍原理。

一旦成功地形成这种表述，推论便会一个接着一个出现，它们经常揭示出意想不到的关系，远远超出了得出这些原理的现实的领域。但是，如果这些用来作为推理出发点的原理没有得出，那么个别的经验事实对于理论家而言则是毫无用处的；事实上，如果仅仅依靠从个别经验中确立的孤立的一般规律，他什么都做不了。相反，在他揭示出这些作为演绎推理基础的原理之前，面对经验研究的个别结果，他仍旧处于无助状态。

目前低温下的热辐射和分子运动定律学说就处于这种地位。大约在 15 年前，没有人怀疑，只要把伽利略 – 牛顿力学应用到分子运动上，同时根据麦克斯韦的电磁场理论，就有可能正确描述物质的电、光和热的属性。之后普朗克发现，若要建立与经验相吻合的热辐射定律，必须使用一种与经典物理学不兼容的计算方法。通过这种计算方法，普朗克将所谓的量子假说引入物理学，并被实验完美地证实。当他将这种量子假说应用到质量足够小、速度足够低、加速度足够大的物体上时，由伽利略和牛顿建立的运动定律只能被认为是极限定律。尽管理论家做了最艰苦的努力，但迄今为止未能推导出能够取代力学原理，并满足普朗克的热辐射定律和量子假说的原理来。无论我们多么肯定，热是由分子运动引起的，现在都必须承认在分子运动的基本定律这方面的处境，就像牛顿之前的天文学家们对于行星运动的看法处境一样。

我刚刚涉及了一类事实，对它的理论处理缺少相应的原理。但可能发生另外一种情况，即用公式明确表示的原理所导出的结论完全或者几乎完全超出目前我们经验所能理解的现实范围。那样的话就需要多年的实验研究来确认这些理论原理是否与实事相符。在相对论中就有这样的例子。

对时间和空间基本概念的分析让我们明白真空中的光速不变原理，是从运动物体的光学理论中得到的，并没有强迫我们接受一个静态发光以太理论。相反，考虑到在地球上进行实验绝不能揭示出任何相对于地球的平移运动，它却有可能得出一个普遍理论。在这样做时，使用了相对性原理。相对性原理指出：当人们从原来的（被认可的）坐标系转向一个对它做匀速平移运动的新坐标系时，自然定律不改变它们的形式。这个理论已经从经验中得到了相当多的证实，并使已经联系在一起的一类事实的理论表述得以简化。

然而，从理论的观点来看，这个理论并不能完全令人满意，因为刚才所讲的相对性原理偏爱匀速运动。从物理学的角度来看，不能赋予匀速运动绝对的意义，如果这是正确的，那么问题就很明显，这种陈述是否应该扩展到非匀速运动上去。事实证明，如果人们以这种扩展了的意义来使用相对性原理，那么就可以对相对论进行非常明确的扩展。人们因此得出了包括动力学在内的广义的引力理论。

然而目前，我们还缺乏一系列事实材料，能够用来检验我们提出的潜在的原理是否合理。

我们已经发现，归纳物理学向演绎物理学提出问题，演绎物理学也向归纳物理学提出了问题，而回答这些问题要求我们全力以赴。但愿通过团结努力，能够取得最后的胜利！

《我如何创立了相对论》

1922年12月14日，爱因斯坦在日本京都大学发表了演讲，石原纯翻译，并用日文记载了爱因斯坦的演讲内容。这篇记录1923年发表于第五卷第二期的《改造》杂志，2—7页。

要说清楚我是如何发现相对论的绝非易事，有各种各样隐秘的复杂因素，在不同程度上刺激并启发了我的思考。我不会挨个提到这些因素，也不会列

出我写的这方面的论文，我只简要概括一下直接与这个问题有关的我的思考发展过程。

我第一次考虑研究相对论大概是在 17 年前。我说不准它从何而来，但它肯定与运动物体的光学问题有关。光穿过以太传播，地球在以太中运动。换句话说，以太在相对地球运动。然而我在任何物理书刊中，都无法发现以太流动的证据。

这使我想要找到任何可能的途径，去证明以太相对地球流动，换句话说就是证明地球的运动。在开始思索这个问题时，我根本没有怀疑过以太的存在或地球穿过以太的运动。我考虑用两个热电偶做以下实验：设置一些镜子，使得从单一源发出的光沿两个不同的方向反射，一个平行于地球运动方向，另一个反向平行。如果我们假设两个反射光束间有能量差，我们可以利用两个热电偶，测量产生的热量的不同。虽然这个想法与迈克尔逊实验一样，但我并没有将它付诸实践。

当我还是一个学生时就开始思索这个问题，我已熟知迈克尔逊实验的奇怪结果，并出于直觉意识到，如果我们能接受他的结果是一个事实，那么认为地球相对以太运动的想法就是错误的。这一洞见实际上是第一条将我带向现在被称为狭义相对论原理的道路。我自此开始相信，虽然地球绕着太阳旋转，但也不能利用光的实验证实地球运动。

恰好正是在那个时间前后，我有机会拜读了洛伦兹在 1895 年的专著。洛伦兹讨论并设法完全解决了一阶近似的电动力学，即忽略运动物体速度与光速比值的二阶和更高阶小量。之后我开始研究斐索实验的问题，并假设在用运动物体坐标系取代真空坐标系时，由洛伦兹建立的电子方程式仍然有效，以此来解释斐索实验的问题。无论如何，我当时相信麦克斯韦 – 洛伦兹电动力学方程是可靠的。此外，方程在运动物体参考系中也成立这一条件引出了一个被称为光速不变的概念。但光速的这种不变性，与力学中的速度相加法则相悖。

为什么这两件事互相矛盾？我觉得自己在这里遇到了一个异乎寻常的困

难。我花了几乎一年的时间思索它，认为自己将不得不对洛伦兹的观点做某种修正，但徒劳无果。我只好承认，这并不是一个容易解决的谜。

偶然之下，一个住在（瑞士）伯尔尼的朋友贝索（Michele Besso）帮助了我。那天是个好天气。我去拜访他，对他说的话大概是："我这些天一直在与一个问题做斗争，不论怎样尝试，都没法解决它。今天，我要和你一起讨论这个问题。"我和他讨论了这个问题的各个方面。通过这些讨论，我突然恍然大悟，意识到了问题的关键所在。第二天，我又拜访了他，干脆痛快地告诉他，甚至都没空和他打招呼："谢谢。我已经完全解决了这个问题。"我的解决方法其实就是对时间概念的分析。要点是，没有一个绝对的时间定义，时间和信号速度之间是不可分割的关系。利用这个新概念，我就能第一次完全解决之前那个异乎寻常的困难。

有了这个想法后，我在五周内完成了狭义相对论。我毫不怀疑，从哲学观点来看，这个理论也是非常自然的。我也意识到它很好地符合了马赫的观点。与归入到广义相对论的马赫理论的例子相反，马赫的分析在狭义相对论中指具有间接的含义。

这就是创造狭义相对论的经过。

我最早关于广义相对论的想法突然地产生于两年后的 1907 年。狭义相对论将运动的相对性限于彼此匀速直线运动的参考系，不适用于一般运动的参考系，我对此感到不满。我为去除这种限制而努力，希望把这个问题的一般情况用公式表达出来。

1907 年，应《放射性与电子学年鉴》（*Jahrbuch der Radioaktivität und Elektronik*）的编辑斯塔克（Johannes Stark）先生的要求，我为该年鉴写了一篇关于狭义相对论的专题。在我撰写这篇稿子时意识到，虽然能够根据狭义相对论讨论其他所有自然法则，但这个理论却无法适用于万有引力定律。我想设法找出这背后的原因，但要实现这个目标并不容易。

我对狭义相对论最不满意的是这个理论虽然能明确地给出惯性和能量的关系，但是对惯性和重量或者说惯性和引力场的能量的关系，还不能清楚地阐明。我觉得在狭义相对论框架下，这个问题可能根本无法解决。

一天，突然迎来了突破性的进展。我正坐在伯尔尼专利局的椅子上，突然产生一个想法：如果一个人自由落下，他当然感受不到自己的重量。我吓了一跳。这样一个简单的思想实验让我印象深刻。正是它推动着我去提出一个新的引力理论。我继续我的思想实验：当一个人下落时，他在加速。他的感觉和判断，都是在一个加速参考系中发生的。由此，我决定将相对论从匀速运动体系推广到加速度体系中。我期待这一推广能同时解决引力问题。这是因为，一个下落中的人感受不到他自己的重量，这可以被解释为是由于一个新的引力场抵消了地球的引力场。在一个加速度运动的参考系中，我们需要一个新的引力场。

那时我还不能把这个问题完全解决。我又花了八年多的时间才完全解决了这个问题。在这八年中，我只获得了这个问题的部分答案。

恩斯特·马赫（Ernst Mach）也坚持认为所有加速度体系之间是等效的。但这与欧几里得几何不相符，因为欧氏几何不适用于加速的参考系。不用几何表达一个物理定律，就像不用语言表达一个想法一样。我们首先必须找到一种表达我们思想的语言。那么在这种情况下，我们需要用什么来表达我们的问题呢？直到 1912 年，我突然意识到高斯（Karl Friedrich Gauss）的表面理论可能是揭开这一谜团的钥匙，问题才得以解决。当时我意识到高斯的表面坐标对于理解这个问题极其重要，直到那时我才知道高斯的学生黎曼（Bernhard Riemann）已经对几何学基础进行了深刻的讨论。我碰巧想起，当我还是一名学生时，在一位名为盖泽[①]的数学教授的课上听过高斯理论。我发现几何基础在这个问题上有着深刻的物理意义。

当我从布拉格回到苏黎世时，我的好朋友、数学家格罗斯曼（Marcel Grossman）正在那里等我。我在伯尔尼专利局时，很难得到数学文献，而他曾经愿意向我提供帮助。这一次，他给我讲了里奇（Curbastro Gregorio Ricci）

① 盖泽（Carl Friedrich Geiser，1843—1934），瑞士数学家，曾在瑞士苏黎世联邦理工学院工作，主要研究代数几何。

的理论，之后又讲了黎曼的工作。所以我问他，是否能通过黎曼理论真正解决我的问题，即线元的不变性是否能完全决定它的系数——我一直试图找到这个系数。1913 年，我们合写了一篇论文，但我们并没能在那篇论文中得到正确的引力方程。我继续研究黎曼方程，只是为了查明为什么它不能得出理想的结果。

通过两年的艰苦研究，我发现自己先前的计算中存在着一个错误。我回到了运用不变量理论的原始方程，并试着建立正确的方程。两周后，正确的方程终于出现在我的眼前。

关于我在 1915 年后所做的研究，我想只提一下宇宙学问题。这个问题涉及宇宙几何和时间，它一方面源于对广义相对论中的边界条件的处理，另一方面则源于马赫对惯性问题的讨论。当然，我并没有精确地理解马赫对惯性的看法，但他对我的思想有极其重要的影响。

我通过将不变性应用到引力方程的边界条件后，终于能通过把宇宙视为一个封闭空间并消除边界而解决了宇宙学问题。从这一点我得出以下结论：惯性作为一种相互作用物质的性质出现。如果一个物质没有其他相互作用的物质，那么它的惯性肯定会消失。我相信，有了这个结果，就能使广义相对论在认识论上能令人满意。

以上就是我如何创建相对论的一个简要的思想发展概述。

《牛顿力学及其对理论物理学发展的影响》

本文是爱因斯坦为牛顿逝世 200 周年纪念而写的文章，其英译本最初发表于曼彻斯特《卫报周刊》（*The Manchester Guardian Weekly*）1927 年第 16 期，234—235 页上，德文原文发表于德文期刊《自然科学》（*Die Naturwissenschaften*）第 15 卷上。1953 年德文版《我的世界观》收录。

就在 200 年前，牛顿闭上了双眼。此时此刻，我们怎能不缅怀这位杰出的天才，他决定了西方思想、研究、实践的道路，前无古人，后无来者。他不仅出色地创立了某些关键方法，而且对那个时代的经验材料有独特的理解，

同时在数学和物理的具体证明方法上具有不可思议的创造力。因为这些原因，他应接受我们最深的敬意。然而，关于牛顿这个人物，有一点甚至比他的天才更重要，就是命运将他放置在人类智慧史的转折点上。为生动地看到这一点，我们必须认识到：牛顿之前不存在完备的物理因果关系的体系，能设法描绘经验世界的任何深层特征。

毫无疑问，伟大的古希腊唯物主义者坚信，所有物质事件都应追溯到严格规律的一系列原子运动，而不承认任何生物的意愿能成为独立的原因。毫无疑问，笛卡儿以自己的方式重新研究了这个问题。但是，解决这个问题仍是个大胆的奢望，是一群哲学家不切实际的理想。人们相信存在完整的物理因果关系链条，但支持这种信仰的实际结果在牛顿之前几乎是不存在的。

牛顿的目的是回答：是否存在一些简单的法则，当知道我们行星系统的天体在某一时刻的运动状态时，就能完整地计算出这些天体的运动。从第谷·布拉赫的观测资料中推导出的开普勒的行星运动经验定律，需要牛顿给出解释。如今，每个人都知道要从这些用经验确定的轨道中发现这些规律，需要怎样惊人的工作量。但是很少有人停下来思考开普勒从地球上观测到的行星运动推测出实际轨道的绝妙方法。确实，这些定律给出了关于行星如何围绕太阳运动问题的完整答案：椭圆形轨道，轨道半径（行星与太阳的连线）在相等时间内扫过的面积相等以及长半轴和公转周期的关系。但是这些规则并未给出因果关系的解释。它们是三个逻辑独立的规则，没有揭示出内在的互相联系。第三定律不能简单定量地用到其他非太阳的中心天体上（比如，行星绕太阳的公转周期和卫星绕行星的周期之间是没有联系的）。然而最重要的一点是：这些定律涉及的是整体的运动，而不是此刻的系统运动状态如何引起下一时刻运动状态的问题。按照我们现在的话说，这些定律是积分定律，而非微分定律。

微分定律是完全满足现代物理学家对因果关系要求的唯一形式。微分定律的清晰概念是牛顿最伟大的智慧成就之一。人们不仅需要微分定律概念，还需要一种数学形式体系，这种体系当时还不完善，需要获得系统化的形式。牛顿也在微分和积分计算中发现了这样一种数学的形式体系。在这里，我们不考虑莱布尼茨是否独立于牛顿发现了同样的数学方法这一问题。不管怎样，由于牛顿只能借助数学方法来表达自己的思想，因此他绝对必须完善这些方法。

伽利略为求得运动定律做出了重要的开端。他发现了惯性定律和地球引力场中的自由落体定律，即一个物体（更确切地说，一个质点）在不受其他物质影响时沿直线做匀速运动。自由落体在引力场中的垂直速度随时间均匀增加。在我们今天看来，从伽利略的发现到牛顿运动定律可能不过是一小步。可是应该看到，上面伽利略的两种陈述都是把运动作为整体来阐述的，而牛顿运动定律回答了下面的问题：在外力作用下，质点的运动状态在无限短时间内是怎样变化的？只有思考无限短时间内发生了什么（微分定律），牛顿才得到能应用于任何运动的公式化表述。从已高度发展的静止状态的知识中，他借用了力的概念。他只能通过引入新的质量概念将力和加速度联系起来。奇怪的是，支撑这个概念的定义是虚构的。今天，我们已经习惯于形成与微商相应的概念，所以很难再理解：用双极限过程得到一般微分定律，过程中还要发明质量概念，需要一种怎样非凡的抽象力。

但是，人们还远没有获得运动的因果关系概念。因为只有在力已知的情况下，才能通过运动方程决定运动。牛顿无疑受到行星运动定律的启发，设想和某物体足够近的所有物体的位置，决定了作用在该物体上的力。直到建立了这种联系，人们才得到了一种完整的运动的因果关系概念。牛顿是如何从开普勒行星运动定律出发处理引力问题，发现使天体运动的力和重力二者的本质相同，已经是众所周知。

运动定律和引力定律这两条定律的结合使思想的奇迹大厦得以诞生，使得在仅受引力影响的事件中，人们能根据体系某一特定时刻的状态，计算出它过去和未来的状态。牛顿概念系统的逻辑完备性在于体系中物体加速度的唯一来源是这些物体自身。

以这里简要概述的基本原则为基础，牛顿成功地详尽解释了行星、卫星和彗星的运动，还有潮汐和地球岁差运动，这是独一无二、辉煌无比的演绎成就。神圣天体运动的原因居然是我们每天生活中非常熟悉的重力，这一发

现一定给人留下了特别深刻的印象。

但是牛顿成就的重要性，不只限于为实际的力学创造了一个可行的、逻辑完善的基础。直到 19 世纪末，它构成了理论物理学领域中每一位工作者的纲领。所有物理事件都可以追溯到那些服从牛顿运动定律的物体：只要对力学定律做推广，使它适应被考查事件的类型。牛顿试图将力学纲领应用于光学，假设光由惰性微粒构成。在牛顿运动定律被应用到质量连续分布的物体后，甚至连光波动理论都应用到了牛顿定律。牛顿运动方程是热运动理论的唯一基础，而热运动理论不仅为人们发现能量守恒定律做了思想准备，还给出了一个完全被证实的气体理论，以及对热力学第二定律本质更深刻的认识。电学和磁学的发展沿着牛顿的道路（电和磁物质、力的超距作用）一直到现代。甚至法拉第和麦克斯韦带来的构成了理论物理学自牛顿以来第一个重大根本性进步的电动力学和光学革命，也完全是在牛顿思想的影响下诞生的。麦克斯韦、玻尔兹曼和开尔文勋爵一直试图将电磁场及其相互作用，归结于假设的质量连续分布体的力学作用。然而，结果却是不成功的，或者说不是任何明显的成功。因此，从 19 世纪末开始，我们的基本观念开始慢慢发生转变。理论物理学的发展超出了在近 200 年的时间里给科学提供指导思想和稳固性的牛顿框架。

从逻辑观点看，牛顿的基本原理非常令人满意，所以只有经验事实才会让人们想起要重新仔细审视。在此之前，我必须强调，牛顿本人比追随他的一代代博学的科学家更加清楚他的思想大厦中内在的缺点。这个事实总是能唤起我深深的敬意，因此，我应该花一点儿时间描述一下。

1. 我们处处都能看到，牛顿非常努力地将他的体系表达成是由经验必然决定的，并尽可能少地引入与经验事物没有直接联系的概念。尽管这样，他还是建立了绝对空间和绝对时间的概念。近来，人们因此经常批评牛顿。但牛顿却特别坚持这一点。他已经认识到，可观测几何量（质点间距离）和它们在时间中的进程并没有在物理方面完备地描述运动。在著名的旋转水桶实验中，他证实了这一点。因此，除了质量和随时间变化的距离外，一定还有其他决定运动的因素。牛顿认为，“其他决定运动的因素”和“绝对空间”

相关。他意识到，如果他的运动定律要有意义，那空间必须具有一种物理实体属性，就像质点及其距离的实体属性一样。

清楚地认识这一点既显示出牛顿的智慧，也暴露了他理论的弱点。如果没有“绝对空间”这个虚无的概念，牛顿理论的逻辑结构毫无疑问会更令人满意；在那种情况下，只有同感觉的关系完全清楚的事物（质点、距离）才会进入定律中。

2. 为描述引力效应而引入的超距作用力，具有直接的、瞬时的作用特点，但它却与我们日常生活中熟悉的大多数过程不符。面对这个矛盾，牛顿指出他的引力相互作用定律不是最终解释，而是以经验归纳出的一条规则。

3. 牛顿的理论没有为以下值得高度关注的事实提供解释：物体的重量和惯性被同一个量（它的质量）所决定。牛顿自己也觉得这件事很奇特。

这三个缺点中没有一点对牛顿理论构成逻辑上的异议。在某种意义上，它们仅仅表示科学思想在努力形成对自然现象完整统一的概念性把握时，未能得到满足的心愿。

被看作整个理论物理学纲领的牛顿运动理论，受到的第一次打击来自麦克斯韦的电磁理论。人们清楚地意识到，物体间的电磁相互作用不是瞬时的超距作用，而是空间中以有限速度传播的过程。根据法拉第的观点，除了质点及其运动外，还出现了一种新的物理实体，即“场”。一开始人们坚持力学观点，尝试将场解释为一种充满空间的假想介质（以太）的力学状态（运动或压力的状态）。可当这个解释经过最顽强的努力仍无法成立时，人们就逐渐习惯于把“电磁场”看作物理实体中不可削减的基本要素了。我们要感谢赫兹，因为他使场的概念摆脱了从力学概念库中衍生的所有累赘；我们还要感谢洛伦兹，因为他使场的概念摆脱了物质基础。洛伦兹认为唯一留下作为场的基础的东西就是物理真空（或者以太），而即使是在牛顿力学中，真空也不是一点儿物理作用也没有。认识到这一点后，人们就不再相信直接瞬时的超距作用，甚至在引力范围内也是，尽管由于缺少充分的实际知识，引力场理论还没有被清楚地表示出来。一旦放弃了牛顿超距作用的假设，电磁场理论的发展将导致人们尝试用电磁的方法去解释牛顿运动定律，或是用基于场论的更加精确的理论来替代牛顿运动定律。虽然这些努力没有获得完全成功，但力学的基本概念已不再被看作物理宇宙中的基本组成了。

麦克斯韦和洛伦兹的理论必将导致狭义相对论，因为相对论抛弃绝对同时性，拒绝超距作用力的存在。狭义相对论认为，质量不是常量，而是依赖于（实际上等价于）所含能量。它也表明，牛顿运动定律只能被认为是适用于低速物体的极限定律，相对论代替牛顿定律的位置建立起新的运动定律，其中真空中的光速是极限速度。

在场论纲领发展中，广义相对论构成了最后一步。在量上，广义相对论只是稍微修改了牛顿理论；在质上，却有非常深刻的改变。惯性、引力以及物体和时钟的度量行为被还原成一种单一的场的性质，这个场本身又被假设是依赖于物体的（牛顿引力定律的推广，或与泊松表述一致的相应的场定律的推广）。因此，空间和时间被剥夺的不是它们的实在性，而是它们因果关系的绝对性，即影响其他却不受其他影响的绝对性因果关系，牛顿为了用公式表示当时已知规律，不得已赋予空间和时间这种绝对性。广义惯性定律取代了牛顿运动定律的作用。这个简短的叙述足以展示牛顿理论中的元素过渡到广义相对论的过程，同时也克服了上述三个缺点。虽然看起来，在广义相对论框架中，运动定律可以从牛顿力学定律相应的场定律推导出来，但只有当完全实现这一目标时，人们才有可能讨论纯粹的场论。

在一种较为形式的意义上，也可以说牛顿力学为场论铺设了道路。将牛顿力学应用于质量连续分布的物体上，必然导致偏微分方程的发明和应用，而这些方程又首先为场论定律提供了语言工具。在形式方面，牛顿微分定律概念构成了接下来发展中决定性的第一步。

迄今为止，我们所关注的关于自然过程观念的整个演变，可以看作牛顿思想的一种根本发展。但是，正当完善场论的进程还在热烈开展之时，热辐射、光谱、放射性等事实却揭示出整个概念体系在应用上的局限性。尽管该体系在很多情况下获得了巨大成功，但今天看来，事实上还做不到突破这些局限。许多物理学家主张，并得到有力证据支持，在这些事实面前，不仅是微分定律，连同因果律本身（迄今一切自然科学的最根本的基本假定）也失效了。甚至连构建一个能够明确描述物理事件的时空结构的可能性都不存在。一个力学体系只能有离散的稳定能量值或稳定状态——就像经验几乎直接表明的那样——这件事乍一看是几乎不可能从一个用微分方程的场论中推导出来的。但是，德布罗意–薛定谔的方法虽然在某种意义上具有一个场理论的特征，可确实推出了只有离散状态的存在，这种离散状态与经验事实惊人一致。这种方法之所以做到这一点，是因为它在微分方程的基础上应用了一种共振条件，但是不得不放弃精确的粒子位置和严格的因果律。现在，谁愿意擅自决断这个问题，也就是说，是不是一定要抛弃因果律和微分定理这两个牛顿自然观的根本前提？

《论理论物理学的方法》

对于这次演讲的具体时间，不同的版本给出了不同的答案。1934 年德文版《我的世界观》不敢确认具体时间，只说最早可以追溯到 1930 年。《观念与见解》中认为是爱因斯坦 1933 年 6 月 10 日在牛津大学所做的“赫伯特·斯宾塞演讲”。牛津克拉伦顿（Clarendon）出版社曾出版过刊行全文的单行本，创刊于 1934 年的《科学哲学》（*Philosophy of Science*）第一卷第二期（163—169 页）对其进行了全文转载。

如果你们想向理论物理学家们学习他们所使用的方法，我建议你们坚持下列原则：不听其言，但观其行。对于这个领域的发明者来说，他们想象的产物看起来是如此必然和自然，以至于他们不想将它看成是思维的产物，而认为是真实的存在，并且希望别人将它们视作真实的存在。

这些话似乎是请你们离开这场讲座。因为你们会对自己说，这个人本身是做研究的物理学家，他应该把对理论科学的结构的思考交给认识论专家。

针对这种批评，我可以从个人观点为自己辩护。我向你们保证，我不是自己要来，而是受到友好的邀请，才登上这座为纪念终身为知识的统一而奋斗的人设立的讲坛。然而，客观上讲，我这样做是合理正当的：对于一个穷

尽毕生精力来厘清和改善科学基础的人，怎样看待他自己的科学分支，可能对大家来说会是有趣的。他看待他的学科领域的过去及现在的方式，可能过多地依赖于他对未来的期望和他目前追求的目标，但这是任何一个将自己深深沉浸在观念世界中的人都不可避免的命运。他像历史学家一样，虽然也许是无意识的，将真实的事件按照他关于人类社会问题所形成的看法，分组进行处理。

现在让我们快速浏览一下理论体系的发展，特别关注理论内容和全体经验事实之间的关系。在我们的研究领域，我们关心构成知识的两个不可分割的组成部分：经验和理性，它们之间，存在着永恒的对立。

我们尊崇古希腊为西方科学的摇篮。在那里，我们第一次见证了一个逻辑体系的思想奇迹——欧几里得几何学，它得出的一个接一个的陈述是如此精准，以至于每个单独的命题都绝对不容置疑。这令人敬佩的理性的胜利，为人类智力取得后来的成就树立了必要的信心。如果欧几里得没有点燃你年轻的热情，那你就不是一个天生的科学思想家。

但是为了能成为一门涵盖真实世界的科学，还需要第二种基本知识，它们只是在开普勒和伽利略出现后，才变成哲学家们的共同财富。纯粹的逻辑思考不能为我们提供任何经验世界的知识，所有关于实在的知识来源于经验，流向经验。用纯粹逻辑方法得到的命题，对于实在来说，完全是空洞的。伽利略看到了这点，特别是他反复不断地向科学界灌输这个观点，才成为现代物理学之父，同时也是现代科学之父。

如果经验是我们关于实在的知识的起点和终点，那么纯粹理性在科学中的作用是什么呢？

一个完整的理论物理学体系是由概念、应该对这些概念有效的基本定律，以及逻辑推理得到的结论组成。这些结论必须符合我们各自的经验，在任何理论专著中，得出它们的逻辑推导几乎占据了整本书。

这恰恰是在欧几里得几何学中实际发生的情形，只是在那里，基本定律被称作公理，而且在那里没有结论必须与任何经验相符合的问题。然而，如果人们把欧几里得几何学看作实际刚体在空间中相互关系的可能性的学说，换句话说，将它认为是物理科学，忽视其最初的经验内容，那么几何学与理论物理学的逻辑相似性就完整了。

我们现在确定了理性和经验在理论物理学体系中的地位。理性给出了理论物理学体系的结构，而经验内容和内容之间的相互关系必须在理论的结论中表达出来。整个体系，特别是构成体系的概念和基本定律的价值和正当性，就在于这种表达的可能性。而且，这些概念和基本定律是人类智力的自由发明，它们既不能用这种智力的性质、也不能用任何其他先验的方式加以证明。

这些在逻辑上不能再简化的基本概念和基本假设，组成了理论中必要的、不能从理性上加以把握的部分。所有理论最重要的目标是使这些不可简约的要素尽可能简单、尽可能少，同时不放弃对任何经验内容的准确表达。

这里概述的有关理论基础中纯粹虚构特征的观点，在 18 世纪和 19 世纪绝不是普遍的认识。但它目前获得越来越多的事实支持：一方是基本概念和定律，另一方是必须和我们经验相关的结论，随着我们经验的增长，两者在思想上的差距越来越大，而逻辑架构却变得越来越简单，也就是说，用来支持逻辑架构的独立逻辑概念要素更少了。

牛顿，第一位创建了一个综合的、强有力的理论物理学体系的人，仍相信他的系统中的基本概念和定律能从经验中获得。这无疑是对他的名言“我不杜撰假说”（*hypotheses non fingo*）的解释。

事实上，当时的时间和空间概念似乎没有什么问题。质量、惯性、力的概念，以及把它们联系起来的定律，似乎都是直接从经验里得到的。一旦接受了这个基础原则，人们似乎就可以从经验中推导出引力的表达式，而且有理由期待其他力的表达式也这样被推导出来。

我们确实能从牛顿的表述中看到，包含绝对静止概念的绝对空间概念，让他感到不安，他意识到经验中似乎没有与绝对静止对应的东西。对引入的超距作用，他也感到很不安。但是牛顿学说在实践上的巨大成功，可能成功妨碍了他和 18 世纪、19 世纪的物理学家认识到他的体系基础中的虚构特征。

那时候的自然哲学家大多这样认为：物理的基础概念和基本定律不是逻辑意义上的人类思想的自由发明，而是能够通过“抽象”方法，即用逻辑方

法，从经验中推导出来的。只有在广义相对论出现后，人们才对这一观点中的谬误有了清晰的认识。广义相对论向人们展示，人们可以在与牛顿学说完全不同的基础上，以更令人满意和更完备的方式，去考虑更广泛的经验事实。且不谈哪个理论更优越，事实证明两种理论的基本原理的虚构特征非常明显：我们提出了两个根本不同的原理，但它们都在很大程度上与经验符合了，同时，这证明想从基本经验中运用逻辑推导出力学的基本概念和基本定律的所有尝试都注定失败。

如果说理论物理学的公理基础不可能从经验中提取，而是必须自由地创造出来，那么我们究竟能不能希望找到正确的道路呢？不仅如此，我们还要问，难道这一切存在于我们的幻想之外吗？像经典力学那样，虽然没有深究问题的根源，但很大程度上与经验相符合，当存在这样一种理论的时候，我们能否希望完全从得到经验的稳妥指导？我可以毫不犹豫地回答：依照我的观点，存在一种正确的道路，并且我们能够找到它。迄今为止，我们的经验让我们有理由相信，大自然是可以想到的最简单的数学观念的具体表现。我确信，我们能通过纯粹数学构建去发现概念和使概念相互联系的规律，提供理解自然现象的钥匙。经验也许能提示适当的数学概念，但并不能推导出它们。当然，经验仍然是数学建构对物理学是否有效的唯一标准。但是创造源泉属于数学。因此，在某种意义上，我认为单纯的思考可以抓住现实，正如古人梦想的一样。

为了证明这个信念，我不得不使用数学概念。物理世界被表示为一个四维连续统一体。如果我假定这其中有一种黎曼度规，并问这样一种度规可以满足的最简单的定律是什么，那么我就得到了空的空间（empty space）中的引力相对论。如果我假设在这个空间中有一个矢量场或一个能从中推出的反对称张量场，并问这样一种场可以满足的最简单的定律是什么，那么我就得到了空虚空间中的麦克斯韦方程组。

即使这样，对于空间中电荷密度不为零的区域，我们仍缺少一种理论。路易·德布罗意推测存在一种波场，可以来解释物质的某些量子特性。狄拉克在旋量中发现了一种新的场量（即旋量场），其最简单的方程在很大程度上可以让人推出电子的性质。随后，我与我的同事瓦尔特·迈尔博士合作。我发现这些旋量形成了一种新场中的特例，数学上与四维体系相联系，我们称其为“半矢量”。这种半矢量满足的最简单方程，是理解两种基本粒子——不同的有重（静止）质量，等量但相反的电荷——存在的关键。除了常规矢量，这些半矢量是四维度量的连续统一体中最简单的数学场，他们看起来是以自然的方式来描述带电粒子的某些本质属性。

我们需要考虑的是：所有这些结构和联系它们的定律，都能通过寻找数学上最简单概念和概念间联系的原则来获得。理论家们能深入把握实在的希望在于：在数学上存在着简单的场的类型，以及它们之间可能存在着简单的方程关系，两者从量上讲都是有限的。

这种场论的最困难之处是物质和能量的原子结构概念。因为该理论仅仅是空间的连续函数，所以是非原子基础；而经典力学正相反，其最重要的要素——质点，本身就证实了物质的原子结构。

在现代量子理论中，与德布罗意、薛定谔和狄拉克这些名字联系在一起的形式是连续函数，它依靠一个首次被马克斯·玻恩清晰地给出的大胆解释克服了以上困难。据此，方程中出现的空间函数不要求是原子结构的数学模型。这些函数仅仅是在某特定点上或某运动状态中发生测量时，找到这种结构的数学概率。这个观点在逻辑上是站得住脚的，并取得了重要成就。然而不幸地，它令人们不得不使用这样一种连续统一体，其维数不归因于迄今的物理空间（四维），而是随着构成体系中粒子数的增加而无限增加。我不得不承认，我只是把一种暂时的重要性赋予了这种解释。我仍相信可能有另一种真实的模型——就是说，一种代表事物本身的理论，而不仅仅是事物出现概率的理论。

另一方面，在我看来，我们必须放弃粒子在一个理论模型中完全定域的看法。在我看来，这似乎是海森伯不确定性原理的永久的结果。但是，在“原子论”这个词的实际意义上（不仅仅是依据一种解释），数学模型中没有粒子的定域，完全是可以想象的。比如，为说明电的原子特性，场方程仅需要得出以下结果：边界电密度到处为零的某三维空间区域，总包含大小由整数表示的总电荷。在连续介质理论中，用积分定律就可以将原子的特征令人满意地表达出来，并不需要组成原子结构实体的位置。

只有当原子结构用这种方式成功表示之后，我才认为量子之谜算是解决了。

《关于理论物理学的基础的思考》

这是爱因斯坦1940年5月15日在第八次美国科学大会（The eighth American scientific congress）上的发言。发表于《科学》（*Science*）第91卷，2369期，华盛顿特区，1940年5月24日。此文的原标题为*Considerations concerning the fundaments of theoretical physics*；1954年英文版《观念与见解》收录此文时，将标题简化为*The fundaments of theoretical physics*；本文据后者译出。

科学是这样一种努力，它把我们纷繁芜杂的感觉经验与一种逻辑上连贯一致的思想体系对应起来。在这个体系中，单个的经验与理论结构必须以如下方式联系：必须使所得到的对应结果是单一的，并且是令人信服的。

感觉经验是当下的主观感受，但用来解释感觉经验的理论却是人造的。这个理论是不辞劳苦地适应过程的结果：假设性的、永不完满的结论，并经常遇到困难和怀疑。

形成概念的科学方式有别于我们日常生活中形成概念的方式，这种区别并非是本质上的，而是在概念和结论上有更为精确的定义，需要对实验材料进行更费力、更系统的选择，亦需要更大的逻辑上的经济（简单性）。最后这一点，我们是指这样一种努力，它要把一切概念和相互关系都归结为尽可能少的逻辑独立的基本概念和公理。

我们这里所涉及的物理学，包括各种在测量基础上建立其概念的自然科学。这些概念和命题使得它们自己能用数学方式加以阐释。相应地，它的领域就被定义为我们的全部知识中那些能用数学方式加以描述的部分。随着科学的进步，物理学的领域扩大了，以至于看起来限制物理学发展的只是数学方法自身的局限。

物理学的研究大部分集中于物理学不同分支的发展。每一分支学科的目的是对或多或少有一定局限的经验做出理论上的理解，并且每一分支学科中的定律和概念尽可能地与经验相联系。正是这样一门科学，因其不断地专业化，已使最近几个世纪的实际生活发生了革命，并且使人类最终有可能从沉重的体力劳动的苦役中解脱出来。

但在另一方面，从一开始，人们就试图找到一个统一的理论基础来呈现所有的单独学科，这个理论基础包含最少的概念和基本关系，通过逻辑过程从中导出各个分支学科的所有概念和关系。这就是我们之所以要通过研究找出物理学的基础的本意所在。认为这个终极目标是可以实现的，这一忠诚的信念是激励研究者充满热情投入研究中的主要源泉。正是在这种意义上，下面的讨论将专注于物理学的基础。

根据上文所说，我们可以清楚地看到：这里的基础这个词，并不意味着与建筑物的基础在所有方面有类似之处。当然，从逻辑上看，物理学的各个单个的定律皆建立在这种基础之上。然而，一个建筑物可以被暴风雨或洪水严重毁坏，而其根基完好无损；但在科学方面，逻辑基础经常受到新的经验和知识的威胁，它比同实验有较密切接触的分支学科承受更大的危险。正是在基础与各个分支学科之间存在的联系使物理科学有巨大的意义，但同样，面对新因素时，它有更大的危险。当认识到这些的时候，我们不禁想知道，为何所谓的物理科学的革命时代对物理学基础的改变并没有比实际情形发生地更频繁、更彻底。

牛顿最先尝试建立一个统一的理论基础。在他的体系中，一切可以归纳为以下概念：①质量不变的质点；②任一对质点间的超距作用；③质点的运动定律。

严格地讲，这并非是涵盖一切的基础。它只对引力的超距作用给出了明确的定律。而对于其他超距作用，除了作用与反作用相等这条定律之外，并没有先验地确立任何东西。而且，牛顿也完全意识到，尽管他只是通过暗示表明这一点，在他的体系中，时间和空间作为物理学上有效的因素是本质上

的因素。

直到 19 世纪末，牛顿的理论基础还被证明是卓有成效的，并被认为是最终的基础。它不仅在细节上给出了天体运动的结果，而且提供了不连续和连续介质力学的理论，提出了能量守恒原理的简单解释，提出了完整而杰出的热理论。但在其体系中，对电动力学事实的解释则是比较牵强附会的。在所有这一切中，从最初起，最不能令人信服的是关于光理论的解释。

毫不奇怪，牛顿不愿意接受光的波动理论，是因为这个理论非常不适于他的理论基础。假设空气中充满了由质点组成的介质，而该介质只是传播光波而不展示其他力学性质，这对于他而言，是相当不自然的。对光的波动性质最强有力的经验证据——固定的传播速度、干涉、衍射、偏振等现象，要么是未知的，要么未被有序地综合起来。所以，他有理由坚持自己的光的微粒理论。

19 世纪，争论解决了，人们赞同波动理论。但没人对物理学的力学基础进行根本性的怀疑，因为起先人们不知道在哪里建立另一种基础。慢慢地，在事实的不可抗拒的压力下，发展出一种新的物理学基础：场物理学。

从牛顿时代起，人们不断发现，超距理论是不自然的。并不缺乏用动力学理论解释引力的努力，即建立在假想质点上的碰撞力的解释，但这种尝试是肤浅的，并且毫无成果。空间（或惯性系）在力学基础上所扮演的奇特角色也逐渐被清楚认识到，并且受到恩斯特·马赫（Ernst Mach）异常明晰的批判。

真正巨大的变化是由法拉第、麦克斯韦和赫兹带来的，但实际上他们这样做是半无意识的，并且是违背自己意愿的。他们三人终其一生都坚信自己是力学理论的信徒。赫兹发现了电磁场方程的最简单形式，并且宣称任何导致这些方程的理论均为麦克斯韦理论。但在其短暂的生命即将结束之际，他写了一篇论文。在论文中，他提出了一种与力的概念无关的力学理论作为物理学的基础。

对我们而言，早已把法拉第的一些观念像母乳一样接受了，所以很难赞赏他们的伟大和冒险精神。法拉第一定利用他准确无误的直觉抓住了所有将电磁现象归于带电粒子间超距作用这一企图的非自然本质。分散于纸上的大量铁屑中的单个粒子又是如何感知附近导体中来回运动的一个个带电粒子的？所有这些带电粒子合在一起好像在周围空间中产生了一种新的状况，这种状况使铁屑按一定的顺序排列。他确信，其几何结构和互相依存的作用一旦被正确掌握，那这种空间状况——今天我们称之为场——将为神秘的电磁作用提供线索。他把这些场设想为充满空间的介质的力学应变状态，它类似于弹性体膨胀时的应变状态。因为在那个时候，对于这些明显地连续分布空间的状态，这是仅有的可以设想的方式。在这背景下保留的是对场的这种特殊形式的力学理解，从法拉第时代的力学传统观点看，这是对科学意识的一种安抚。依靠这些新的场的概念，法拉第成功地形成了他和他的前辈发现的整个复杂电磁现象的定性概念。对场的空间–时间定律做精确阐述的是麦克斯韦。我们可以想象一下，当他所阐述的微分方程证明电磁场以偏振波的形式以光速传播时，他是何等的感受。世上很少有人体验到这种感受。在那激动人心的时刻，他肯定没有想到光的那些似乎是已被完全解决的又难以捉摸的性质会继续困惑着随后的几代人。同时，他的天才迫使他的同事在概念上所做的跳跃如此之大，以至于物理学家花了几十年时间，才理解麦克斯韦发现的全部含义。直到赫兹用实验证实了麦克斯韦电磁波的存在之后，对这个新理论的抵制才被彻底击垮。

但是，如果电磁场能够作为一种波独立于物质源之外，那么静电的相互作用再也不能用超距作用来解释，对于电学的作用是正确的东西，对于引力的作用也就不能否定了。牛顿的超距作用到处都得让路于以有限速度传播的场。

在牛顿的基础上，现在仅剩下服从于运动定律的质点。但是汤姆逊（J. J. Thomson）指出：依据麦克斯韦理论，电场中带电体的运动必然产生磁场，磁场能量恰是物体动能的增量。若一部分动能由场能组成，那么会不会整体动能也是这样？抑或物质的基本性质——它的惯性——能够在场论中得到解释？这就引起了用场论来说明物质的问题，这个问题的解决会提供物质原子结构的解释。人们马上意识到，麦克斯韦理论不能实现这个纲领。从那

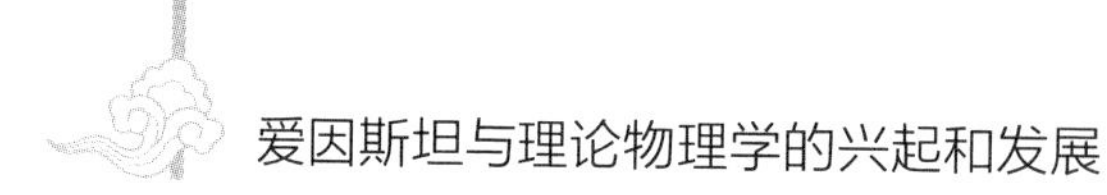

时起，有许多科学家热情地通过对包含一种物质理论的推广来寻找完整的场论，但都徒劳无功。要创立一个理论，仅仅有一个关于目标的清晰想法是不够的，还必须提出一个形式观点，以便能限制没有制约的各种可能性。直到目前为止，这种观点还没有被找到。因此，场论未能成功地为整个物理学提供一个基础。

几十年来，大多数物理学家坚持相信可以为麦克斯韦理论找到力学根基。但是他们的努力失败了，这使得他们逐渐接受了将新的场的概念作为不可约的基础，换言之，物理学家放弃了为麦克斯韦理论寻找力学基础的想法。

这样一来，物理学家就坚持了场论纲领，但它不能被称为基础，因为没有人能说出是否有一个统一的场论能够一方面解释引力，另一方面也能解释物质的基本组成成分。在此情形下，就有必要把物质粒子看成是服从牛顿运动定律的质点。这正是洛伦兹创立电子理论和运动物体的电磁现象理论的步骤。

基本的概念就是在世纪之交这一点上出现的。当时在对各种新现象的理论洞察和理解方面，取得了巨大的进展，但要建立统一的物理学基础，看起来则相当遥远。后来的发展更加剧了这种状况。20 世纪物理学的发展以两个本质上相互独立的理论体系为特征：相对论和量子论。这两种体系彼此不直接矛盾，但是它们看起来几乎不可能融于一个统一的理论中。我们有必要简短地讨论一下它们各自的基本思路。

在世纪之交之际，从逻辑经济的角度进行的物理学基础的改进导致了相对论的产生。所谓狭义的或有限制的相对论的基础是麦克斯韦方程（以及光在真空空间中的传播定律）在进行洛伦兹变换后，能转化为同一种形式。麦克斯韦方程这种形式上的性质又被我们一个相当牢固的经验知识所补充，那就是：物理规律对所有惯性系都是一样的。这便导致用于空间和时间坐标的洛伦兹变换决定了从一个惯性系到任何其他惯性系的转换。相应地，狭义相对论的内容可以归结为一句话：一切自然规律必定受到这样的限制，使它们对于洛伦兹变换都是协变的。由此可以得出：不同地点事件的同时性不是一个不变的概念，并且，刚体的尺寸和时钟的速度取决于它们的运动状态。进一步，它又使得当给定物体的速度接近光速时，必须对牛顿的运动定律进行修正。接下来是质能相当原理，即质量和能量的守恒定律融为一体。一旦表明同时性是相对的并且依赖于参照系时，所有在物理学基础上保留超距作用的可能性就消失了，因为这个概念是以同时性的绝对性（必须有可能“同时”表明两个互相作用质点的位置）为前提的。

广义相对论最开始是为了尝试解释一个现象，此现象在伽利略和牛顿时代便已为人知，但至今理论上的解释仍令人困惑：物体的惯性和重量，它们在本质上是截然不同的事情，却可以用同一常数——质量——加以量度。从这种对应关系，人们就得出：对于一个给定的坐标系，我们不可能通过实验来确认它到底是在做加速运动，还是做匀速直线运动，而其中观察到的现象则是由引力场引起的（这便是广义相对论的等效原则）。一旦引入了引力，惯性系的概念便被破坏了。可以这样说，惯性系是伽利略－牛顿力学的弱点所在，因为它事先假设了物理空间的一个神秘的性质，来限制惯性定律和牛顿运动规律适用的坐标系的种类。

这些困难可以通过以下假设相应避免：对自然规律可以用下列方式来表述——它们的形式对于任何运动状态的坐标系都是相同的。实现这一点正是广义相对论的任务所在。另一方面，我们从狭义相对论中推断，时间—空间连续区中黎曼度规的存在。根据等效原理，它不仅描述引力场，而且描述空间的度规性质。假设引力场方程为二阶微分，那么场定律便可明确确定下来。

除了这个结果，相对论还使场物理学从它不能解决的问题中解脱出来。这个问题与牛顿力学中的类似，是由于把那些独立的物理性质附加于空间而导致的，而这些性质迄今为止由于惯性系的使用而被掩盖着。但是，我们又不能断言广义相对论那些迄今已被公认为是定论的东西能为物理学提供一个完整而令人满意的基础。首先，出现在其中的总场是由两个逻辑上毫无联系的部分组成，即引力场和电磁场。其次，像早些时候的场论一样，这个理论迄今不能解释物质的原子结构。这个失败，可能与它至今未能有助于理解量子现象有关。考虑这些现象时，物理学家被迫采用一些全新的方法。现在，我们就来讨论这些新方法的基本特征。

1900 年，在纯理论研究的过程中，普朗克得到了一个非常突出的发现：作为温度函数的物体辐射定律不能单独从麦克斯韦的电动力学中推导出来。为了得到符合相关实验的结果，具有一定频率的辐射必须被处理成好像是由一些能量原子构成，而单个能量原子所具有的能量为 $h\nu$，其中 h 是普朗克的普适常数。在随后的几年中，物理学家们发现光无论在哪里都以此能量量子被产生和吸收。尤其是玻尔（Niels Bohr）能够很大程度上以此理解原子的结构。他通过假定原子只存在不连续的能量值，并且在不同能级间不连续的跃迁都是与此能量子的发射和吸收相联系的。这有助于说明如下事实，即在气态时，元素及其化合物只辐射和吸收某些完全确定频率的光。所有这些在之前存在的理论框架中是相当不可理解的，但至少这一点是清楚的，即在原子现象领域中，发生的每一件事情的特征，都是由不连续的状态及它们之间明显的不连续跃迁决定的。其中，普朗克常数 h 起决定性的作用。

接下来的工作是德布罗意做的。他给自己提出了如下问题：如何用现有的概念来理解不连续的状态。他偶然想到同驻波进行类比，就像在声学中风琴管和弦的本征频率那样。的确，这里所需要的这种波的作用尚未明了，但它们可以被构造出来，而且可以应用普朗克常数 h 建立起它们的数学定律。德布罗意设想，电子像这种假想的波列一样绕原子核旋转，并且通过对应波的驻波性质，对玻尔的“允许”轨道的离散性在某种程度有所理解。

现在，在力学中质点的运动是由作用于其上的力或力场决定。因此，可以预料：这些力场也会以类似的方式影响德布罗意的波场。埃尔温·薛定谔（Erwin Schrödinger）表明了该如何考虑这种影响，他用一种天才的方式重新解释了经典力学中的一些公式。在没有附加任何假设的情况下，他甚至成功扩展了波动力学理论。这个理论可应用于包含任意数目质点的任何力学体系，也就是说包含任意数目的自由度。这些均是可能的，因为一个包含 n 个质点的体系与一个在 3n 维空间中运动的单个质点在数学上是等价的。

基于这个理论基础，得到了对各类不同事实的好得令人诧异的描述。这些事实，在其他理论中是不可理解的。但令人奇怪的是，在如下问题上它又是失败的：它证明了不可能把薛定谔波同质点的确定运动相联系——但这一点却正是整个结构的最初目的。

这个困难似乎是难以逾越的，但玻恩以一种谁也未曾料到的简单方法克服了它。德布罗意–薛定谔波场不可能被解释为一种关于一个事件如何在空间和时间中实际发生的数学描述，尽管它们的确与这样的事件有关。更确切地说，它们是我们实际知道这个系统到底是什么的数学描述。这种数学描述只能用来对我们这个系统所能进行的所有测量结果进行统计上的陈述和预测。

下面，让我用一个简单的例子来说明量子力学的这些普遍特征：先假设一个被有限强度的力作用而在一限定局域 G 内的质点。若该质点的动能低于某一限值，那么依据经典力学，它永远不会离开区域 G。但是依据量子力学，此质点在经过一段不能直接预测的时间之后，可能在一个不可预测的方向上离开该区域，逃逸到周围空间。根据伽莫夫的观点，这便是放射性衰变的一个简化模型。

量子理论对此情形的解释如下：在 t_0 时刻，薛定谔波系完全在区域 G 内，但从 t_0 时刻起，这些波在所有方向上离开 G 区域的内部。相比原来 G 区域内波系的振幅，射出波的振幅要小一些。这些射出波扩散得越远，G 区域内波的振幅减少越多；相应地，从 G 区域中发射的波的强度越来越小。只有经过无限时间后，G 区域的波才被耗光，同时，射出波不断扩散到持续增长的空间中去。

但是，这种波动过程与我们最初所关心的 G 区域内的粒子又有何关系呢？为回答这个问题，我们必须想象一些装置，以使得我们可以对粒子进行测量。例如，我们不妨假想在周围空间中的某处有一屏幕，粒子一旦与之接触便黏附其上。然后，根据波撞击到屏上一个点的强度，我们可以推出粒子当时撞击到屏上这一点的概率。一旦粒子撞上屏上任何一个特定点，整个波场就立即失去了其全部物理意义，它的唯一目的便是对粒子撞屏的位置和时间（或比如它撞屏时的动量）做出概率预测。

所有其他情形都是类似的。这个理论的目的在于决定系统在一个给定时间内的测量结果的概率。另外，它没有试图对空间和时间中实际存在着的或者进行着的事情做出数学表述。在这一点上，今天的量子理论与以往的物理学——力学以及场论——的所有理论在根本上有所不同。量子理论不是为实际的空间–时间事件提供模型描述，而是以时间函数给出可能的测量的概率分布。

必须承认的是，新的理论概念并非源于异想天开，而是源于事实经验的压力。所有企图直接以空间–时间模型来表述光和物质现象所展示的粒子和波动特征的努力，到目前为止均以失败告终。并且海森伯已令人信服地表明，从经验观点看，任何可作为自然的严格决定论性结构的结论已被明确排除，这是由于我们的实验仪器的原子性结构的缘故。因而，任何未来的知识不可能迫使我们放弃现在的统计理论基础，转而支持直接处理物理实在的决定论性理论。这个问题在逻辑上似乎提供了两种可能性，原则上我们就在两者之间进行选择。归根结底，做出选择的依据是哪种阐述是从逻辑上讲符合最简单的基础的系统阐述。现在，我们尚没有一种可以直接描述事件本身并与事实相符的决定论性的理论。

目前，我们不得不承认，我们尚不具备任何全面的物理学的理论基础，可被称之为物理学的逻辑基础。至今为止，在分子领域，场论是失败的。各方面都认为，现在唯一可作为量子理论基础的原理，应是一种能把场论翻译成量子统计的方案的原理。但这种原理实际上是否能以一种满意的方式得出来，没人敢下结论。

一些物理学家，包括我自己都不相信，我们必须并且永远地抛弃那种在空间和时间中直接表示物理实在的想法，或者说，我们必须接受下面的观点：自然界中的事件都类似于机会游戏，每个人都可自由地选择其奋斗方向，而且都可以从莱辛的“追求真理本身比拥有真理更可贵”这句名言中得到安慰。

后　记

作为“科技知识的创造与传播”的一个子课题项目，“理论物理学在德国的兴起与发展”从立项到结题经过了四年时间。这一课题主要由首都师范大学物理系的朱慧涓博士、天津大学科技与社会研究所的郭元林教授和我承担，陈珂珂、崔家岭、黄佳、文亚、尹沛和朱玥等人也参与了部分工作。同时，还得到同事孙承晟、德意志博物馆埃克特博士（Dr. Michael Eckert）、丹麦阿尔胡斯大学教授克劳博士（Prof. Dr. Helge Kragh）、德国科普作家比尔克博士（Dr. Thomas Bührke）等人的支持。除了前言和后记，本书中的内容大部分发表过，在收录过程中作了一定的增删。北京建筑大学理学院的黄尚永博士通读了全部书稿，改写了第九章，并进行了相应地修订。

第一章《阁楼上的研究所》，原载《科学文化评论》第3卷第1期（2006年）：22–31页，托马斯·比尔克撰，孙承晟、方在庆译。第二章《普朗克与德国科学的命运》，原载《科学文化评论》第5卷第6期（2008年）：5–22页，作者：方在庆、陈珂珂；第三章《不情愿的革命者》，原载《科学文化评论》第5卷第6期（2008年）：23–30页，作者：（丹麦）黑尔格·克劳，译者：陈珂珂、方在庆；第四章《索末菲：物理学史上的无冕之王》，原载《科学文化评论》第14卷第5期（2017）：115–126页，作者：方在庆；第五章《扩展玻尔模型：索末菲早期原子理论，1913—1916》；原载《科学文化评论》第10卷第6期（2013）：40–49页，作者：（德国）米夏埃尔·埃克特，译者：黄佳、朱慧涓；第六章《爱因斯坦通往广义相对论之路》综合了下面两篇文章：一、《爱因斯坦的升降机》，原载《科学文化评论》第12卷第6期（2015）：14–26页，方在庆撰。二、《弗洛因德里希与广义相对论在德国的早期检验》，原载《科学文化评论》第10卷第3期（2013）：41–61页，作者：朱慧涓；第七章《弗洛因德里希与广义相对论在德国的早期检

验》，原载《科学文化评议》第10卷第3期（2013）：41–61页，作者：朱慧涓；第八章《广义相对论在德国的早期接受》，原载《科学文化评论》第12卷第6期（2015）：27–43页，作者：朱慧涓；第九章《海森伯的独特贡献》的主要内容来自郭元林教授的未刊书稿：《进退失据的海森伯》，同时参考了方在庆："《哥本哈根》的幽灵"（《读书》，2003年第10期：115–121页）、方在庆《进退失据海森伯》（2003年2月12日《中华读书报》）和文亚、方在庆《试论海森伯的哥本哈根之行》（《自然辩证法研究》，2005年第6期：44–46，75页）整理而成。《附录》中的爱因斯坦关于理论物理学的五篇文章由方在庆翻译。

感谢中国科学院的大力支持和宽容，让我们能有机会承担这一重要课题。我们的工作刚刚起步，希望今后能有机会继续将这一课题深入下去，以弥补这次匆忙出版的缺陷。

方在庆

2023年10月